"十四五"职业教育国家规划教材

增材制造技术

应用实例

◎主　编　张瑜胜　马勇侠　周　明

◎副主编　郭承燕　陈　超　张晨玺

電子工業出版社

Publishing House of Electronics Industry

北京·BEIJING

内容简介

本书包括 9 个项目：认识 3D 打印技术，3D 打印行业应用案例，桌面级（FDM）3D 打印机，光固化（SLA）3D 打印机，激光烧结（SLS）3D 打印机，三维扫描及后处理，三维建模应用一，三维建模应用二（3D One Plus），3D 打印作品上色及场景制作。

本书以主流 3D 打印机为例，介绍 3D 打印基础知识、建模及打印上色，以期让读者掌握 3D 打印的各个环节，为 3D 打印创意和创业打下基础。

本书可供所有对 3D 打印有兴趣的读者学习，可作为职业院校增材制造技术专业、机械工程专业、工业设计专业、模具设计专业、材料工程专业及其他相关专业的教材与参考书，也可作为企业技术培训的参考书、3D 打印创业者的操作指南。

图书在版编目（CIP）数据

增材制造技术应用实例 / 张瑜胜，马勇侠，周明主编. —北京：电子工业出版社，2022.1

ISBN 978-7-121-42542-4

Ⅰ.①增… Ⅱ.①张… ②马… ③周… Ⅲ.① 快速成型技术—职业教育—教材 Ⅳ.①TB4

中国版本图书馆 CIP 数据核字（2021）第 271977 号

责任编辑：张　凌
印　　刷：河北虎彩印刷有限公司
装　　订：河北虎彩印刷有限公司
出版发行：电子工业出版社
　　　　　北京市海淀区万寿路 173 信箱　邮编　100036
开　　本：880×1 230　1/16　印张：12.75　字数：293.76 千字
版　　次：2022 年 1 月第 1 版
印　　次：2025 年10月第 7 次印刷
定　　价：52.00 元

凡所购买电子工业出版社图书有缺损问题，请向购买书店调换。若书店售缺，请与本社发行部联系，联系及邮购电话：（010）88254888，88258888。

质量投诉请发邮件至 zlts@phei.com.cn，盗版侵权举报请发邮件至 dbqq@phei.com.cn。

本书咨询联系方式：（010）88254583，zling@phei.com.cn。

前　言

近年来世界经济与科学技术飞速发展，14 亿中华儿女在全面建设社会主义现代化国家中，高举中国特色社会主义伟大旗帜，取得了瞩目的成就，我国的经济总量稳居世界第二，制造业规模稳居世界第一，研发人员总量居世界首位，一些关键核心技术实现了突破，战略性新型产业发展壮大，中国进入创新性国家的行列。中国共产党和中国人民正信心百倍推进中华民族从站起来、富起来到强起来的伟大飞跃。

我国坚持把发展经济的着力点放在实体经济上，推进新型工业化，加快建设制造强国、质量强国、航天强国、交通强国、网络强国、数字中国。建设现代制造业是我们的重要任务，在这样的大前提下，传统制造业格局发生了巨大变化，制造业从传统的离散型制造向绿色智能型先进制造转变。3D 打印（增材制造）技术作为快速成型领域的一项新兴技术，目前正成为一种迅速发展的潮流。

3D 打印不仅在高端制造中扮演着重要的角色，而且作为最前沿的科技、创造力最强的工具，它可以使头脑中天马行空的创意得以实现。3D 打印值得我们抓住全球的趋势和浪潮，投入精力大力进行研究。

但不少 3D 打印爱好者缺乏实战的技巧，我们希望通过出版有关 3D 打印基础知识、3D 打印机的使用、建模和打印上色的系列书籍，让读者掌握 3D 打印的各个环节，为 3D 打印创意和创业打下基础。

本书包括以下内容：

项目一是认识 3D 打印技术，包括 3D 打印的发展概况，3D 打印技术的分类和常见的 3D 打印材料，让读者对 3D 打印有基本的认识。

项目二是 3D 打印行业应用案例，让读者了解 3D 打印目前的实际应用场合，开阔视野。

项目三是桌面级（FDM）3D 打印机，以目前市场上常见的闪铸（INVENTOR）和太尔时代 UP BOX+ 3D 打印机为例，详细讲解了设备的使用方法和打印过程。让初学者能够根据自己的实际情况选择打印机并掌握使用方法。

项目四是光固化（SLA）3D 打印机，介绍了光固化（SLA）3D 打印机的使用方法、注意事项。

项目五是激光烧结（SLS）3D 打印机，以隆源 AFS-500 快速成型机为例，介绍了使用方法，以及 Magics 软件在成型机中的应用。

项目六是三维扫描及后处理，以手持式扫描设备为例，介绍了扫描和简单的后处理过程。

项目七是三维建模应用一，以 Siemens NX 1926 软件为基础，介绍了 2 套模型的制作过程，为使用 NX 软件的人员提供了有益帮助。

项目八是三维建模应用二（3D One Plus），为建模初学者和爱好者提供了建模思路和良好的练习内容。

项目九是 3D 打印作品上色及场景制作，详细介绍了上色工艺和上色工具（喷笔），以实例的形式介绍了若干场景。

本课程建议学时数如下：

项目任务名称		建议学时数
项目一	认识 3D 打印技术	2 学时
项目二	3D 打印行业应用案例	3 学时
项目三	任务一 闪铸打印机的使用	6 学时 ＋ 实训 16 学时
	任务二 太尔时代打印机的使用	6 学时 ＋ 实训 16 学时
项目四	光固化（SLA）3D 打印机	10 学时 ＋ 实训 16 学时
项目五	任务一 SLS 打印技术	1 学时
	任务二 隆源 AFS-500 快速成型机的使用	10 学时 ＋ 实训 16 学时
	任务三 Magics 13 软件的使用	8 学时
项目六	三维扫描及后处理	6 学时 ＋ 实训 12 学时
项目七	任务一 十二生肖底座建模实例	6 学时
	任务二 中式房屋建模	12 学时
项目八	任务一 认识 3D One Plus	1 学时
	任务二 存钱罐的制作	5 学时
	任务三 四旋翼飞行器的绘制	6 学时
项目九	3D 打印作品上色及场景制作	8 学时+实训 16 学时
合计		90 学时+实训 92 学时

本书适用于所有对 3D 打印有兴趣的读者学习，可作为职业院校增材制造技术专业、机械工程专业、工业设计专业、模具设计专业、材料工程专业及其他相关专业的教材与参考书，也可作为企业技术培训的参考书、3D 打印创业者的操作指南。

由于 3D 打印为新兴行业，涉及机械、计算机图形设计、材料科学等多学科领域，本书所介绍知识若有偏颇和疏漏，还望更多 3D 打印的从业者和有识之士给予指正。

编　者

目录

项目一

认识 3D 打印技术

任务一 3D 打印发展概况

1. 来自太空的 3D 打印

太空，是中国人的梦，远到古人《天问》的浪漫幻想、嫦娥奔月的神话故事，近到神州飞船、天宫二号，我们离梦想越来越近。

在中华民族伟大复兴的征程中，离不开每个人的努力、离不开科技的支撑。3D 打印技术在科技领域的作用越来越重要，很多的航天航空零件需要使用 3D 打印来制作。2020 年 5 月 5 日，我国长征五号 B 运载火箭成功发射。在成功发射的长征五号 B 运载火箭上，搭载着我国新一代载人飞船试验船，船上还搭载了一台“3D 打印机”。这是我国首次太空 3D 打印实验，也是国际上第一次在太空中开展连续纤维增强复合材料的 3D 打印实验。

此次在试验船上搭载了一台我国自主研制的“复合材料空间 3D 打印系统”，科研人员将这台“3D 打印机”安装在试验船返回舱中。飞行期间该系统自主完成了连续纤维增强复合材料的样件打印，并验证了微重力环境下复合材料 3D 打印的科学实验目标。如图 1-1 所示。

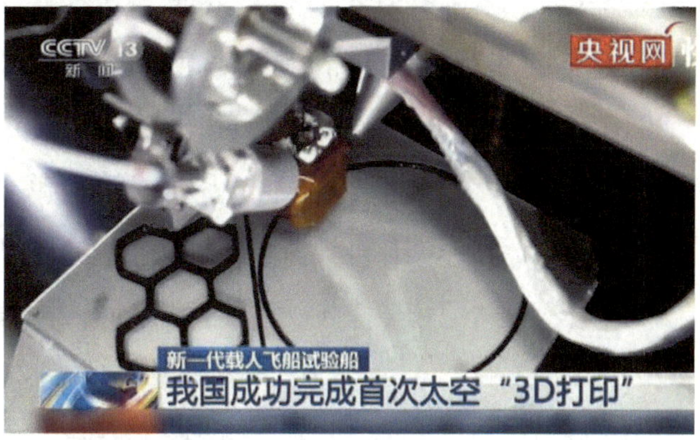

图 1-1　我国完成首次太空“3D 打印”

那么外太空 3D 打印的意义是什么呢？

一是解决未来空间站的在轨长期运行和维护。因为空间站在运行中，若有急需的零部件，靠地面的供给可能来不及，而空间 3D 打印制造技术的成功意味着在空间站内实现按需制造。

二是实现空间站的在轨扩建。一旦具备按需制造的能力，就有望在空间站内开展大型结构件的制造与加工，实现空间站的扩建。在未来，相信通过科学家的继续研究，空间 3D 打印连续纤维增强复合材料技术将发挥更重要的功效。

2. 3D 打印发展史

在很多人眼中，3D 打印是突然出现的一个新鲜事物，又新奇，又好玩。这项技术有人说是新的工业革命，也有人说只是噱头，没有什么商业价值，不管怎样，3D 打印被越来越多的人关注了。其实，3D 打印从出现开始，至今已有 30 多年的历史了。近几年它的应用范围开始扩大，并被广大制造业同行所认知和接纳。

1983 年是 3D 打印的幸运年。查克·赫尔在一家桌面和家具制造公司工作，在制作小型定制零件的过程中经常感到沮丧。因此，他建议将公司的紫外线灯转变为另一种用途：逐层固化光敏树脂，最终形成一个部件。同年，便发明了 SLA（Stereo Lithography Appearance）3D 打印技术，查克·赫尔将它称作立体平版印刷，3D 打印技术也由此正式诞生。1984 年，查克·赫尔申请美国专利，他也因此被称为 3D 打印技术之父。

3D 打印技术是利用了光固化和纸层叠等技术发展而来的最新快速成型技术，经过几十年的发展，在珠宝、鞋类、工业设计、建筑、工程和施工（AEC）、汽车、航空航天、医疗、教育、土木工程、地理信息系统、雕塑等领域都有所应用，并且应用的广度和深度还在不断增加。

3D 打印又称增材制造，它是一种以数字模型文件为基础，运用粉末状金属或塑料等可黏合材料，通过逐层打印的方式来构造物体的技术。以下是 3D 打印发展史上较大的历史性事件。

1986 年，美国科学家查克·赫尔（Charles Hull）开发了第一台商业 3D 印刷机。

1993 年，3D 印刷技术及其专利由麻省理工学院获得。

1995 年，美国 ZCorp 公司从麻省理工学院获得唯一授权并开始开发 3D 打印机。

2005 年，市场上首台高清晰彩色 3D 打印机 Spectrum Z510 由 ZCorp 公司研制成功。

2010 年 11 月，美国 Jim Kor 团队打造出世界上第一辆由 3D 打印机打印而成的汽车 Urbee。

2011 年 6 月 6 日，美国发布了全球第一款 3D 打印的比基尼。

2011 年 7 月，英国研究人员开发出世界上第一台 3D 巧克力打印机。

2011 年 8 月，南安普顿大学的工程师们开发出世界上第一架 3D 打印的飞机。

2012 年 11 月，苏格兰科学家利用人体细胞首次用 3D 打印机打印出人造肝脏组织。

2013 年 10 月，全球首次成功拍卖一款名为“ONO 之神”的 3D 打印艺术品。

2017 年 1 月 16 日，科技公司 Bellus 3D 可完整拍下高分辨率的人脸 3D 照片，并用这些照片 3D 打印出面具与人脸模型。

2018 年 12 月 10 日，俄罗斯宇航员利用国际空间站上的 3D 生物打印机，设法在零重力下打印出了实验鼠的甲状腺。

2019 年 1 月 14 日，美国加州大学圣迭戈分校在《自然·医学》杂志发表论文，首次利用快速 3D 打印技术，制造出模仿中枢神经系统结构的脊髓支架，在装载神经干细胞后被植入脊髓严重受损的大鼠脊柱内，成功帮助大鼠恢复了运动功能。该支架模仿中枢神经系统结构设计，呈圆形，厚度仅有两毫米，支架中间为 H 形结构，周围则是数十个直径 200 微米左右的微小通道，用于引导植入的神经干细胞和轴突沿着脊髓损伤部位生长。

2019 年 8 月，美国研究人员在《科学》杂志上撰文称，他们使用“悬浮水凝胶自由形式可逆嵌入”（FRESH）技术，用胶原蛋白成功 3D 打印出可正常工作的心脏“零件”，这项突破性技术向 3D 打印全尺寸成人心脏迈近了一步。

在 1995 年之前，还没有 3D 打印这个名称，那时比较为研究领域所接受的名称是“快速成型”。1995 年，美国麻省理工学院的两名大四学生吉姆和蒂姆的毕业论文选题是便捷的快速成型技术。两人经过多次讨论和探索，结果想到利用当时已经普及的喷墨打印机。他们把打印机墨盒里面的墨水替换成胶水，用喷射出来的胶水来黏结粉末床上的粉末，结果可以打印出一些立体的物品。他们兴奋地将这种打印方法称作 3D 打印（3D Printing），将他们改装的打印机称作 3D 打印机。此后，3D 打印一词慢慢流行，所有的快速成型技术都归入 3D 打印的麾下。

3D 打印被很多人所看好，甚至被认为能引发第四次工业革命。3D 打印要走的路还很长，好在它出生在一个好的时代，各国都对 3D 打印相当重视，但想要引发工业革命，还有待于所有人的努力，对它进行深度研究，深入到各个行业中，开发它的应用场景。相信 3D 打印能改变整个生产环境，走进大众的生活。

任务二 3D 打印技术分类

1. 熔融沉积成型（FDM）技术

FDM（Fused Deposition Modeling）技术即熔融沉积成型技术，是快速成型技术的一种。这种技术的材料一般是热塑性材料，如 ABS、PC、尼龙等，以丝状供料。FDM 的工作原理是材料在喷头内被加热熔化，喷头沿零件截面轮廓和填充轨迹运动，同时将熔化的材料挤出，材料迅速固化，并与周围的材料黏结。如图 1-2 所示。每一个层片都是在上一层上堆积而成的，上一层对当前层起到定位和支撑作用。随着高度的增加，层片轮廓的面积和形状都会发生变化，当形状发生较大的变化时，上层轮廓就不能给当前层提供充分的定位和支撑，这就需要设计一些辅助结构——“支撑”，为后续层提供定位和支撑，以保证成型过程的顺利实现。

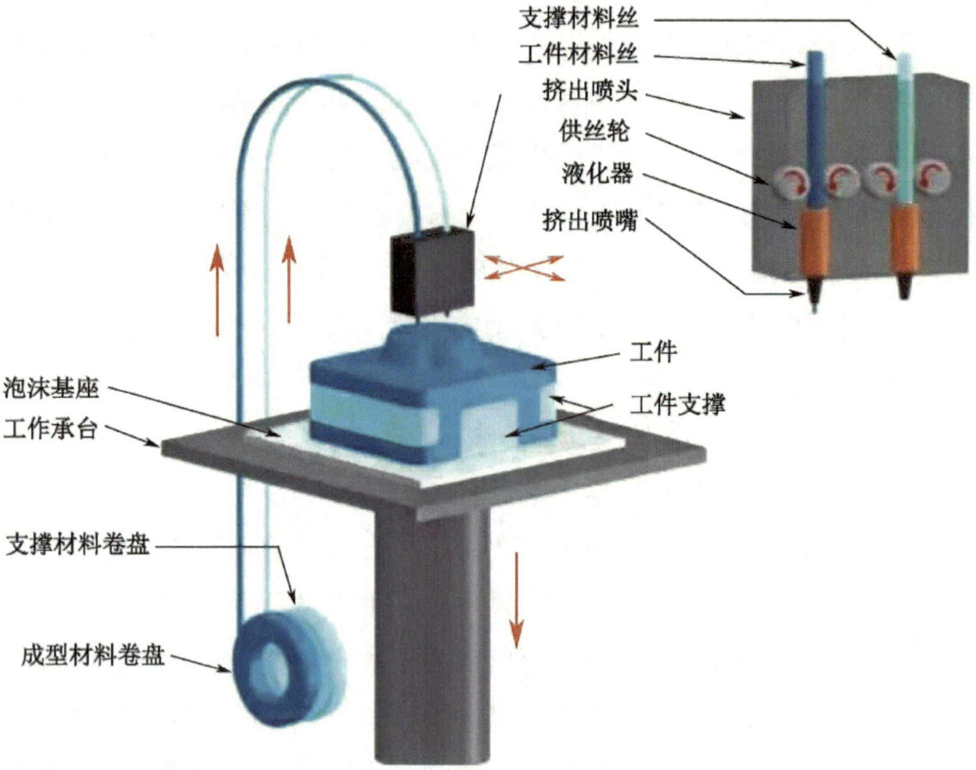

图 1–2　FDM 工作原理示意图

熔融沉积成型（FDM）技术的优点：

图 1–3　桌面级（FDM）3D 打印机

（1）干净、易操作。

桌面级（FDM）3D 打印机（见图 1-3）制造系统干净、易用且适合办公室环境。与其他使用粉末和液态材料的技术相比，塑料丝材更加清洁，易于更换、保存，不会在设备中或附近形成粉末或液体污染，而且不需要特定条件的工作实验室。

（2）优质工业性能。

FDM 技术打印材料主要为工程塑料，具有优良的性能。工件有良好的配合紧密性、韧度和环境耐受性，在塑料零件领域，FDM 技术是一种非常适宜的快速制造方式。

（3）成型速度快，后处理简单。

FDM 技术可通过减小原型密实程度的方法提高成型速度，能在一天内完成整个模型制作，相对于传统工艺制作，制作速度有数倍的提高。后处理只需剥离——相较于 SLA、SLS 等技术均存在清理残余液体和粉末的步骤且需要进行后固化处理，FDM 打印技术相对简便。

⚠ **熔融沉积成型（FDM）技术的缺点：**

（1）表面相对粗糙。

FDM 打印件底层厚度约为 0.1mm，相对于 SLA 等技术，表面光滑度有一定差距，不适用于表面要求高的工件。一些常见的 FDM 打印件如图 1-4 所示。

图 1–4　FDM 打印件

（2）材料力学性能相对较低。

2. 立体光固化成型（SLA）技术

SLA（Stereo Lithography Appearance）技术即立体光固化成型技术，又称立体光刻、光成型等，是一种采用激光束逐点扫描液态光敏树脂使之固化的快速成型工艺。用扫描头将激光束扫描到树脂表面，让其曝光，液体树脂被激光照射的部分就会发生固化，开始形成形状的第一层。然后再用同样的方法，在该层面上再进行新一层截面轮廓的辐照、固化，以此类推，从而将一层层的截面轮廓逐步叠合在一起，最终形成成品。其工作原理如图 1-5 所示。

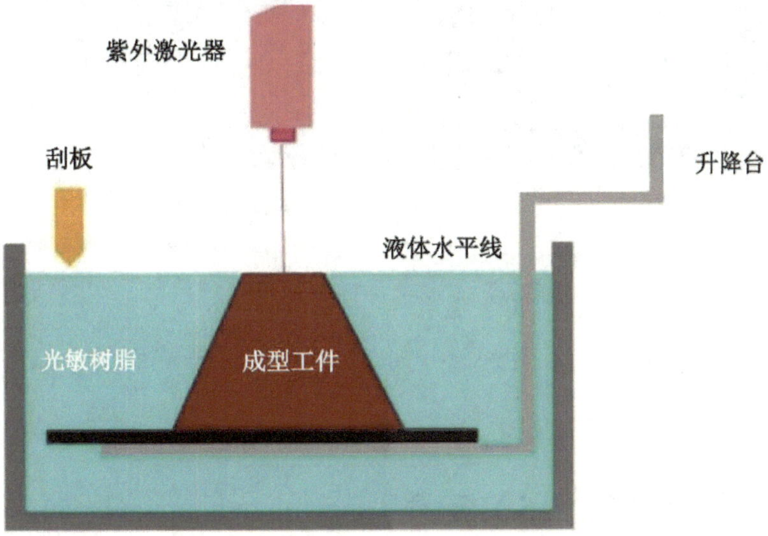

图 1–5　SLA 工作原理示意图

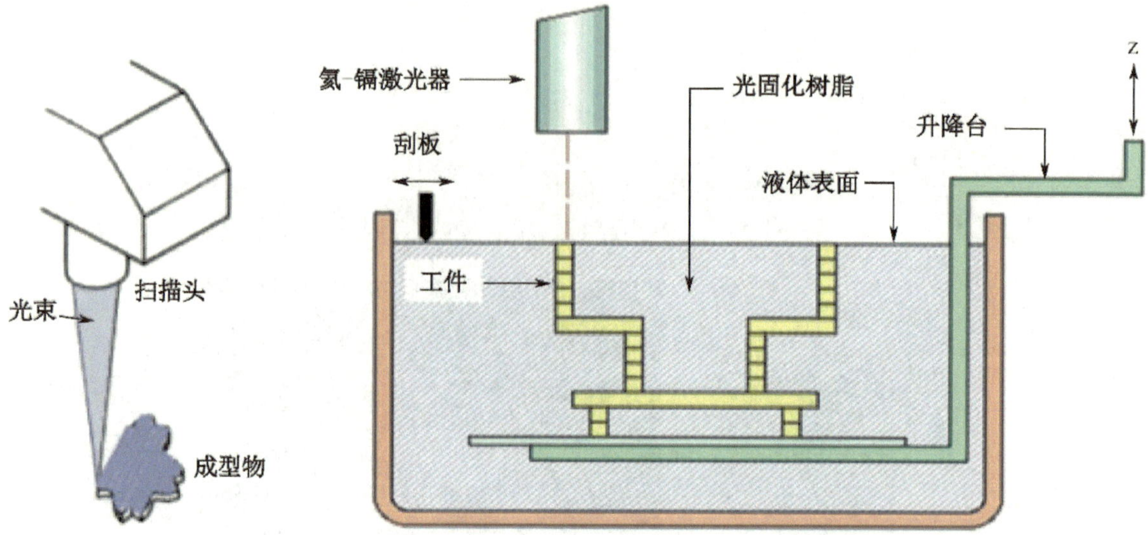

图 1-5　SLA 工作原理示意图（续）

立体光固化成型（SLA）技术的优点：

（1）精度高、表面光滑、可制作大尺寸产品。

（2）刚性较好、锐角极好、收缩小。

（3）表面细节极佳，极具质感，制作速度较快。

（4）树脂种类繁多，呈白色、半透明、全透明等状，具有高韧性，可以满足各种性能需求。SLA 打印样件如图 1-6 所示。

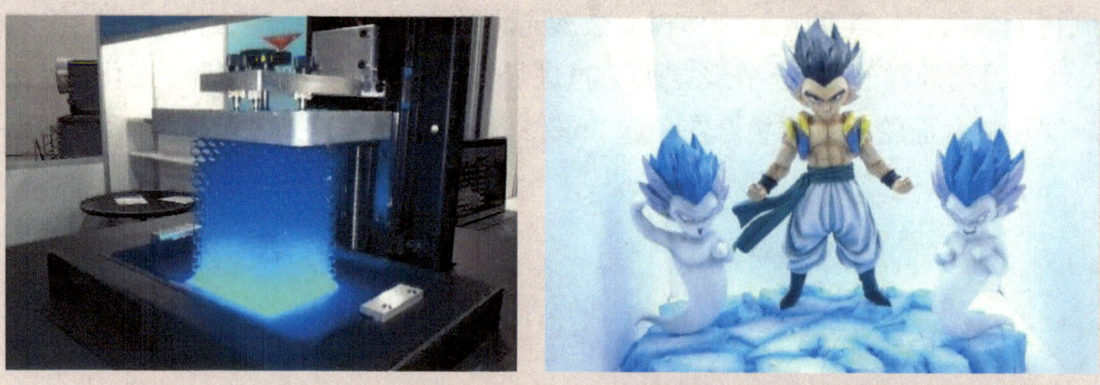

图 1-6　SLA 打印样件

立体光固化成型（SLA）技术的缺点：

（1）设备价格及维护成本高，保养维护设备频繁，维护难度高。

（2）耗材价格高。

3. 选择性激光烧结（SLS）技术

SLS（Selective Laser Sintering）技术即选择性激光烧结技术，采用铺粉辊将一层粉末材料平铺在已成型工件的上表面，并加热至恰好低于该粉末烧结点的某一温度，控制系统控制激光束按照该层的截面轮廓在粉层上扫描，使粉末的温度升到熔化点，进行烧结并与下面已成型的部分实现黏结。一层完成后，工作台下降一层厚度，铺料辊在上面铺上一层均匀密实粉末，进行新一层截面的烧结，直至完成整个模型。

这项技术与 SLA 技术很相似，也用激光束来扫描各层材料，但 SLS 的激光器为 CO_2 激光器，成型材料为粉末物质。制作时，粉末被预热到稍低于其熔点温度，然后控制激光束来加热粉末，使其达到烧结温度，从而使之固化并与上一层黏结到一起。如图 1-7 所示。目前烧结的材料主要有标准的铸造蜡材，标准的工程热塑性塑料，如聚碳酸酯、尼龙等，以及可以外裹树脂的粉末，如树脂砂等。

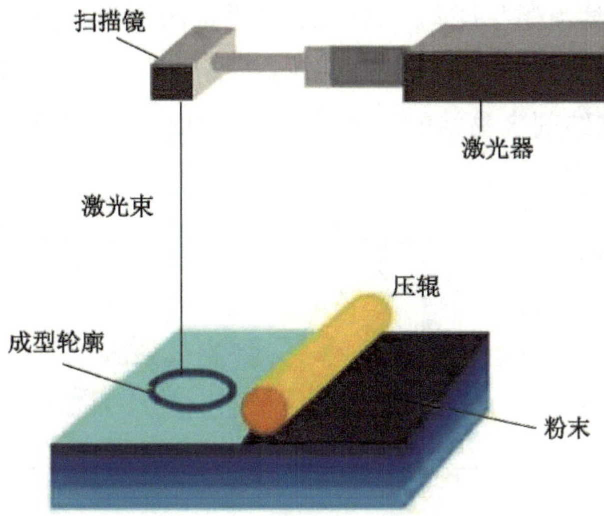

图 1-7　SLS 工作原理示意图

选择性激光烧结（SLS）技术的优点：

（1）可选用多种材料，如塑料粉、蜡粉、金属粉、陶瓷粉、覆膜砂、尼龙粉、石膏粉等。SLS 打印样件如图 1-8 所示。

（2）无需支撑结构，材料利用率高。

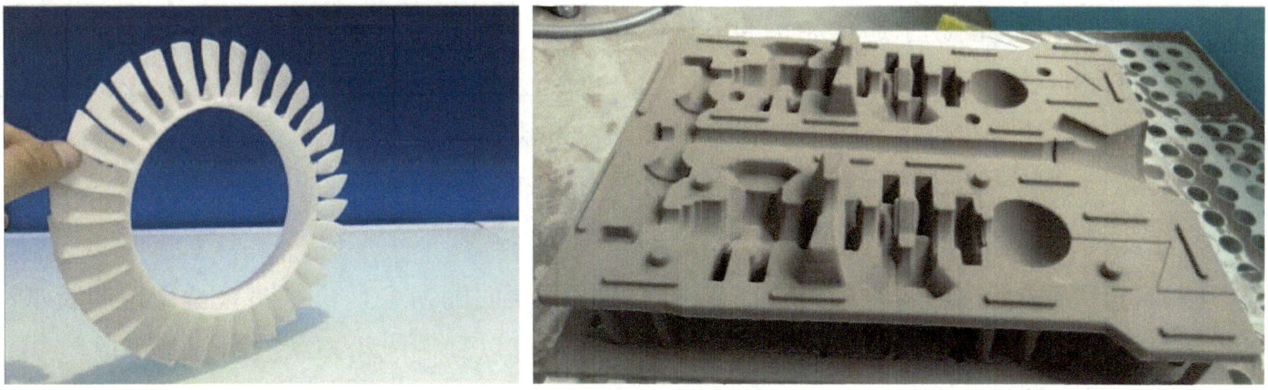

图 1-8　SLS 打印样件

⚠ 选择性激光烧结（SLS）技术的缺点：

（1）表面粗糙。由于 SLS 工艺的原料是粉末状的，原型的建造是由材料粉层经加热熔化而实现逐层黏结的，因此，严格来说，原型表面是粉粒状的，表面质量不高。

（2）辅助工艺复杂。SLS 技术视所用的材料而异，有时需要比较复杂的辅助工艺过程，例如，给原材料进行长时间的预先加热、造型完成后需要对模型表面进行浮粉清理等。

4. 立体喷墨打印（3DP）技术

3DP（Three-Dimension Printing）技术即立体喷墨打印技术，是出现很早的一种 3D 打印技术。从工作方式来看，立体喷墨打印与传统二维喷墨打印最为接近。与 SLS 工艺一样，3DP 也是通过将粉末黏结成整体来制作零部件的。不同之处在于，它不是通过激光熔融的方式黏结，而是通过喷头喷出的黏结剂来黏结的。其工作原理如图 1-9 所示。

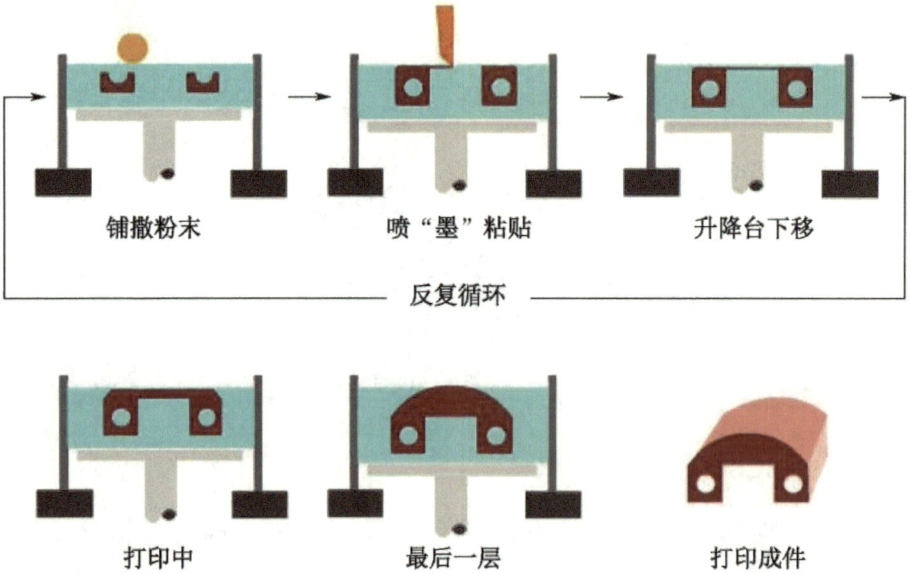

图 1-9 3DP 工作原理示意图

（1）3DP 的供料方式与 SLS 一样，供料时将粉末通过水平压辊平铺于打印平台之上。

（2）将带有颜色的胶水通过加压的方式输送到打印机喷头中存储。

（3）打印的过程很像二维喷墨打印机，首先系统会根据三维模型的颜色将彩色的胶水进行混合并选择性的喷在粉末平面上，粉末遇胶水后会黏结为实体。

（4）一层黏结完成后，打印平台下降，水平压棍再次将粉末铺平，然后再开始新一层的黏结，如此反复层层打印，直至整个模型黏结完毕。

（5）打印完成后，回收未黏结的粉末，吹净模型表面的粉末，再次将模型用透明胶水浸泡，此时模型就具有了一定的强度。理论上讲，任何可以制作成粉末状的材料都可以用 3DP 工艺成型，材料选择范围很广。

3DP打印设备阵列式喷头如图1-10所示。

图1-10 3DP打印设备阵列式喷头

立体喷墨打印（3DP）技术的优点：

（1）成型速度快，价格相对低廉，粉末通过黏结剂结合，而不像其他工艺在保护气氛下烧结。

（2）可实现有渐变色的全彩色3D打印，可以完美体现设计师在色彩上的设计意图。

（3）打印过程无需支撑材料，不但免除了去除支撑的过程，而且也降低了使用成本。

（4）可实现大型件的打印（目前最大可打印4米）。3DP打印大型砂型件如图1-11所示。

图1-11 3DP打印大型砂型件

（5）采用3DP技术的3D打印机，多用于砂模铸造、建筑、工艺品、动漫、影视等方面，目前有些3D照相馆也都是采用了3DP技术的3D打印机。

立体喷墨打印（3DP）技术的缺点：

产品力学性能差，强度、韧性相对较低，通常只能做样品展示，无法适用于功能性试验。

5. 3D 打印未来发展前景

从大的方面来说，3D 打印技术能够应用的领域很广，很多东西都能够与 3D 打印相结合。随着 3D 打印相关技术日趋成熟，其自身所具有的产业潜力也在进一步释放，要不了多久就能够进行市场规模的扩张。从全球角度来说，目前对 3D 打印技术的探索都处于初期阶段，所面临的难关还有很多，比如材料问题、打印速度问题、产品的力学性能提升问题等。但其发展趋势和在各行业中的应用探索还是非常迅速的，比如近阶段为解决疫情防控中应急物资短缺的难题，美国、意大利等国纷纷利用 3D 打印机生产呼吸机配件、个人防护面罩，甚至还创建了在线论坛，用于政府、医院、非政府组织发布需求，以及业内人士分享经验等。3D 打印在全球疫情防控中发挥的作用，反映出这项技术普及度的提高和应用领域的扩展。

3D 打印无需开模、一体成型、生产周期短，特别适用于生产并快速交付结构复杂或小批量的产品，因此被广泛用于原型制作、定制生产以及复杂零部件的制造等领域。3D 打印被视为引领新一轮科技革命和产业变革的核心技术之一，发展前景广阔。随着经济发展和生活水平的提高，消费者更加追求个性化的需求，3D 打印将与机器人、人工智能等技术一起，提高制造业生产线的柔性化程度，以更低成本生产定制产品，推动制造业生产方式由大规模生产向个性化定制转变。

此外，3D 打印教育的深入推广将会推动创客运动的兴起，家庭打印机、小型 3D 打印店更加普及，人们将能够制造自己设计的产品。未来，随着 3D 打印机、材料和后处理技术的发展，3D 打印的应用领域将不断扩大。

任务三 常见 3D 打印材料

要想更好地了解 3D 打印，就必须了解 3D 打印材料，因为它是 3D 打印不可或缺的一部分，是 3D 打印的物质基础，也是当前制约 3D 打印发展的瓶颈。

目前，3D 打印材料主要包括工程塑料、光敏树脂、橡胶类材料、金属材料和陶瓷材料等，除此之外，彩色石膏材料、人造骨粉、细胞生物原料以及砂糖等食品材料也在 3D 打印领域得到了应用。3D 打印所用的这些原材料都是专门针对 3D 打印设备和工艺而研发的，与普通的塑料、石膏、树脂等有所区别，其形态一般有粉末状、丝状、层片状、液体状等。通常，根据打印设备类型及操作条件的不同，所使用的粉末状 3D 打印材料的粒径为 1～100μm 不等，而为了使粉末保持良好的流动性，一般要求粉末要具有高球形度。

目前 3D 打印机所用的丝料是热塑性材料，如 ABS（丙烯腈-丁二烯-苯乙烯）、PLA（聚乳酸）、PC（聚碳酸酯）、尼龙等以丝状供料。3D 打印机主要使用的材料是 ABS 和 PLA，其中直径 1.75mm 的丝材最为常用。

1. ABS塑料

ABS 塑料是丙烯腈（A）、丁二烯（B）、苯乙烯（S）三种单体的三元共聚物，三种单体相对含量可任意变化，制成各种树脂。ABS 塑料是目前产量最大，应用最广泛的聚合物，具有韧、硬、刚的特性。

ABS 塑料一般是不透明的，外观呈浅象牙色，无毒、无味，有极好的冲击强度、尺寸稳定性、电性能、耐磨性、抗化学药品性、染色性，成型加工和机械加工都比较好。这种热塑性塑料具有价格便宜、经久耐用、稍有弹性、质量轻、容易挤出等特点，非常适用于 3D 打印。

优点：

（1）ABS 是一种综合性能十分良好的树脂。在比较大的温度范围内具有较高的冲击强度和表面硬度，热变形温度比 PLA、PC 高，尺寸稳定性好。

（2）ABS 的耐磨性能优良，又具有耐油性，可用于中等负荷和转速下的轴承。

缺点：

（1）ABS 的弯曲强度和压缩强度属塑料中较差的，ABS 的力学性能受温度的影响较大。

（2）ABS 在打印过程中有毒物质的释放量远远高于 PLA。因此在打印 ABS 时，打印机要放置在通风良好的区域，或者打印机采用封闭机箱并配备空气净化装置。

2. PLA塑料

PLA（全称 Polylactic Acid，学名为 Polylactide）即聚乳酸，也称为聚丙交酯，属于聚酯家族。聚乳酸是以乳酸为主要原料得到的聚合物。若直径不均匀，内部有颗粒状、气泡等，都会严重地影响打印质量。PLA（聚乳酸）是一种新型的生物降解材料，来源于可再生资源，使用从玉米、甜菜、木薯和甘蔗等所提取的淀粉原料制成。PLA 的 3D 打印材料比其他塑料材料更加环保，甚至被称为“绿色塑料”。聚乳酸的相容性、可降解性、机械性能和物理性能良好，适用于吹塑、热塑等各种加工方法，加工方便，应用十分广泛。同时也拥有良好的光泽性和透明度及良好的抗拉强度和延展度。适合在家里或教室使用。

3. PLA与ABS的区别

（1）打印性能。

从热端角度来看，ABS 塑料相当容易打印，无论用什么样的挤出机，都会滑顺地挤出材料，不必担心堵塞或凝固。然而挤出后，这种材料遇冷易收缩，会从加热板上局部脱落、悬空，造成问题。另外，要是打印的物体高度很高，有时还会整层剥离。因此，ABS 打印不能少了加热板。此外，建议使用密闭式的打印机，不要在室温太低的房间打印，使材料冷却，导致收缩。

PLA 打印性能几乎与 ABS 完全相反，经常会堵塞热端（尤其是全金属制的热端更是如此）。这是因为 PLA 熔化后容易附着和延展。但这并不代表 PLA 不适合打印。只要在装设轴承时，滴一滴油到热端上，就能滑顺不堵塞，长时间在甘甜的香气中打印。这种材料几乎不会收缩，即使是开放式的打印机，也能打印巨大的物体，不必担心成品在板子上悬空、歪斜或破损。这种材料适合在公共场所做现场的 3D 打印。

（2）适用场景。

PLA 为生物分解性塑料，既能回收，也会腐朽消失，适合制作盒子、礼物、模型和原型零件，以及室外专题，如用 PLA 制作摆在室外的花园景观。虽然 PLA 号称会生物分解，但若不加热就不会分解，它还具有耐水性。

ABS 几乎适用于制作所有的物品，尤其适合制作可能会掉落或在高温环境下使用的物品，如刀柄、车用手机架、手机保护壳、玩具等。

（3）强度。

PLA 也能打印出强度相当高的物品，不过要比其他塑料稍微脆弱一些。要是掉落或撞到东西时，多半会产生缺口或破损，而不会弹回来。薄的地方容易在弯曲前折断。但只要打印得当，每一层材料就会黏得相当牢固。

ABS 只要以适当的温度打印，让层层材料牢牢黏住，其强度就会变得相当高。ABS 具有柔软性，即使承受压力也只会弯曲，不会折断。

【课后练习】

增材制造（亦称 3D 打印）是新型制造技术，属于新技术、新材料、新业态范畴，其应用越来越广，是支撑制造业创新发展的关键基础技术，对制造业起到巨大的推动和颠覆性变革作用，助推航空、航天、能源、国防、汽车、生物医疗等领域核心制造技术的突破和跨越式发展。科技突飞猛进地发展给我们的生活带来了日新月异的变化，生活中的许多方面都因为科技而发生了改变。科技的进步与发展，更是让我们的生活不断“迭代”，让生活方式升级的速度越来越快。对于我们每一个人而言，这样的改变就在身边。我们只有学好知识，才能改变未来、实现梦想、报效祖国！

1. 请列举科技给我们的生活带来的变化。
2. 请寻找增材制造技术在我们生活中的应用案例。

项目二

3D 打印行业应用案例

任务一 广告行业应用案例

1. 广告行业里的新技术

广告作为一种信息传播活动，在内容、形式、传播途径中都有了许多重大的创新和改变，一个好的广告能够直接让受众者了解产品甚至是企业形象和企业文化，并获得受众者的好感。同样一个成功的广告标识要达到产品和文化的宣传效果，就要做到独特、引人注目和视觉上的震撼，但传统的标识模式已无法达到理想中 3D 效果。在科技日益发达的今天，人们追求的是看得见、摸得着、实实在在的产品体验，而 3D 打印技术在产品概念设计、原型制作、产品评审、功能验证等多维度的功效恰恰满足了这一要求。对于广告标识行业而言，3D 打印具有制作周期短、工艺简单、用工少、生产成本低及交付快等优势，能够快速地制作出广告标识，给客户最直观、最优质的视觉体验。而这一具有颠覆性的意义将会给广告标识行业注入新的活力。广告标识行业 3D 打印技术的应用如图 2-1 所示。

2. 3D 技术在广告标识行业应用的经典案例

除了在广告标识方面能得到极高的回头率，3D 打印技术在装饰、宣传、发光广告字等广告标识行业也充分展现了自我魅力。商家用 3D 打印机可以制作装饰品对户外或室内进行装饰，使产品和店面装修风格相一致；利用 3D 打印制造出形象特色的 3D 模型，进行宣传和引导消费者。而对于发光广告字而言，3D 打印具有省人工、成本低、变化多、科技感强等特点，可以轻而易举地解决定制广告标识中碰到的比较棘手的、甚至传统方式根本解决不了的问题。

广告标识行业 3D 打印技术的实际应用案例如图 2-2 所示。

图 2-1　广告标识行业 3D 打印技术的应用

图 2-2　广告标识行业 3D 打印技术的实际应用案例

将 3D 打印引入广告标识的成功案例随处可见。如图 2-3 所示，麦当劳在“Always working”广告中，就利用 3D 打印机打印了广告片里所展现的农场场景，农场里的小人儿也是先通过建模，打印出来后再进行上色，不仅精确，还减少了人力消耗。除了这条广告，麦当劳还用

3D 打印机打印了一个叫朱丽叶的玩偶，这个玩偶是由 3D 打印部件组装起来的，由设计师组装完成后再手绘朱丽叶的面部表情。麦当劳将 3D 打印这种高新技术引入广告，紧跟时代潮流，让科技改变了传统模式，并获得了一致好评。

图 2-3　“Always working”广告

任务二　建筑行业应用案例

1. 3D 打印技术在建筑模型领域中的大量应用

目前，3D 打印技术在建筑行业中应用最广泛的领域就是建筑装饰品和建筑模型的生产。

如图 2-4 所示是设计师们使用 3D 打印机打印的建筑模型。这种方法快速、环保、成本低，同时制作精美。3D 打印模型是建筑创意实现可视化与无障碍沟通的最好方法，完全符合设计者的要求，且又能节省大量的材料和时间。3D 打印技术目前在建筑装饰以及建筑模型领域表现得很出彩。

图 2-4　3D 打印建筑模型

2. 3D 打印用于建筑模型的优点

（1）更好地向客户展示建筑模型。

3D 打印使你的设计真实可见，一个 3D 打印建筑模型可以将设想和草图真实地表现出来，便于设计出最佳方案。例如，实际生活中的楼盘模型如图 2-5 所示。

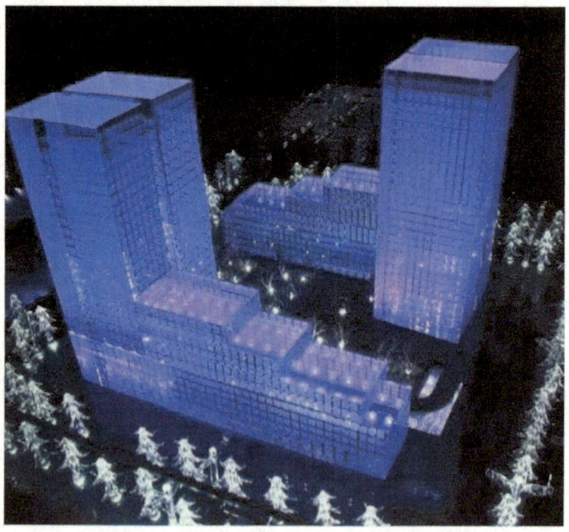

图 2-5　楼盘模型

（2）节约制造建筑比例模型的时间。

利用 3D 打印机将自己的设计变为触手可及的实物，这大大减少了制造比例模型的时间。

（3）3D 打印的模型质量好，可用材料多。

现在专业 3D 打印机可以打印出高细节和表面平滑的建筑模型。材料选择范围也很广，尼龙塑料是建筑师用得比较多的材料。如果需要彩色元素的话，可以选择多颜色打印。

（4）可以更轻松地重新编辑、打印 3D 建筑模型。

3D 打印可以更加灵活地处理模型，如果客户提出修改意见，则可以直接在文件上再次编辑、打印，让一切尽在掌握。

任务三　珠宝行业应用案例

1. 3D 打印技术在珠宝行业中的创新

目前，随着我国珠宝市场逐渐成熟，人们对珠宝首饰的差异化需求也开始显现，传统珠宝制造业急需加快转型升级的步伐。3D 打印技术正在成为一种潮流，加速影响着整个珠宝行业，促进了珠宝企业的智能化改造，推动着珠宝企业从生产方式到管控模式的变革。

3D 打印技术在珠宝行业将会有非常广阔的应用前景，对破解新一轮产业变革、加快转型升级至关重要，未来 3D 打印会给珠宝行业带来一场“工业革命”。如图 2-6 所示为个性化定制珠宝。

图 2-6　个性化定制珠宝

2. 3D 打印珠宝工艺

第一步　设计师需要用专业 3D 建模软件设计出饰品的 3D 数字模型。对定制客户进行数据扫描，以获取精确的尺寸、刻面分布和 3D 结构数据。设计师在 CAD 起版阶段可以方便地调用该模型，进行排石定位和虚拟装配等设计。

第二步　将 CAD 设计完成的 3D 模型输出到 3D 打印机中，可快速精准的打印出蜡版。

第三步　倒模。一般用古老的失蜡铸造法，包括种蜡树、灌石膏、烘焙石膏、浇铸、石膏模炸洗及清洗、剪切铸件。

第四步　执模。执模全部以手工进行，用特制研刀在首饰表面来回推动。这项工艺需要一定的技术和手法。

第五步　选择宝石、钻石，并通过显微镜进行镶嵌。

第六步　镶嵌完成后，进行抛光，确保金属表面光亮如镜。最后使用激光打标设备在指定位置完成刻字工序。

任务四　影视行业应用案例

1. 道具制作

早期几乎所有的影视道具都是结合使用粘土、灰泥、泡沫、织物、木材等物品创造性地用手工完成的。手工制作的道具可能需要使用几种不同的材料，每种材料都会产生浪费，并且制作道具的劳动成本很高，制作时间也很长。如今，道具设计师们正在采用 3D 打印机来制作许多道具——利用 3D 打印技术制作原型或模具，再利用后续工艺（上色、翻模等）来制作道具。同一道具可以仅用一种材料进行 3D 打印，几乎不会产生任何浪费，而且 3D 打印时间也很短。如图 2-7 所示为 3D 打印的机械手臂。

图 2-7　3D 打印的机械手臂

电影道具的特点——造型复杂、需要定制、数量少，完美契合了 3D 打印的特点。在道具制作上使用 3D 打印技术几乎没有复杂度的限制，其造型能力强，可完美还原导演和美术要求，制作周期短，节约剧组时间，适合近距离拍摄、特写细节和质感，定制成本低，小样更精准。

2. 场景模型

场景模型可拍特写镜头或鸟瞰镜头，特写细节给人以真实的感觉，鸟瞰全局让人有宏观的体验。通过物理特效与数字特效、长焦短焦交替运用，整个影片会更有质感。

在电影制作中爆炸、地震、火灾等灾难性场景是比较费时费力费钱的。纯计算机制作容易丢失细节，看起来不够真实。3D 打印破坏性模型可以经受风吹、水淹或爆破，大大降低了制作难度和成本。

3. 人物造型、化妆

人物造型或化妆通常需要与三维扫描相结合，得到人体（面部）数据，通过 3D 打印、翻模等工艺来制作能够以假乱真的造型效果。

现在一般使用硅胶材料，替代原来在脸上、身上涂胶的传统工艺，数据可以打印出来，反复使用。

4. 服装服饰

服装和服饰广义上也属于道具的一种，特别之处在于服装和服饰可穿戴，并具有功能性和结构性的要求，通常也需要和 3D 扫描结合来做造型。如图 2-8 所示《雷神 3》中海拉的 3D 打印头饰。

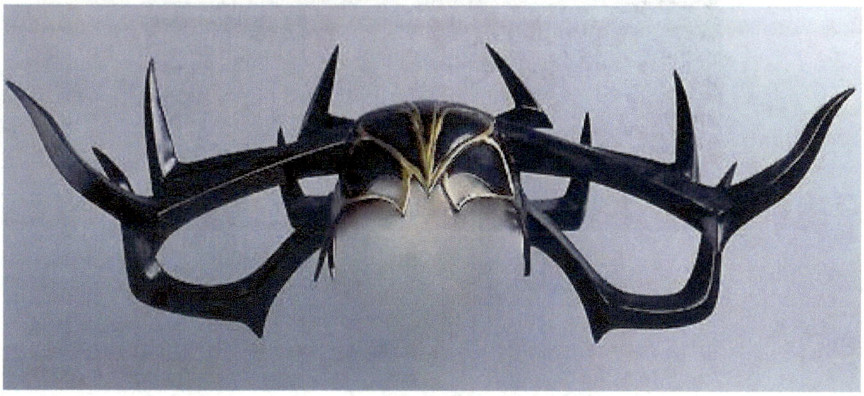

图 2-8 《雷神 3》中海拉的 3D 打印头饰

任务五 医疗行业应用案例

1. 3D 打印假肢

传统的假肢制造工艺繁琐，费时费工，要求工匠与技术员根据个体骨骼特征制作模型、浇铸、倒模、填充、调整、优化，因而造价不菲。即便如此，制造出的假肢外形机械感十足而缺乏温度，还有可能发生排异反应。

运用 3D 打印技术，效率直线上升。激光扫描患者完好的那条腿，程序根据解剖学自动分析，描绘出对称的另一条腿的模型，做到外形和真实的腿分毫不差。运用 FitSocket 技术使假肢和身体在连接处贴合得更为舒适。如图 2-9 所示为 3D 打印的假肢。

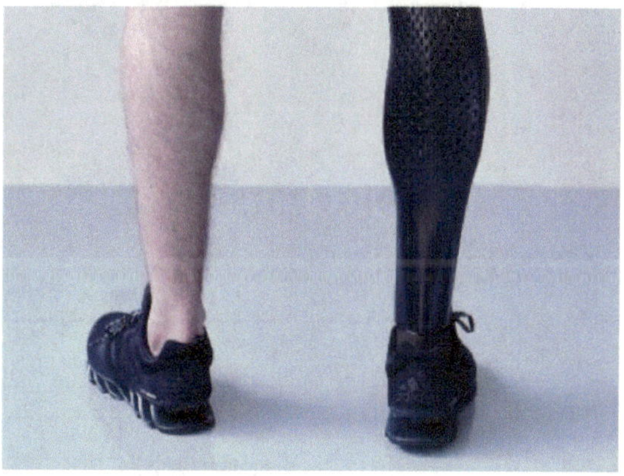

图 2-9 3D 打印的假肢

2. 等比例打印器官供手术参考

其实医学上的 3D 打印技术不仅仅局限于打印假肢，它最为实际的用途应用在手术中。为什么这么说？想象一下，在主刀医生面对那些棘手的手术时，无法精确的开刀而导致患者病情加重，实属雪上加霜的行为。但是现在我们拥有 3D 打印技术，在手术前将手术部位以 1∶1 的比例打印出来，主刀医生可以先拿模型开刀，解决了不少的麻烦。如图 2-10 所示为 3D 打印等比例器官。

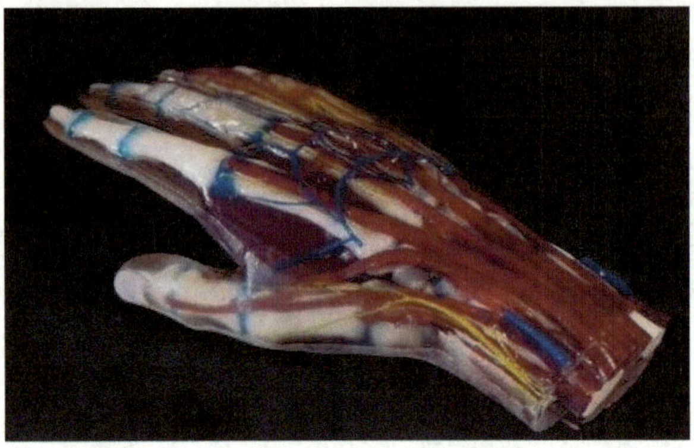

图 2-10　3D 打印等比例器官

3. 口腔科

牙医会通过 3D 扫描仪扫描出患者的牙齿数据，有了数据后，通过 3D 打印机打印出来。如图 2-11 所示为 3D 打印牙齿。目前大都使用光固化中的 DLP 技术来打印可以铸造的牙模。在效率和精确度上都有了质的提高。

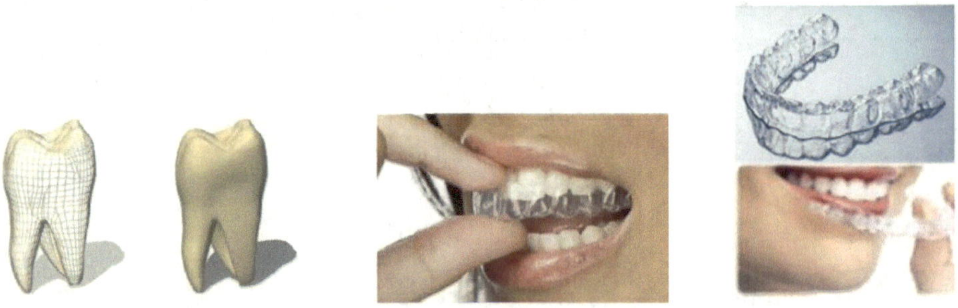

图 2-11　3D 打印牙齿

据统计 2010—2015 年中国 3D 打印牙齿产量不断增长，到 2015 年达到了 134 万颗，参考数据如图 2-12 所示。

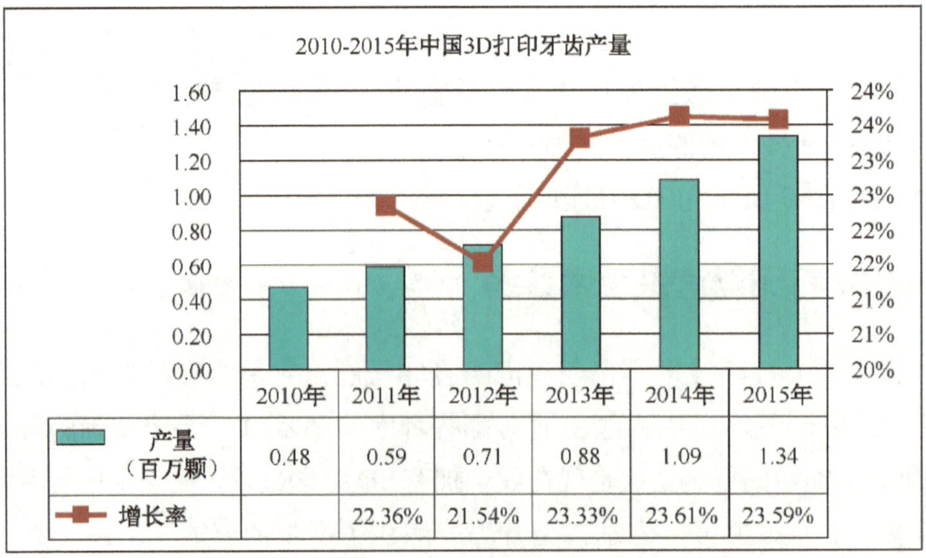

	2010年	2011年	2012年	2013年	2014年	2015年
产量（百万颗）	0.48	0.59	0.71	0.88	1.09	1.34
增长率		22.36%	21.54%	23.33%	23.61%	23.59%

图 2-12　2010—2015 年中国 3D 打印牙齿产量

任务六 制造业应用案例

1. 3D 打印在航空领域的应用

3D 打印是产品开发的利器，它在做“首件”上是非常有利的。过去最难的就是做样件，一架新飞机的研发周期需要 10～20 年。有了 3D 打印，就可以免除做首件所需要的专用工装夹具、刀具、模具等，因此大大简化了工艺流程，可以快速做出首件来进行装配、试验、验证。所以从这个角度来说，3D 打印在航空航天领域的应用是一项颠覆性技术。航空航天所面对的是难加工的材料，它的复杂结构、加工变形控制、研发周期和成本等对传统制造提出了非常大的挑战，而 3D 打印可以用全新的方式去对付这些难题。例如，钛合金的切削加工是很难的，但对 3D 打印来说，看问题的角度变了，反而成了最容易的成型方法。3D 打印可以使材料的利用率从原来的 3%、5%提高到 80%、90%。另外，3D 打印完全可以实现个性化，非常适合航空航天多品种、小批量、大型复杂结构的制造。图 2-13 中展示了 3D 打印在航空领域的应用。

图 2–13　3D 打印在航空领域的应用

2. 3D 打印在铸造领域的应用

3D 打印制造技术是目前国际上成型工艺中备受关注的焦点。可用于精密铸造行业——3D 打印技术能够快捷地提供精密铸造所需的蜡模或可消失熔模，以及用于砂型铸造的砂模，解决了传统铸造中蜡模或木模等制备周期长、投入大和难以制作曲面等复杂构件的难题。如图 2-14 所示为 3D 打印的消失熔模及砂模。

图 2-14　3D 打印消失熔模及砂模

3. 3D 打印在陶瓷领域的应用

从 72 道工序到“三步走”，从半月辛苦劳作到 3 小时搞定，3D 打印等新技术正在改造“世界瓷都”景德镇千年的制瓷流程，为古老的瓷业转型升级提供另一种可能。陶瓷 3D 打印样件如图 2-15 所示。

图 2-15　陶瓷 3D 打印样件

陶瓷 3D 打印、微波快速干燥、微波快速烧成——就是制作陶瓷的“三步走”。因为拉坯的限制，异形陶瓷作品需要耗费设计师巨大精力和时间，效果也不尽如人意，3D 打印正在悄然改变着这一切。

任务七　食品行业应用案例

近些年，3D 打印机除了使用塑料细丝、金属粉末等打印材料，也开始逐步使用可食用材料打印产品，比如 3D 打印肉类、3D 打印巧克力、3D 打印甜点等，既有助于利用食用材料便捷地制作非传统食品，也能为消费者带去更健康、更符合其个性化需求的产品。

1. 3D 打印肉类

目前“植物肉”仿佛打开了食材新世界的大门，鸡块、肉卷、粽子、披萨等多款植物肉产品纷纷上市。除了这些替代肉的产品，还有企业正试想将“3D 打印肉类”提上研发日程。

由于常见的植物肉产品大多通过挤出膨化机加工而成，无法制作出肌肉纤维或“切割肉块”，还存在质地、外观以及风味口感上的缺陷，没有肉的独特口感与嚼劲。

而 3D 打印技术生产“植物肉”非常大的优势就在于纹理，创造出具有与肌肉组织相同质地的微纤维，或能解决植物肉产品口感上的缺陷，突破替代肉规模化生产的瓶颈。如图 2-16 所示为 3D 打印机快速打印的松鼠形状的香肠。

图 2-16　3D 打印机快速打印的松鼠形状的香肠

2. 3D 打印巧克力

过去几年来，多家公司一直在尝试 3D 打印巧克力，3D 打印为食品行业带来了创意和创新。据了解，大多数巧克力 3D 打印机都使用 CAD 文件，就像普通的 3D 打印机一样。巧克力 3D 打印机通过挤出机头移动并铺设熔化的巧克力为所需的形状，之后巧克力冷却并变成固体。如图 2-17 所示为巧克力打印的玫瑰花。

巧克力 3D 打印机目前还不适合大规模生产，其主要问题是温度。巧克力须加热到足以熔化，同时须冷却和干燥以保持其形状。温度不适宜的话，导致 3D 打印巧克力由于温度和重力而失去其形状。还有 3D 打印巧克力的过程非常耗时，这是由温度造成的。

图 2-17 巧克力打印的玫瑰花

3. 3D 打印甜点

现在还设立了专门的甜点 3D 打印工作室，为厨师提供机会来制作可大规模复制的定制产品。3D 打印机可以使厨师设计出更具个性化或互动性的甜点，以及以前无法生产的创新设计和形状。图 2-18 中展示了 3D 打印的甜点。

图 2-18 3D 打印的甜点

任务八 3D 打印在文物保护领域中的应用案例

古代文物是中华传统文化的载体，也是历史最美的回馈之一。然而，随着城市化进程的加快及自然灾害或人为因素的影响，越来越多的古文物面临着消逝与被野蛮修复的命运，这不仅是对传统文化的亵渎，也为后人对中华传统文化的研究和传承带来了阻碍。但随着 3D 打印技术及 3D 扫描技术的发展，以数字化形式建立“文物数据档案”变成了可能，实现了文物虚拟修复、虚拟博物馆、数字化存档、文物挖掘现场存档等。

早在 2014 年，重庆大足石刻景区就已引入 3D 打印技术修复世界上最大的千手观音像。通过 3D 激光扫描获得主尊数据，借助 3D 打印机按 1∶3 的比例打印出模型，为科学修复主尊形态的残缺部位，包括头部的倾斜角度、眼部神态等，提供了参考。如图 2-19 所示为 3D 扫描千手观音像。

图 2-19　3D 扫描千手观音像

3D 打印技术的优势在于不必直接接触文物即可扫描获取三维数据，完全避免了文物修复的二次损坏，并且具有快速、精准等特点，优于传统工艺。在对称物件中还能运用镜像原理复制对称位置的部件，避免以前手工塑形翻模等复杂过程，更能通过高度的准确性保持文物的原汁原味。3D 打印技术正在不断地应用与进步中，未来必将逐步成为文物修复中最有利的工具之一。

【课后练习】

增材制造给人类的生活带来了便捷，我们坐在宽敞明亮的教室里，用着先进的设备，翱翔在高科技知识的海洋里，享受着幸福的阳光。我们要珍惜这来之不易的一切，学习本领，为实现中华民族伟大复兴而努力！

1. 寻找增材制造技术在其他领域应用的场景，并提交案例。
2. 增材制造技术为医疗领域带来了哪些巨大变化？

项目三

桌面级（FDM）3D 打印机

任务一 闪铸打印机的使用

桌面级 3D 打印机结构简单、使用维护方便、打印效果好、设备经济、打印成本低、操作简单，可满足分布化生产、设计制造一体化的需求。目前桌面级 3D 打印机深受 3D 打印爱好者和部分创业者的青睐。

本任务主要介绍浙江闪铸三维科技有限公司生产的桌面级 3D 打印机（INVENTOR）的使用，该设备使用了 FDM 熔融沉积成型技术。

使用前接通电源（220V），按下电源开关，等待设备启动（开机音乐过后，显示屏亮，设备照明亮），如图 3-1 所示。

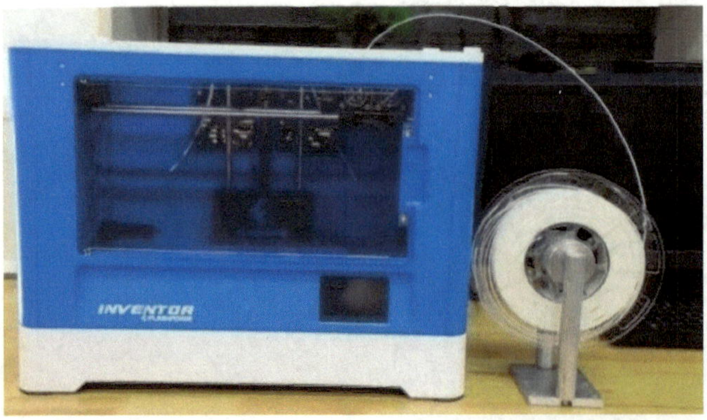

图 3-1　闪铸 3D 打印机

1. 手动初始化（回参考点）

开机后进行初始化操作（回参考点）。操作步骤为：点击主屏幕【Tools】图标，进入下一级菜单，点击【Home】图标，等待打印机回参考点，如图 3-2 所示。此时打印机的 *X*、*Y*、*Z* 轴（打印喷头和工作平台）缓慢移动，待 *X*、*Y*、*Z* 轴分别触碰各自的行程开关后停止移动。在 *X*、*Y*、*Z* 轴回参考点的过程中，观察各个轴是否运行正常，是否发出异响，以及各轴触碰到行程开关后是否会正常停止。

图 3–2　回参考点

2. 退丝与进丝

在 PLA 丝盘耗尽、丝折断、丝盘中的丝发生打结或中途需要更换另一盘 PLA 丝盘时，需要换丝，换丝的关键步骤是操作打印机退丝和进丝。

（1）退丝。

冷却状态下的 PLA 不可从喷头处强行拔出（强行拔出可能会损坏喷头中的进丝机构或把丝残留在喷头内难以取出），应对喷头进行加热，然后把丝取出（退丝）。操作步骤为：点击主屏幕【Tools】→【Filament】→【Load Left】图标（见图 3-3 所示，通常本设备只使用左喷头，若想退出右边的丝，则点击【Load Right】图标即可）。此时左喷头持续升温，到达 230℃时，挤丝机构自动开始工作（挤丝机构启动前会有提示音），喷头会有丝挤出。当看到有丝从喷头挤出后，用左手按压“进丝压紧弹簧”（**退丝时必须按压住弹簧使导丝轮不再挤压丝材向下送丝**（见图 3-4）），右手将丝材拔出即可完成退丝过程。

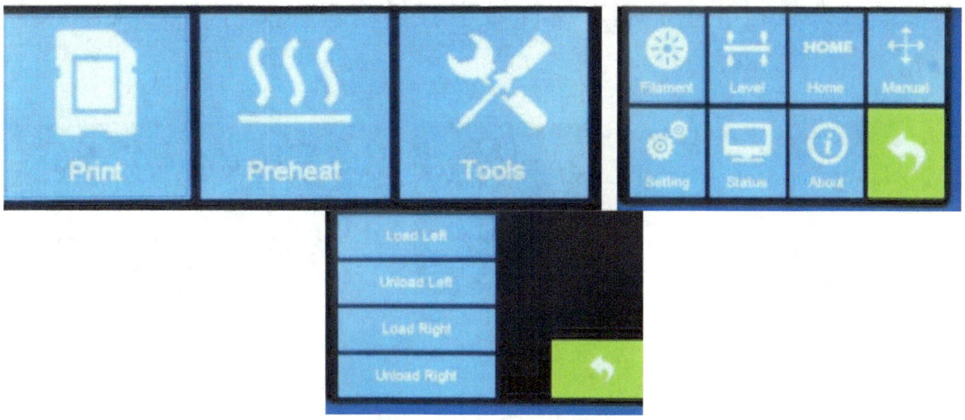

图 3–3　退丝操作

（2）进丝。

打印材料有各种不同的直径，以 3mm 和 1.75mm 居多。本设备采用 1.75mm 直径的 PLA 丝材。进丝前，确保材料无缠绕、打结等情况，将新材料盘安装在支架上，确保丝盘能够正常使用。操作步骤为：点击主屏幕【Tools】→【Filament】→【Load Left】图标（见图 3-5）。此时左喷头持续升温，到达 230℃时，挤丝机构自动开始工作（挤丝机构启动前会有提示音）。

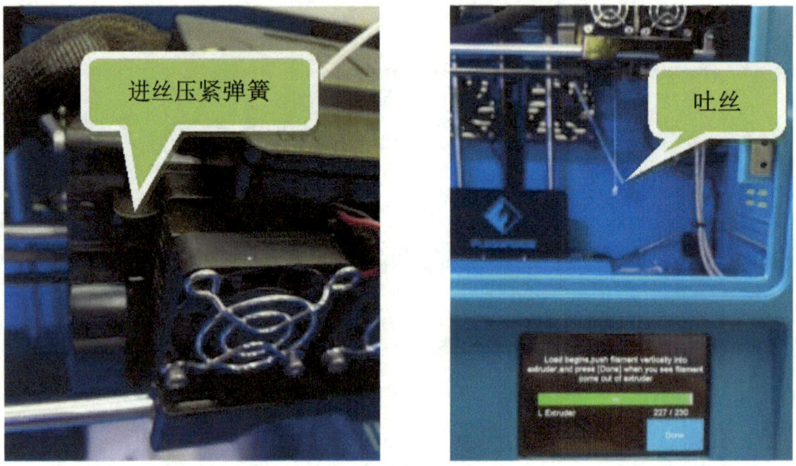

图 3–4　退丝过程

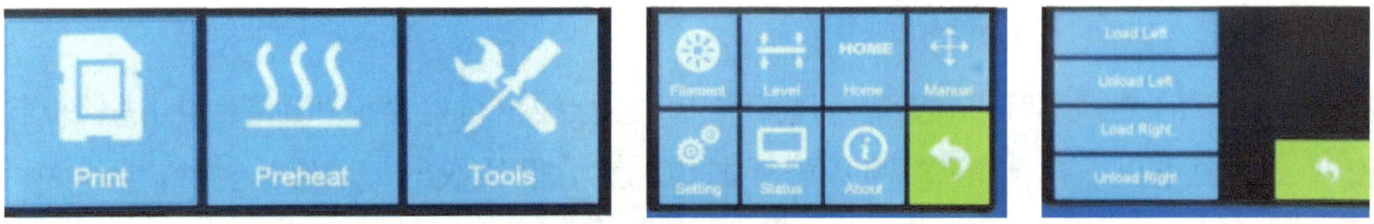

图 3–5　进丝操作

等待喷头升温的过程中，用模型剪将丝材剪成斜口（见图 3-6）。待挤丝机构开始工作后（喷头温度达到 230℃），将剪尖的 PLA 丝材放入进丝口（无需按压进丝压紧弹簧），此时能感觉到丝材被进丝机构拉入喷头，片刻后会有丝材从喷头处挤出（可以让丝材多吐出一些，让加热管中的残余丝材完全流出，这样做不容易堵塞喷头），点击【Done】按钮，完成进丝（见图 3-7）。

图 3–6　丝材剪成斜口

图 3–7　进丝过程

3. 调平

（1）更换耐热胶带。

打印出的模型有时会和打印平台粘的很紧，拆下模型时会破坏耐热胶带，此时便需要更换耐热胶带。目前3D打印机使用的耐热、耐高温胶带主要是美国3M公司生产的蓝色美纹热敏胶带，胶带表面具有较粗糙的纹理，有利于3D打印丝材的吸附。粘贴耐热胶带的操作步骤为：首先裁剪出与打印平台长度基本一致的胶带段，然后依次平整的粘贴到打印平台上，相隔间隙小于0.5mm，粘好后整体应保持平整，无褶皱和重叠等问题，如图3-8所示。

图3-8　粘贴美纹热敏胶带

（2）调平。

若3D打印机的打印平台没有调平，打印时会出现无法黏结到底板上（喷头距离底板太远）、翘边（喷头和底板之间局部距离太远）、喷头堵塞（喷头距离底板太近）等问题。平台在受较大外力后（机器搬运过程的震动，以较大力量取件），会改变平台和喷头之间的距离，此时便需要重新调平。操作者可以根据经验在打印过程中调平底板，设备也内置了底板的调平程序。

调平的操作步骤为：首先将喷嘴上外露的PLA清理干净。点击主屏幕【Tools】→【Level】图标（见图3-9）。取出调平卡片（见图3-10），将调平卡片放入左喷嘴和打印平台之间，来回滑动调平卡片。若卡片可以轻松抽动则表示喷嘴和平台的距离偏大，需要顺时针旋转对应位置的调平螺母以缩小平台和喷嘴的距离。若卡片很难抽动则表示喷嘴和平台的距离过小，需要逆时针旋转对应位置的调平螺母以增大平台和喷嘴的距离，如图3-11所示。在滑动卡片时感觉到轻微摩擦即可停止调节，此时的间距合适。第一个点调节完成后，按【Next】按钮进行下一步，喷嘴会移动到第二个螺母上方并停止。采用同样的方法对该点进行调节。按照程序，继续调整完剩余的两个位置（共4个位置需要调平，3个调平螺母上方和底板中心）（见图3-12）。按返回箭头，退回主界面。

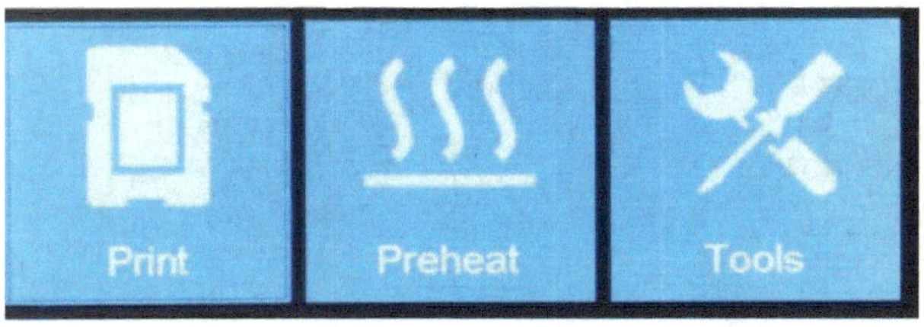

图3-9　调平操作

图3-10　调平卡片

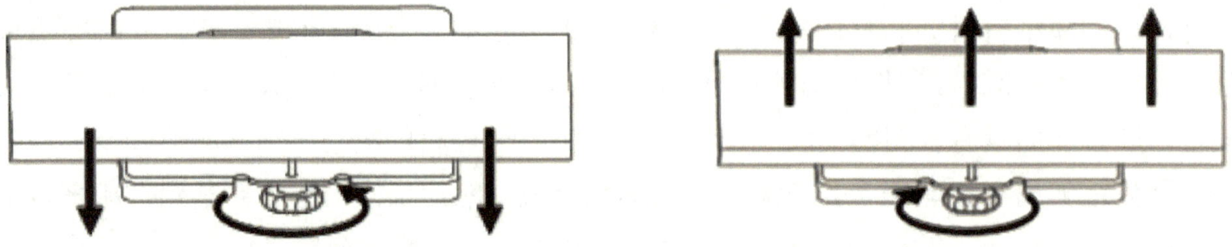

图 3-11　调节打印平台

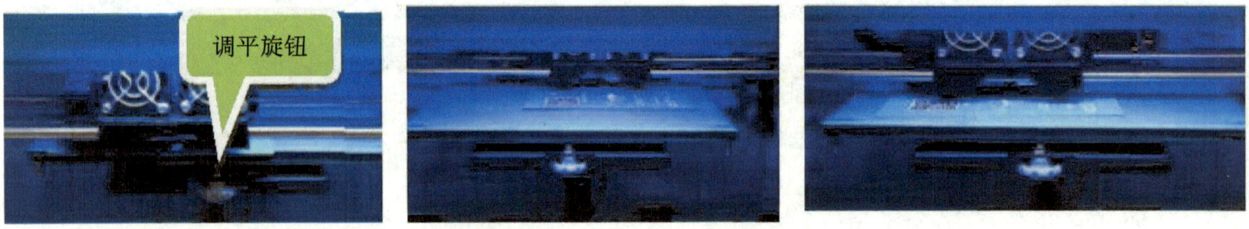

图 3-12　调平过程

4. 模型切片

（1）载入模型至 Flash Print 切片软件（以十二生肖的龙首模型为例）。

可通过以下 3 种方式载入模型文件（本软件支持 STL、OBJ、FPP、3MF 及 JPG 等格式）。

方式 1： 单击软件主界面上的【载入】图标，弹出对话框后选择要载入的模型文件。

方式 2： 将要载入的文件拖曳至软件主界面。

方式 3： 单击菜单栏中的【文件】→【载入文件】命令，在弹出的对话框内选择要载入的文件。

将龙首模型的 STL 格式文件载入切片软件后如图 3-13 所示。

（2）机型及偏好设置。

Flash Print 软件可以支持多种 FDM 3D 打印设备，加工前要在软件中选对机型（与现有设备对应）。操作步骤为：单击【打印】→【机器类型】→【FlashForge Inventor】菜单命令（见图 3-14）。

图 3-13　模型导入

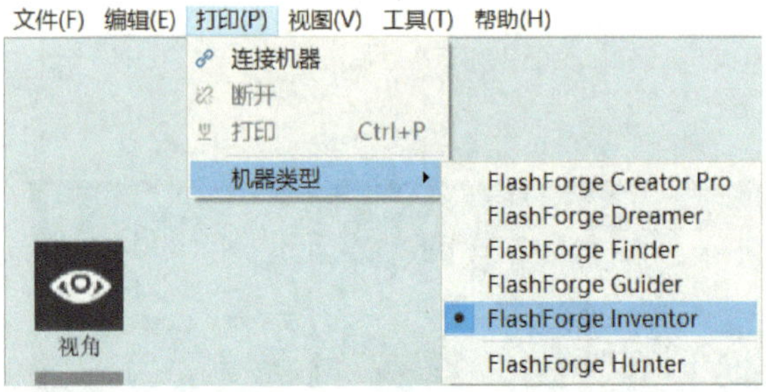

图 3-14　打印机类型

软件提供普通模式和专家模式两种偏好设置，为了看到更多的参数，选择专家模式。操作步骤为：单击【文件】→【偏好设置】菜单命令，在弹出的【偏好设置】对话框中，【打印窗口类型】选择“专家模式”，单击【确定】按钮（见图 3-15）。

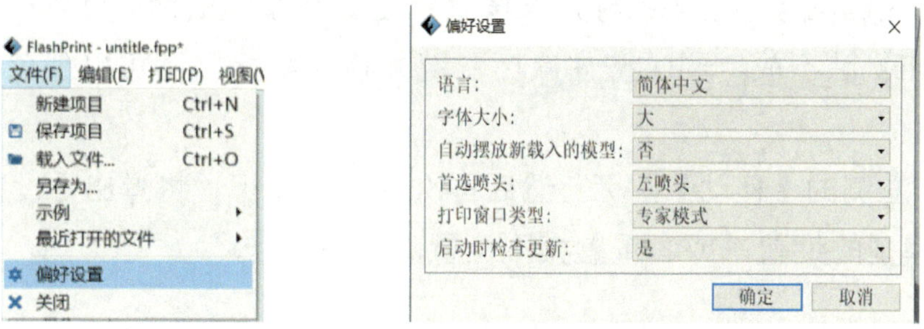

图 3–15　打印机打印模式选择

（3）按面放平。

当模型导入软件后，模型的位置通常是随机的，不方便打印，需要对模型进行放平操作。操作步骤为：单击【编辑】→【按面放平】菜单命令，双击指定的平面，双击模型选中的面，即可将模型放平在底板上与底板贴合。模型底部呈现深蓝色，如图 3-16 所示。

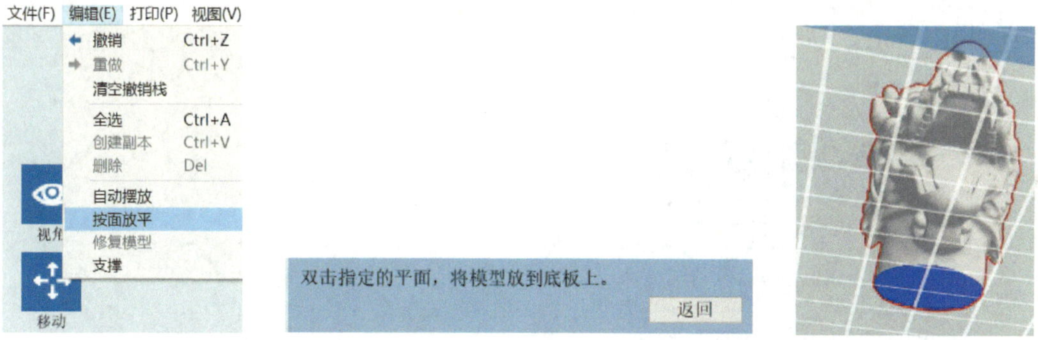

图 3–16　按面放平

按面放平的另一种操作：单击【旋转】图标，勾选【按面放平】复选框，如图 3-17 所示。单击选择模型的某个面，并双击该面，模型会自动按面进行摆放，选中的面将与底板贴合。

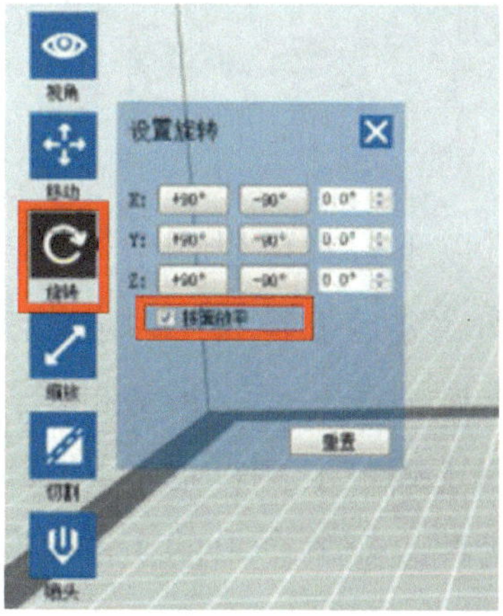

图 3–17　按面放平

（4）模型移动。

选中模型（鼠标左键单击需要移动的模型），通过以下 2 种移动方式可以调节模型的空间位置。

方式 1：单击左侧的【移动】图标，长按鼠标左键并移动鼠标，可以在 *XY* 平面内移动该模型；按住【Shift】键不放，同时按住鼠标左键并移动鼠标，则可以使该模型在 *Z* 方向上移动。

方式 2：单击左侧的【移动】图标，然后再次单击该图标，将弹出【设置位置】对话框，可以调节或设置模型的位置，或者重置模型位置。

提示：一般情况下，在模型位置调整完毕后需要选择【设置位置】对话框中的【居中】和【放到底板上】选项来确保模型位于打印范围内并紧贴于打印平台。如需要特别摆放的模型，则只选择【放到底板上】选项。

模型打印时选择在底板中间位置进行打印，单击【移动】图标，在弹出【设置位置】对话框中，单击【放到底板上】和【居中】选项，所选中的龙首模型就会自动放置在底板中间位置，如图 3-18 所示。

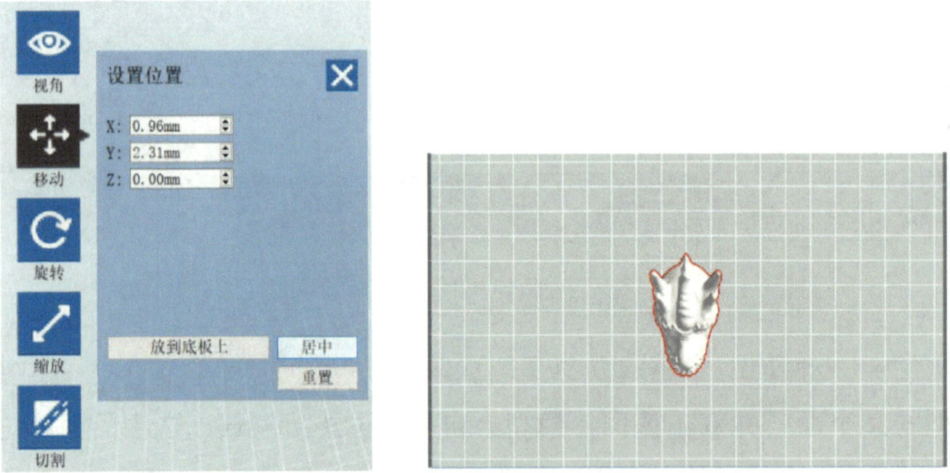

图 3-18　模型居中

（5）模型缩放。

选择需要缩放的模型后，通过以下方式可以调节模型的大小。

方式 1：单击软件界面左侧的【缩放】图标后，按住鼠标左键并拖动鼠标可改变模型大小。模型文件当前的长宽高数值将显示在对应三条边框上，如图 3-19 所示。

方式 2：单击软件界面左侧的【缩放】图标后，再次单击该图标，将弹出【设置尺寸】对话框，可以设置模型的尺寸，或者改变各个方向上的比例以进行缩放。

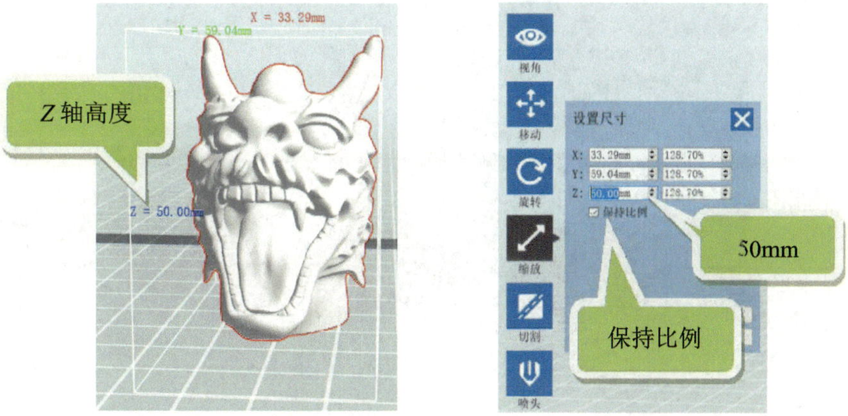

图 3-19　设置高度

提示： 如果下方的【保持比例】选项为勾选状态，那么改变任意轴的尺寸，模型会等比例缩放；如果没有勾选【保持比例】选项，尺寸的改变将在单一方向上进行。打印模型的尺寸（*X*、*Y*、*Z* 值）由具体要求来定。龙首模型打印时，勾选【保持比例】选项，*Z* 轴高度设置为 50mm，如图 3-19 所示。

（6）模型切割。

Flash Print 软件有个非常重要的功能——切割，其作用是：当模型尺寸超出设备可打印尺寸的时候，可以选择将模型切割打印，然后组装成型。或者当模型底面不够平整，有悬空时，可以通过切割来保证模型和底板的紧密贴合。操作步骤为：选择需要设置的模型，单击软件界面左侧的【切割】图标，弹出【设置切割平面】对话框（见图 3-20）。切割设置选项包括：切割方向（手绘，X 平面，Y 平面，Z 平面）、切割位置和固定模型位置。

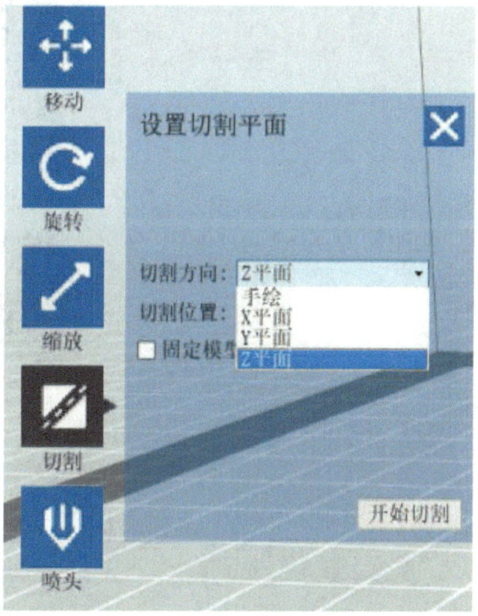

图 3-20　设置切割平面

设置【切割方向】后，选中需要切割的模型，软件会根据切割方向自动生成切割平面，此时可以根据需要选中切割平面，并拖动切割平面到需要切割的位置，或者在【切割位置】选项中输入具体数值，不同模型可根据实际需要设置该数值。

勾选【固定模型位置】选项，则切割完成后的模型保留在原来的位置，通过鼠标单击时会看到模型已经分成了两个部分。

在本例中，龙首模型的【切割方向】选择“Z 平面”，即在 *Z* 轴方向进行切割。【切割位置】设置为 0.2mm（保证底面平整的最小高度），如图 3-21 所示。不勾选【固定模型位置】选项，则切割完成后的模型会自动移开，把保留部分移动到底面上并居中，如图 3-22 所示，模型现在居中放置并且底面呈深蓝色。

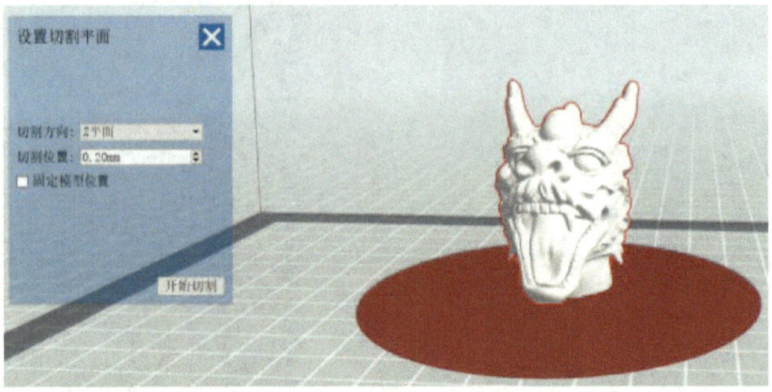

图 3-21　切割方向：Z 平面

图 3-22　切割过程

（7）喷头选择。

选中模型，单击【喷头】图标，弹出【设置喷头】对话框，选择【使用左喷头】选项（打印机喷头上的风扇安装在左侧，有利于打印模型成型）。此时龙首模型呈绿色，如图 3-23 所示。

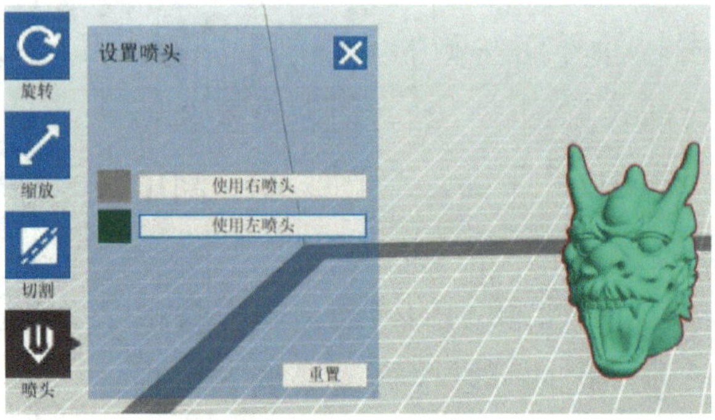

图 3-23　喷头选择

（8）支撑。

① 支撑选项。

导入模型后，单击菜单栏中的【编辑】→【支撑】命令或直接单击主界面的【支撑】图标，可以进入支撑编辑模式。单击【支撑选项】图标，弹出【支撑选项】对话框，可选“树状”或“线形”支撑。用户可以对支撑参数进行编辑。树状支撑参数包括陡峭阈值角度、支柱直径、基底直径和基底高度。线状支撑参数包括陡峭阈值角度和桩柱尺寸。

② 自动支撑。

单击软件上方的【自动支撑】图标后，软件会自动判断模型需要支撑的位置并生成相应的树状支撑。如果模型已经生成支撑，软件会先将这些支撑删除，然后重新生成支撑。

③ 添加支撑。

当软件左侧的【添加】图标被选中时，用户可以自行添加支撑。将鼠标移动到模型需要添加支撑的位置，单击鼠标左键，选取支撑起点，按住鼠标左键不放，拖动鼠标会显示支撑预览（若支撑面不需支撑、支撑立柱角度过大，或者所加支撑超过或未到支撑面，会红色高亮预览显示该支撑，若支撑显示绿色，则该支撑可添加），松开鼠标后生成支撑。

龙首模型打印前选择的树状支撑，支柱直径为 3.0mm，基底直径为 3.0mm，基底高度为 4.0mm，添加支撑后的效果如图 3-24 所示。支撑编辑完成后单击上方的【返回】图标退出支撑编辑界面。

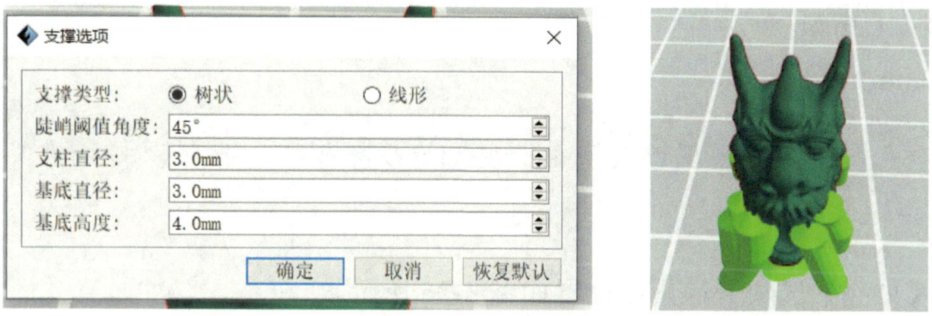

图 3-24　支撑选项及添加支撑后的效果

（9）打印参数选择。

选择配置：Inventor PLA。

模式选择：标准（见图 3-25）。（打印模式有低质量（快）、标准、高质量（慢）、超精细四种。打印质量要求越高，打印速度越慢。打印质量要求越低，打印速度越快。模式选择不同，对应的各个子参数值也会不同。）

① 单击【常规】选项卡，具体设置如图 3-25 所示。

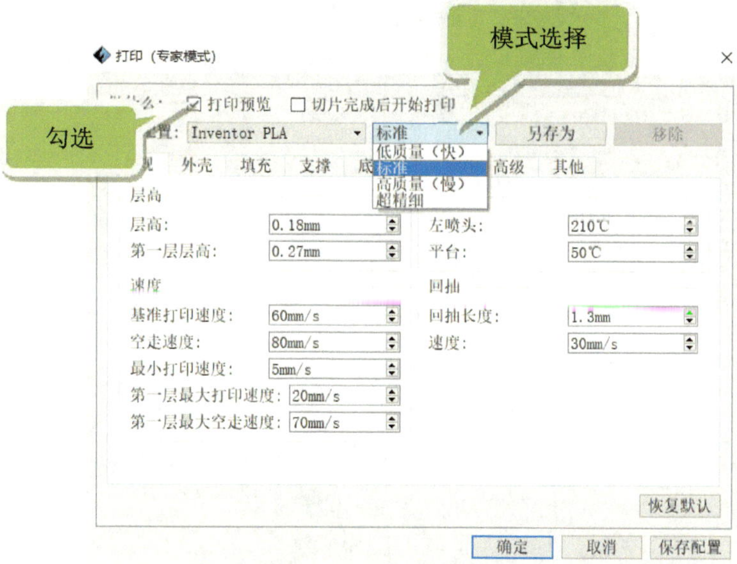

图 3-25　常规设置

层高：0.18mm。

第一层层高：0.27mm。

基准打印速度：60mm/s。

空走速度：80mm/s。

最小打印速度：5mm/s。

第一层最大打印速度：20mm/s。

第一层最大空走速度：70mm/s。

左喷头：210℃。

平台：50℃。

回抽长度：1.3mm。

速度：30mm/s。

【注意】喷头和平台的温度以及回抽长度和速度根据打印材料及打印机实际状态进行调整。

② 单击【外壳】选项卡，具体设置如图 3-26 所示。

壳数量：3。

外圈速度：50%。

外圈最大速度：40mm/s。

可见内圈速度：70%。

不可见内圈速度：100%。

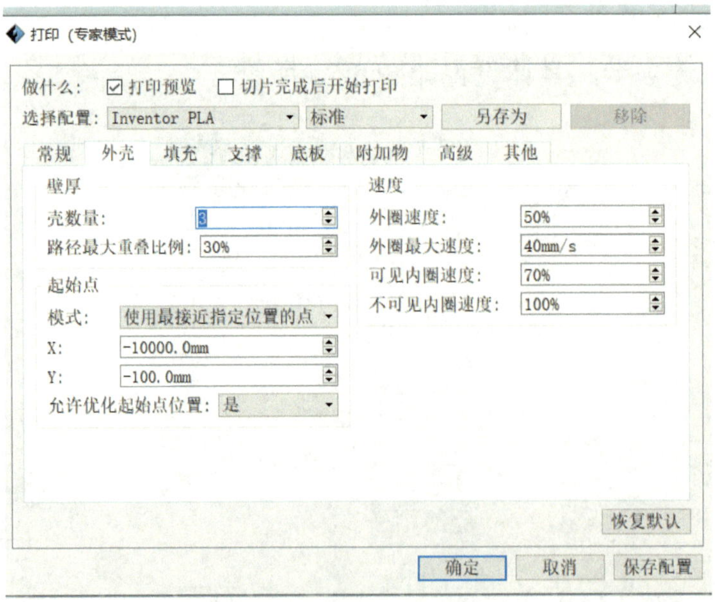

图 3-26　外壳设置

③ 单击【填充】选项卡，具体参数设置如图 3-27 所示。

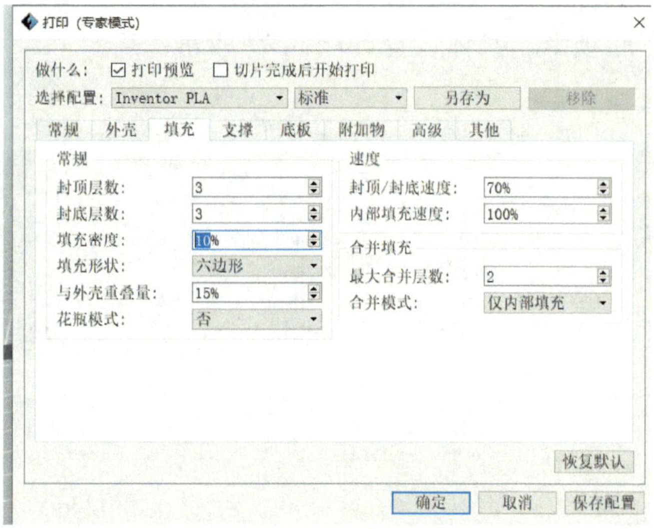

图 3-27　填充设置

封顶层数：3。

封底层数：3。

填充密度：10%。

填充形状：六边形。

与外壳重叠量：15%。

封顶/封底速度：70%。

内部填充速度：100%。

最大合并层数：2。

合并模式：仅内部填充。

④ 单击【支撑】选项卡，具体参数设置如图 3-28 所示。

启用支撑：是。

选择喷头：左喷头。

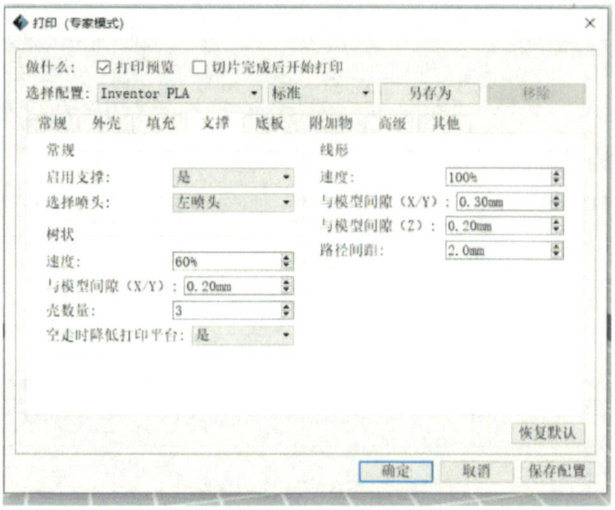

图 3-28　支撑设置

⑤ 单击【附加物】选项卡，具体设置如图 3-29 所示。

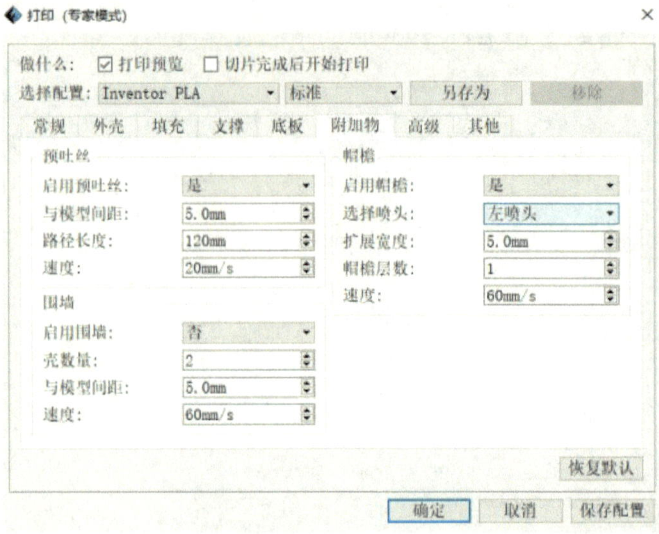

图 3-29 帽檐设置

启用帽檐：是。

选择喷头：左喷头。

扩展宽度：5mm（即帽檐扩展宽度，宽度越大帽檐越牢固，但打印时间也越长）。

帽檐层数：1。（帽檐的作用：额外在模型底部周围打印出一圈帽檐，将模型底部的外延固定到打印平台上，避免打印过程中模型翻倒。较多的帽檐层数可以更好地固定模型，但不利于将帽檐从模型上剥离。）

速度：60mm/s。

⑥ 单击【高级】选项卡，具体参数设置如图 3-30 所示。

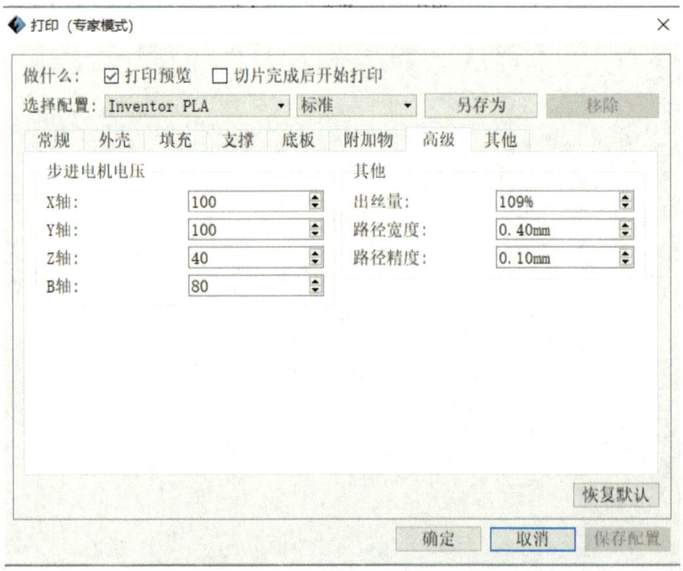

图 3-30 高级设置

出丝量：109%。

路径宽度：0.40mm。

路径精度：0.10mm。

确定好各个参数后（所有参数均可根据实际情况进行修改），单击【确定】按钮，选择切片文件的存储位置（保存在 SD 卡上，方便后续使用 SD 卡打印），存储为*.gx 文件。切片完成后软件会进入模型切片的预览模式，在该模式下，会显示打印时长，材料消耗长度预估值，拖动打印的进度条，可以看到每一层的打印状态、内部填充状态，如图 3-31 所示。

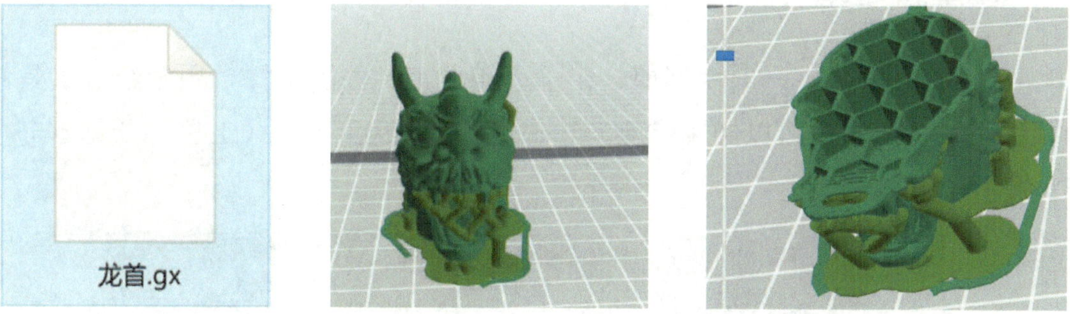

图 3-31　切片保存文件

5. 打印模型

（1）用 SD 卡打印龙首模型。

将存有*.gx 文件的 SD 卡插入 3D 打印机的 SD 卡插槽（见图 3-32）。点击主屏幕【Print】→【Print from SD】图标，按【OK】按钮，在屏幕上找到打印模型。检查打印的丝材是否够用，如果不够用需要及时更换丝材。按【Print】按钮，在打印机的屏幕上可以看到打印所需的时间，当喷头温度达到预设温度 210℃，底板温度达到预设温度 50℃时，模型开始打印（见图 3-33）。

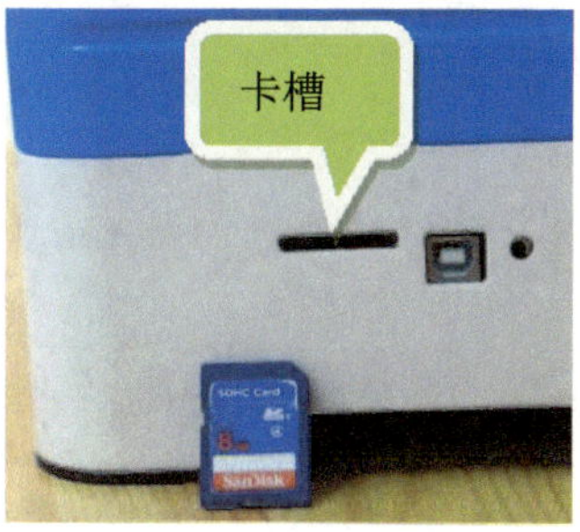

图 3-32　SD 卡

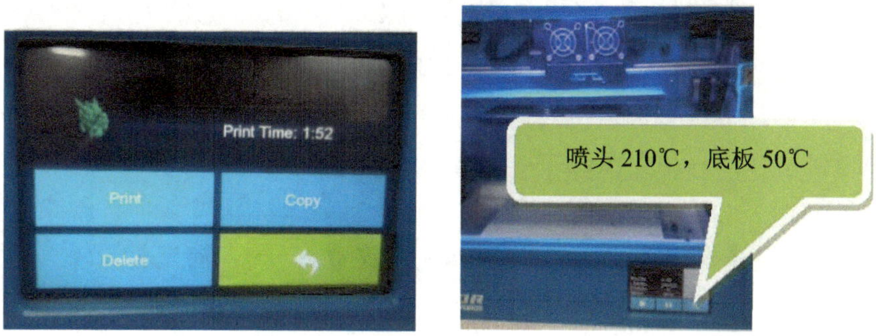

图 3-33　开始打印

（2）打印过程。

设备从下往上开始分层打印（见图 3-34）。打印过程中禁止触碰打印喷头，防止高温烫伤。

图 3-34　打印过程

6. 模型后处理

打印完成后将模型拆下，用模型剪、钳子等相关工具去除支撑，用砂纸等工具修整模型外形上的毛刺等缺陷。之后可以用丙烯颜料给模型涂上喜欢的颜色（上色部分见本书项目九），如图 3-35 所示。

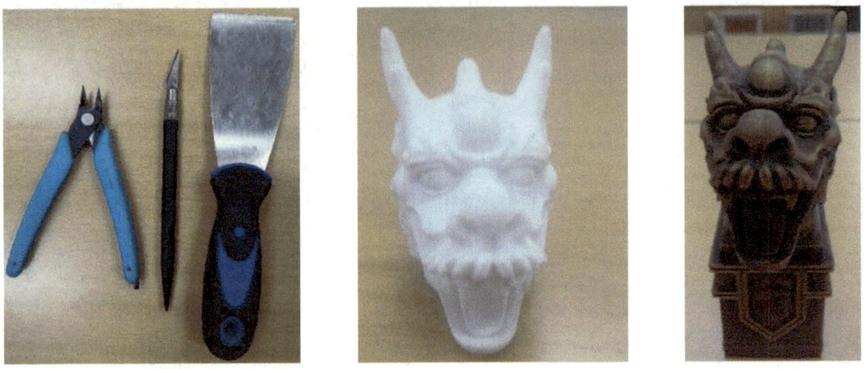

图 3-35　模型后处理

【注意】

① 在使用尖嘴钳等工具去除支撑材料时易引起塑料碎片的飞溅，要带护目镜操作。

② 支撑材料和工具都很锋利，使用时应注意安全。

③ 拆除的支撑要及时清理以养成良好的职业习惯。

7. 打印机的维护

（1）设备如果长时间不使用，应放置在干燥避光处，并进行遮盖，减少设备老化及灰尘附着。

（2）设备使用完毕后，应及时清扫机器，保持设备清洁。

（3）定期用面巾或无纺布沾少量无水乙醇，擦拭光轴，擦拭完毕后在光轴和丝杆上涂抹润滑油脂。

（4）定期打开送料器前盖，用镊子或其他尖锐工具，将送料机构内的残留物清理干净。

（5）远距离搬运机器前，用扎带和卡扣固定打印平台和喷头。

任务二 太尔时代打印机的使用

本任务主要介绍太尔时代的 UP BOX+ 打印机的使用，如图 3-36 所示。

图 3-36 UP BOX+ 打印机

1. 打印机各部分名称图解

打印机图解如图 3-37 所示。

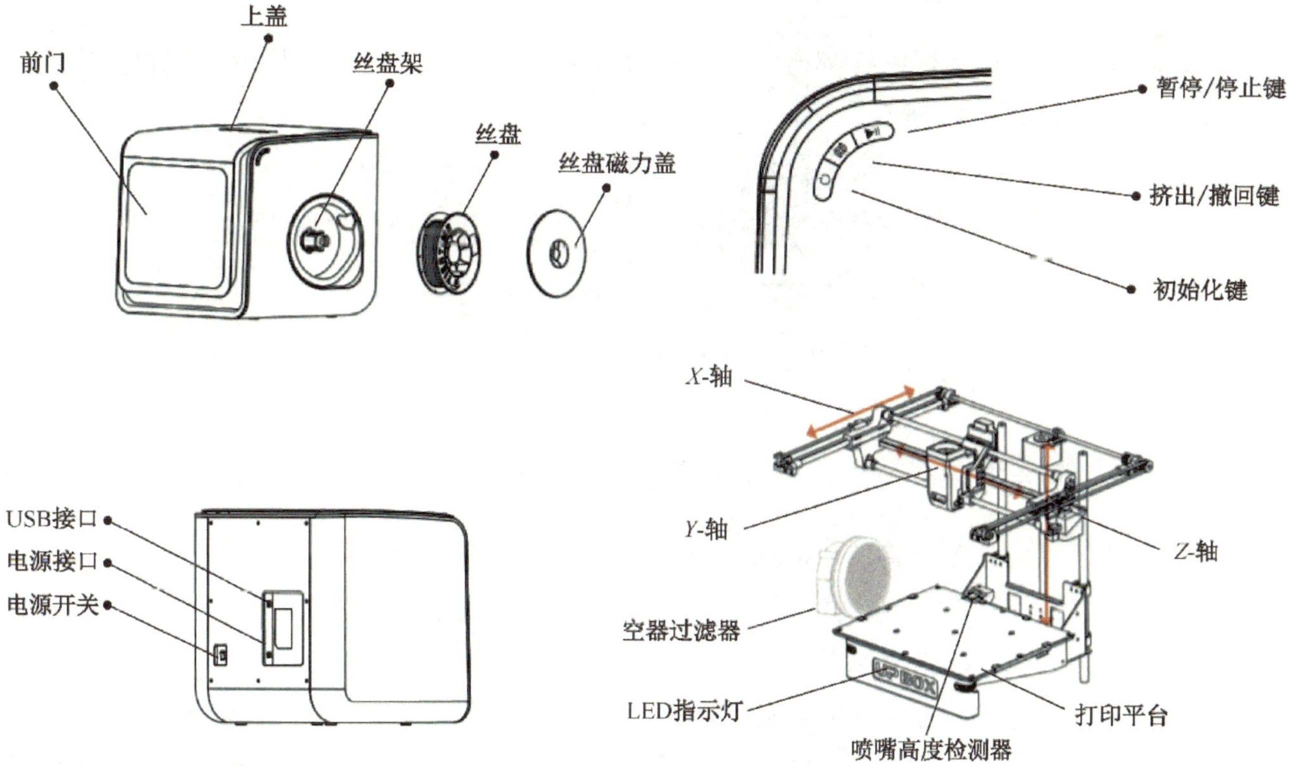

图 3-37 打印机图解

2. 安装多孔板

安装多孔板之前要先把底板清理干净，检查底板上应没有异物，否则容易造成多孔板不平整。

安装多孔板的注意事项：

（1）把多孔板放在打印平台上，确保加热板上的螺钉已经进入多孔板的孔洞中。

（2）在右下角和左下角用手把加热板和多孔板压紧（见图 3-38），然后将多孔板向前推，使其锁紧在加热板上。

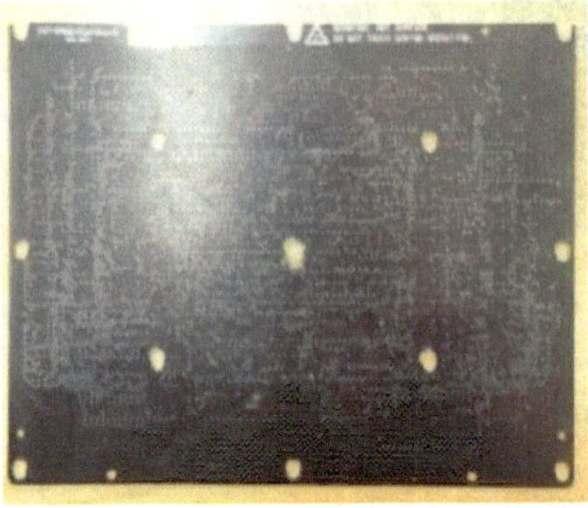

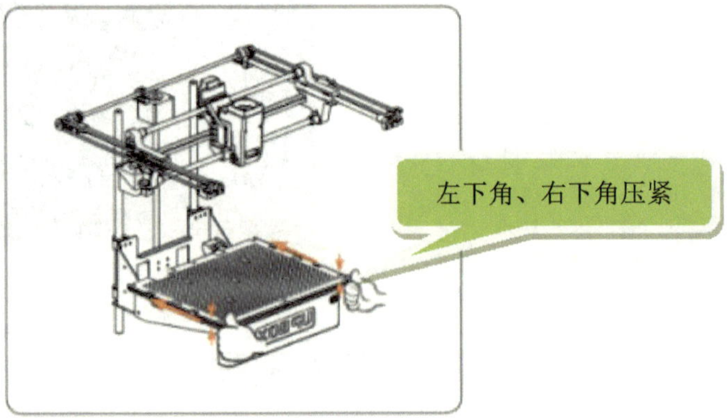

图 3-38　安装多孔板

（3）确保所有的加热板螺钉都已经扣紧在多孔板的孔洞中，此时多孔板应该和加热板紧密贴合在一起，如图 3-39 所示。

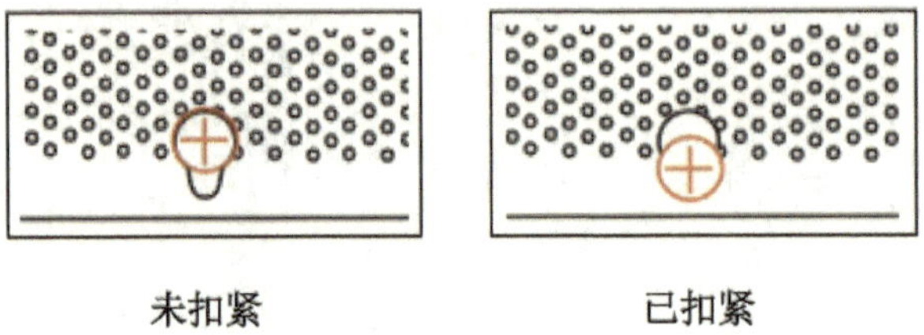

图 3-39　扣紧多孔板

3. 安装丝盘

（1）打开丝盘磁力盖，将丝材插入丝盘架的导管中。

（2）将丝材送入导管直到丝材其从另一端伸出，并放入进丝孔（见图 3-40），将线盘安装到丝盘架上，然后盖好丝盘磁力盖。

（3）调节打印机喷头上风扇的气流方向。风扇管道上有一个小把手，当使用 PLA 丝材打印时，逆时针转动杠杆，使气流朝向喷嘴，以便 PLA 材料迅速冷却、改进打印质量。当使用 ABS 丝材打印体积大的作品时，为了尽量减少翘边的可能，顺时针转动杠杆，使气流调整把手处于水平位置，即使气流离开喷嘴，以减缓冷却速度，如图 3-41 所示。

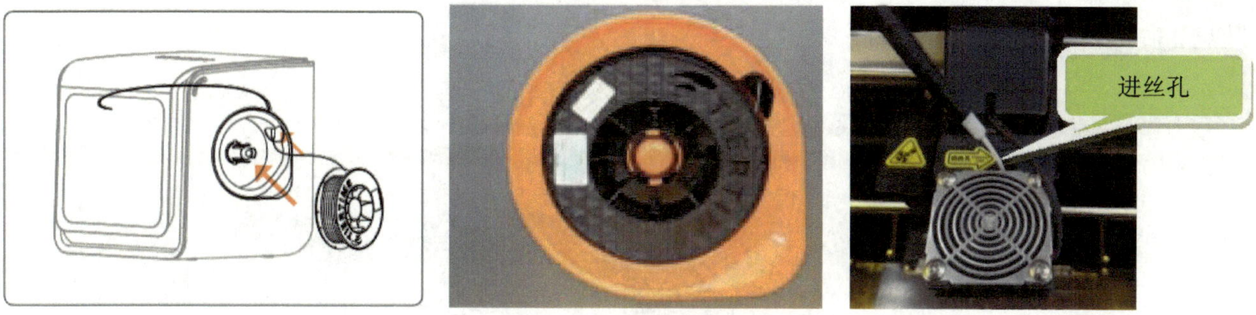

图 3-40　安装丝盘

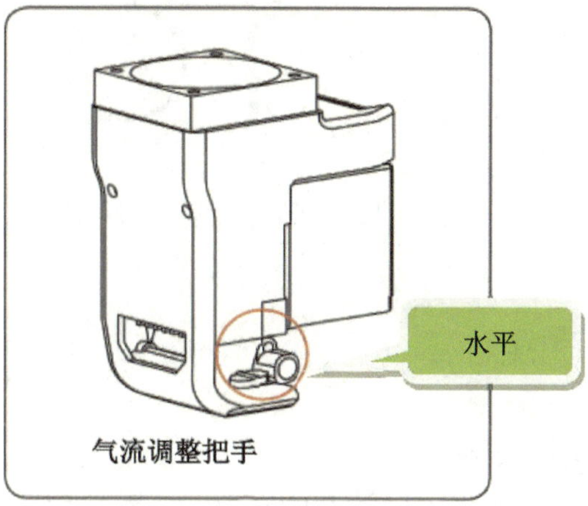

图 3-41　气流调整把手

4. 打印机初始化

打印机每次打开时都需要初始化。在初始化期间，打印机喷头和打印平台缓慢移动，并会触碰到 *X*、*Y*、*Z* 轴的限位开关。这一步很重要，因为打印机需要找到每个轴的起点。只有在初始化之后，软件其他选项才会亮起供选择使用。

打印机初始化的方式有 2 种。

方式 1： 软件初始化打印机。双击桌面上的 UPStudio 软件图标，进入软件，单击图标，软件上显示未初始化。单击菜单中的初始化打印机图标，可以对 UP BOX+ 打印机进行初始化，如图 3-42 所示。打印机初始化完成后，可以看到软件上显示打印机准备就绪。

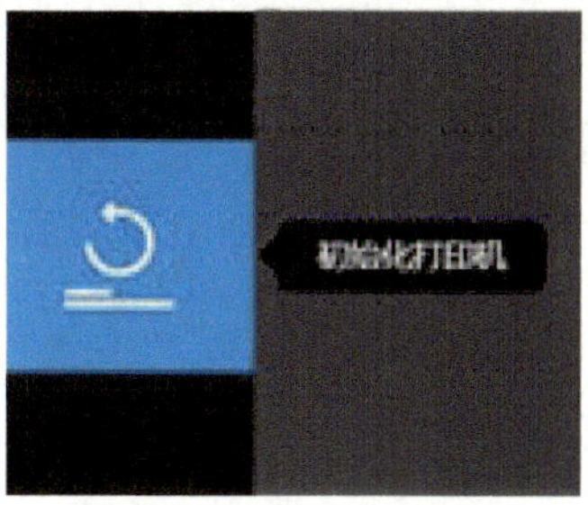

图 3-42　软件初始化打印机

方式 2： 按钮初始化打印机。当打印机空闲时，长按打印机上侧面的初始化按钮，也可以初始化打印机，如图 3-43 所示。

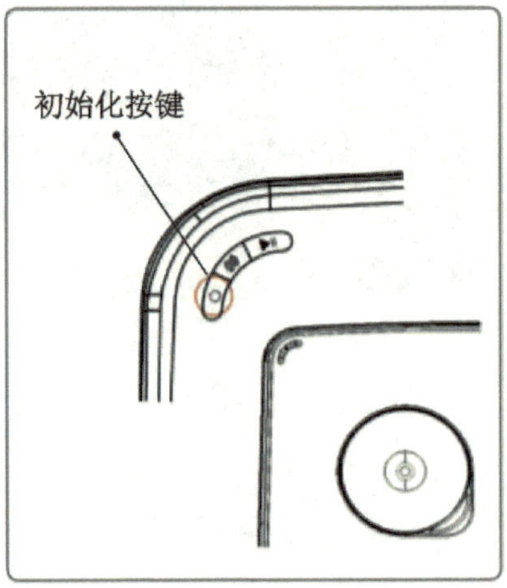

图 3-43　按钮初始化打印机

5. 平台校准和喷嘴对高

（1）自动平台校准和喷嘴对高。

平台校准是成功打印最重要的步骤，因为它确保第一层的黏附。理想情况下，喷嘴和平台之间的距离是恒定的，但在实际中，由于很多原因（例如，平台略微倾斜），使喷嘴和平台之间的距离在不同位置会有所不同，这可能造成作品翘边，甚至是完全失败。UP BOX+打印机具有自动平台校准和自动喷嘴对高功能。通过使用这两个功能，校准过程可以快速方便的完成。

在【3D 打印】菜单中，选择【自动水平校准】命令。校准探头将被放下，并开始探测平台上的 9 个位置，如图 3-44 所示。在探测平台之后，调平数据将被更新，并储存在机器内，调平探头也将自动缩回。当自动调平完成并确认后，喷嘴对高将会自动开始。喷头会移动至喷嘴对高装置上方，平台会慢慢上升直到对高装置触碰到喷嘴以完成高度测量。

校准小诀窍：

① 在喷嘴未被加热时进行校准。

② 在校准之前清除喷嘴上残留的塑料。

③ 在校准前，请把多孔板安装在平台上。

④ 平台自动校准和喷嘴对高只能在喷嘴温度低于 80℃的状态下进行，喷嘴温度高于 80℃时无法启动这两项功能。

（2）手动启动喷嘴对高。

喷嘴对高除了在自动调平后自动启动，也可以手动启动，图 3-45 所示。在【3D 打印】菜单中选择【平台校准】→【自动对高】命令，启动该功能。

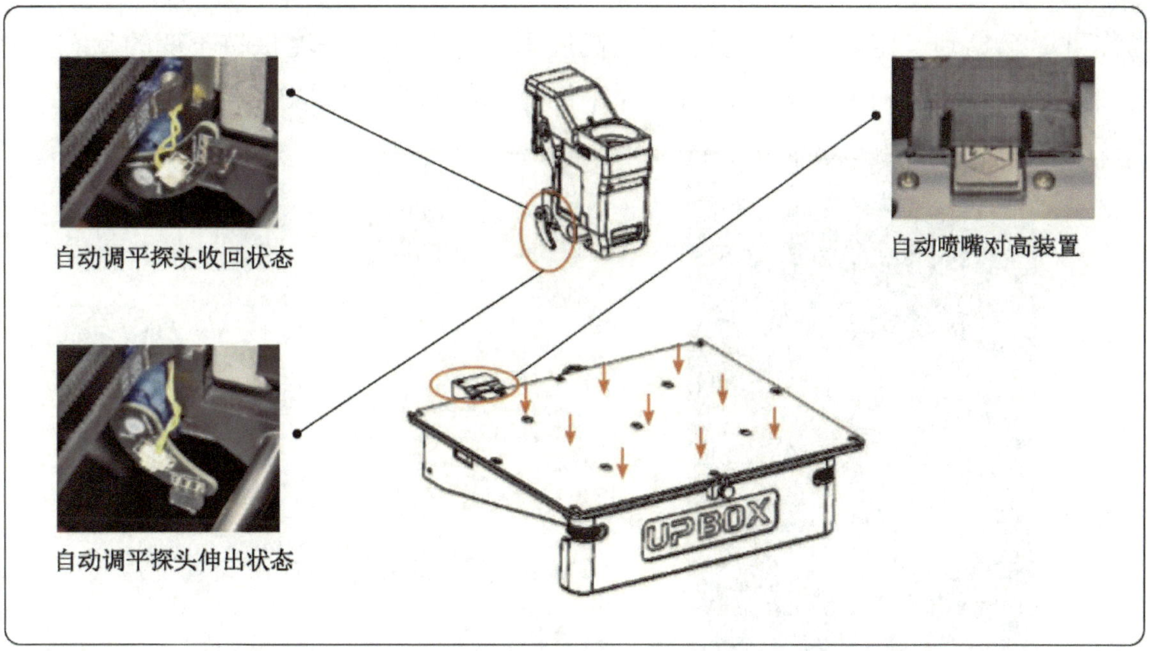

图 3-44　自动校准

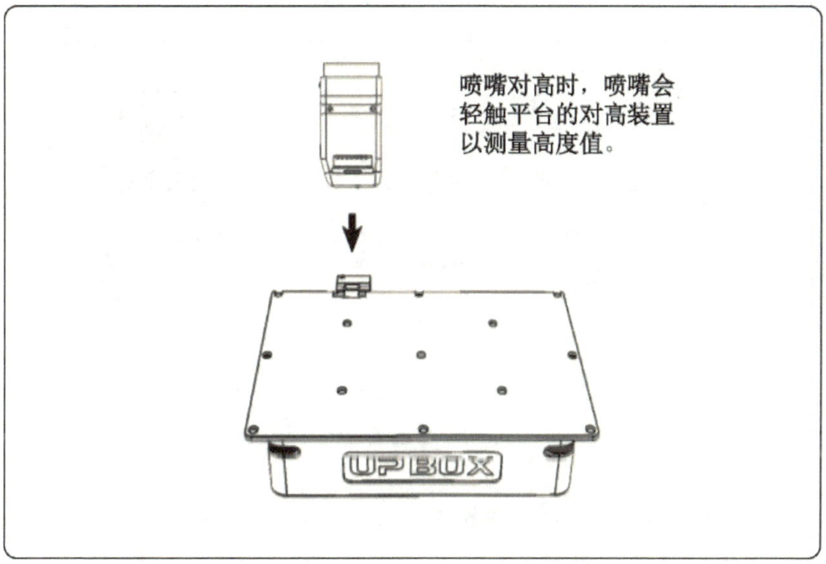

图 3-45　喷嘴对高

（3）手动粗调平台校准。

通常情况下，手动粗调平台校准是非必要步骤，只有在自动平台校准不能有效调平平台时才需要。在【3D 打印】菜单中选择【平台校准】→【手动校准】命令，UP BOX+ 打印机的平台下有 4 个手动调节螺母，如图 3-46 所示，2 个在前面，2 个在平台的后下方，可以通过旋紧或松开螺母调节平台的水平度。

在校准页面，用户可使用【复位】按钮将所有补偿值设置为零，然后使用九个编号按钮将平台移动到不同的位置。用户也可以使用【移动】按钮将打印平台移动到特定高度。首先将打印机喷头移动到平台中心，并将平台移动到几乎触到喷嘴（即移动到喷嘴高度）的位置。使用一张纸来确定正确的平台高度。尝试移动纸张，并感觉其移动时的阻力。如图 3-47 所示，当你可以感觉到一定阻力时，说明平台高度适中。在平台高度保持不变的状态下移动打印机喷头和调节螺母，确保你可以在所有 5 个位置都能感觉到近似的阻力。

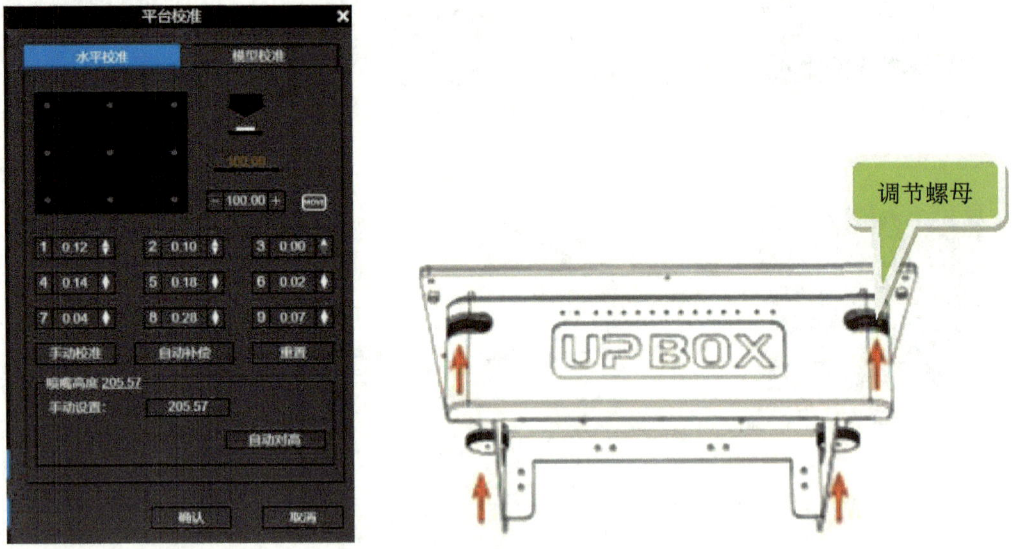

图 3–46　手动调平

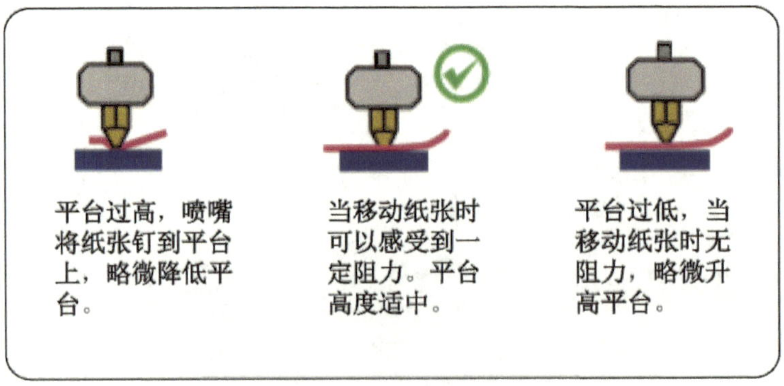

图 3–47　手动调平过程

【维护】对话框中的其他选项如图 3-48 所示。

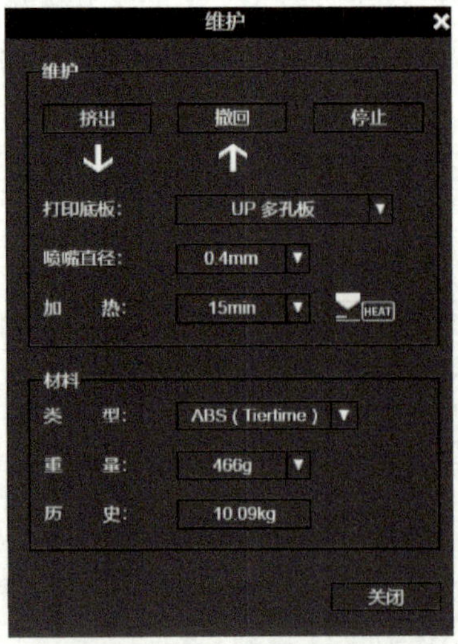

图 3–48　【维护】对话框

挤出：加热打印机喷头有丝材从打印机喷头流出。

撤回：加热打印机喷头并从打印机喷头退出丝材。

加热：设置工作台加热时间。

类型：选择打印材料类型。

重量：现在实际使用丝盘的重量，实际使用的丝材必须在这里匹配。

历史：显示历史记录的丝盘重量。

6. 模型打印

（1）添加模型。

本节以房顶模型的打印为例，单击【3D 打印】菜单的 + 图标，单击添加模型按钮在计算机的存储位置中找到房顶模型，勾选【自动摆放】选项，软件界面上就会将添加的房顶模型自动摆放在底板上，如图 3-49 所示。

图 3–49　添加模型

（2）进丝。

方式 1：打印机操作进丝。

长按 3D 打印机侧面的进丝按钮，当喷头加热到 270℃时，可以看到有丝材从打印机喷头流出，如图 3-50 所示。

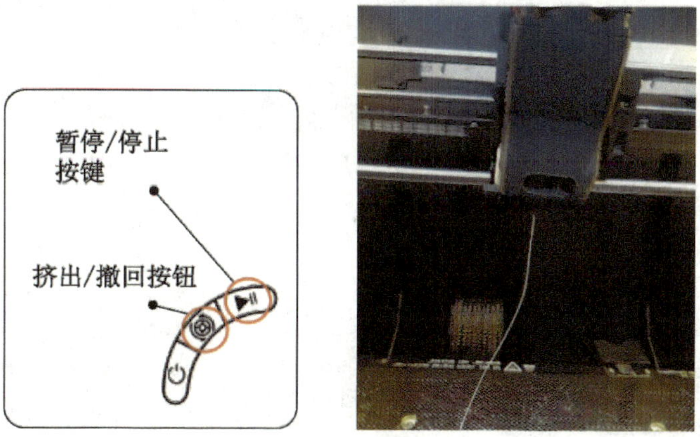

图 3–50　打印机操作进丝

方式 2：软件进丝。

单击软件界面的维护图标，在弹出的【维护】对话框中，单击【挤出】选项，可以看到软件界面上显示的喷头温度 210.90 正在上升，如图 3-51 所示。当喷头加热到 270℃时，可以看到有丝材从打印机喷头流出。

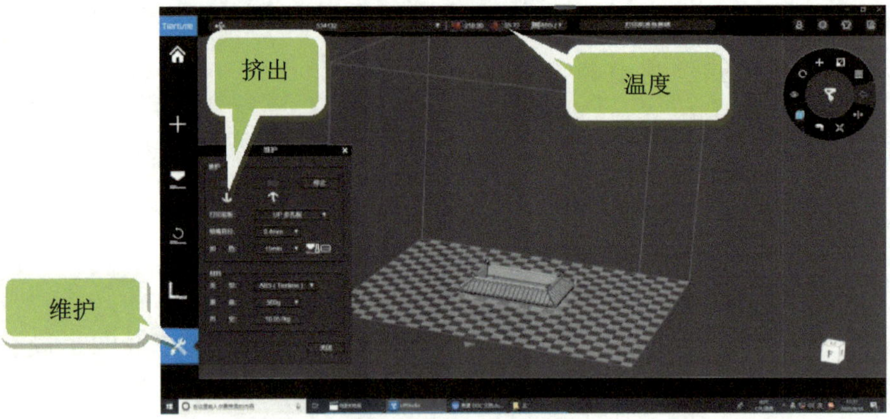

图 3–51　软件进丝

（3）打印设置。

单击打印图标，弹出【打印设置】对话框，具体设置如图 3-52 所示。

层片厚度：0.35mm（参数不固定，不同模型会有所变化）。

填充方式：13%。

无底座、无支撑：不能勾选，否则在打印过程中打印模型容易塌陷。

单击对话框右上角的三角按钮可以看到扩展的菜单内容。

密闭：层数及角度按图 3-52 所示设置。

支撑：层数、角度、面积及间隔按图 3-52 所示设置。

（密闭和支撑设置的参数不是固定的，可以根据不同情况或模型而改变。）

其他：【易于剥离】选项一定要勾选，这样打印完成后，模型和底板容易脱离。

休眠：勾选【休眠】选项，则打印完成后，打印机自动休眠。

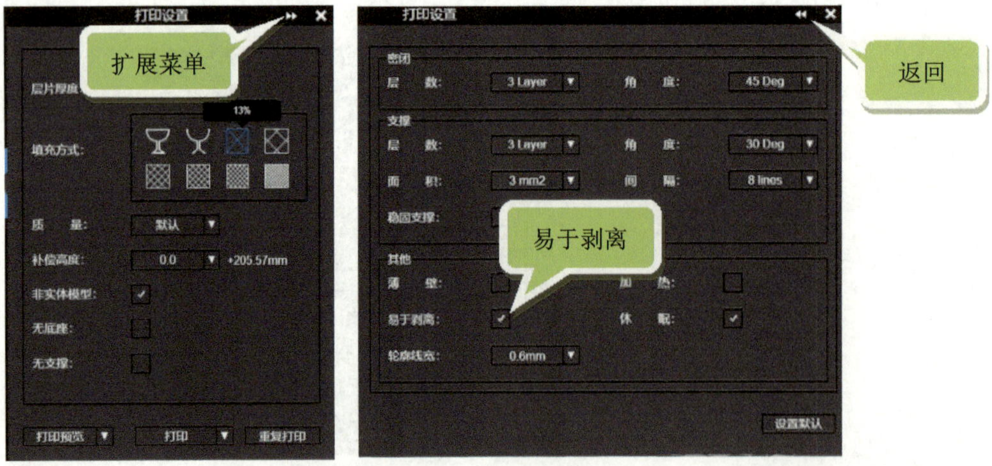

图 3–52　打印设置

（4）设置模型尺寸。

打印时在软件中选择缩放按钮，软件显示缩放的比例，如果在打印时成比例的缩小或者放大模型需要锁定比例，这样 X、Y、Z 三个轴的尺寸会等比例的缩小或者变大。这里选择的是 1∶1 的比例，因此软件显示 1.00，在软件的下方会出现选择打印模型的尺寸，如图 3-53 所示。

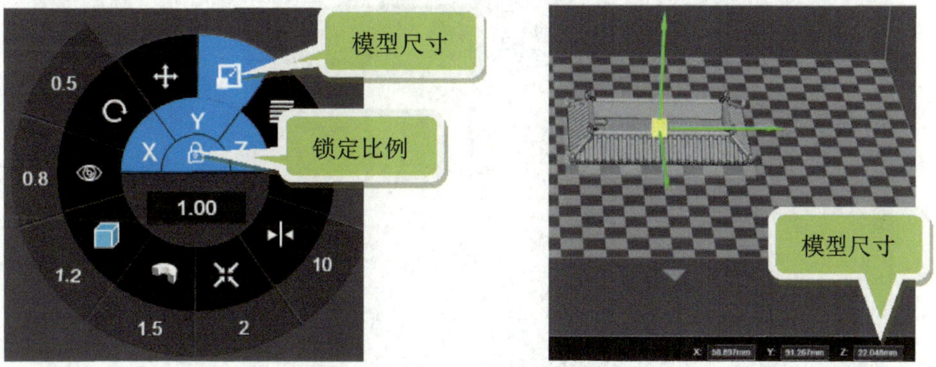

图 3-53　设置模型尺寸

（5）支撑编辑。

UP BOX+ 打印机可以自动加载支撑，单击软件右上角的类别图标，再单击支撑编辑图标，可以看到模型上添加的支撑，我们可以在软件中打开支撑的可见性，从而显示每个支撑体，如图 3-54 所示。

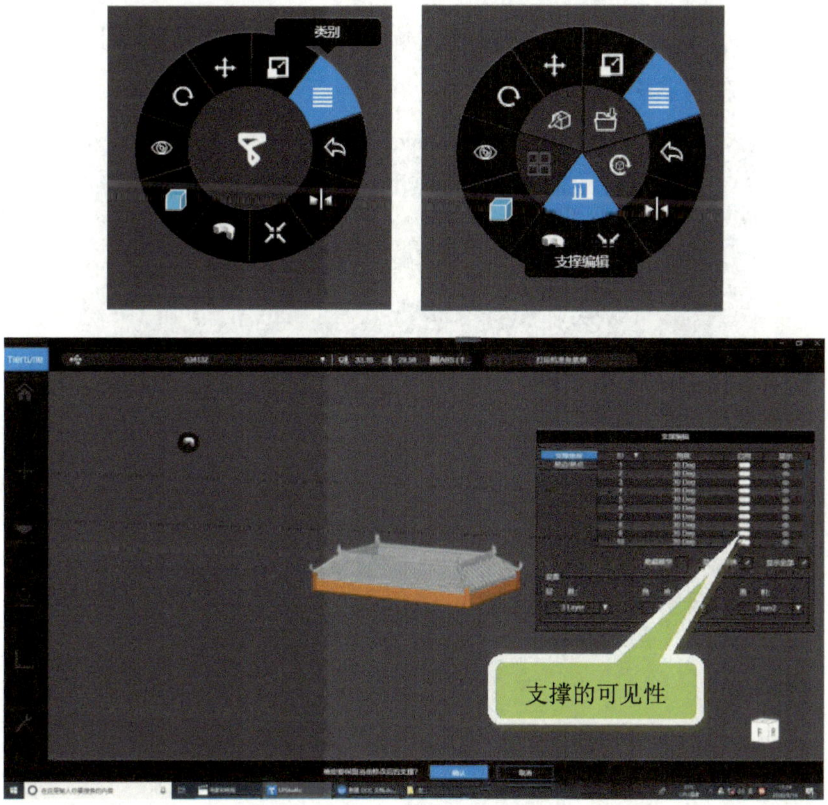

图 3-54　支撑编辑

（6）打印预览。

单击打印图标，选择【打印预览】选项，可以看到打印模型所需要的时间，以及打印的支撑。如图 3-55 所示，打印房顶模型需要的时间的是 1.4h。在预览状态下，进度条可以拖动，可以看到每层打印的状态。预览结束后单击【退出预览】按钮结束预览状态。

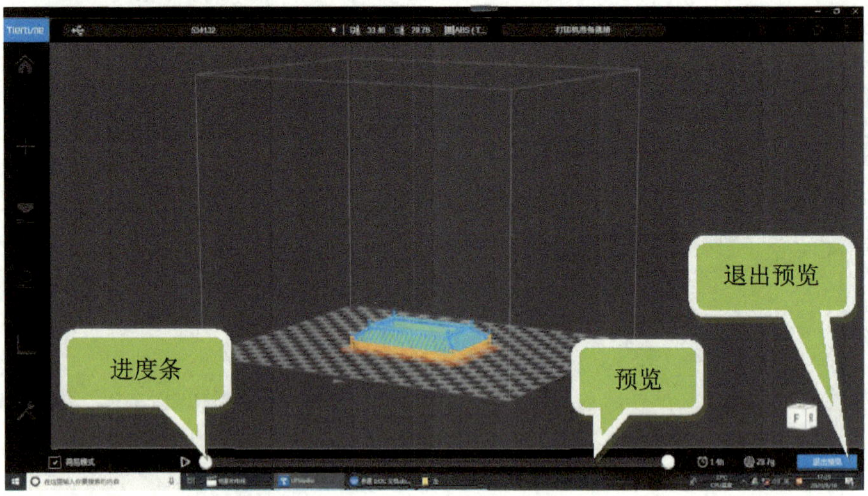

图 3–55　打印预览

（7）开始打印。

单击打印图标，弹出【打印设置】对话框，单击【打印】按钮，看到打印机喷头以及打印底板正在加热，屏幕上显示打印时间：1 小时 25 分钟 56 秒，耗费材料：29.73 克，如图 3-56 所示，这样可以检查打印时的丝材是否够用，开始打印时先打印底板，在软件中可以预览打印底板的条纹，在打印机的多孔板上也可以看到打印的条纹状底板，如图 3-57 所示。

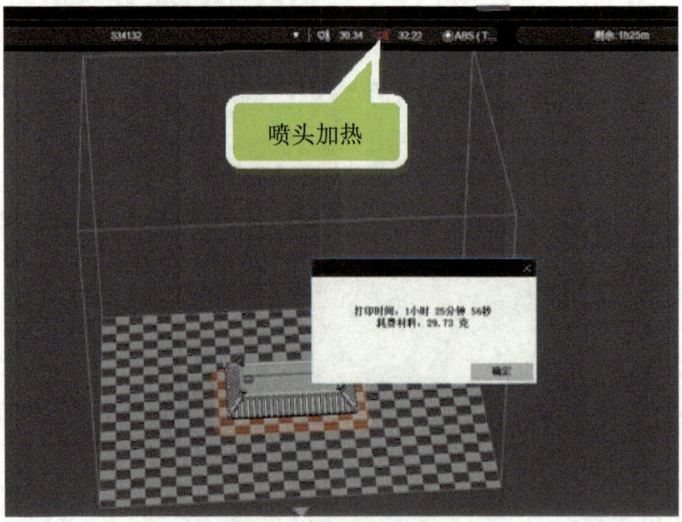

图 3–56　开始打印

【注意】

① 在打印期间，前门不能打开，否则会造成打印机自动暂停。在关闭前门之后，打印

工作将在用户双击【暂停】按钮之后恢复。

② 在打印期间，双击【暂停/停止】按钮，打印工作将暂停。可以使用【挤出】【撤回】按钮在暂停期间更换丝材。

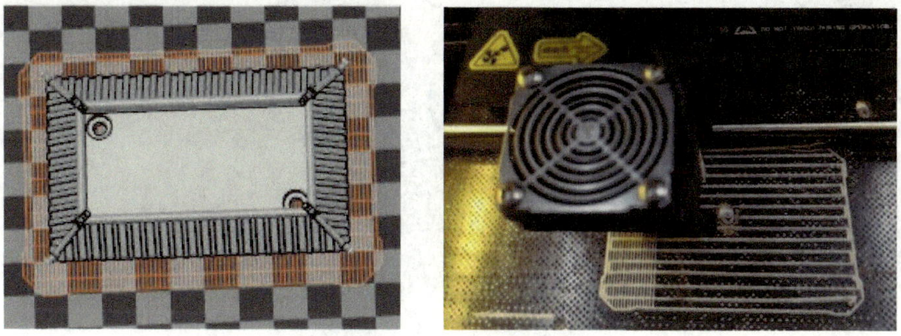

图 3–57　打印底板

（8）打印过程。

当底板打印完成时，开始一层一层打印模型，直到模型打印完成，如图 3-58 所示。

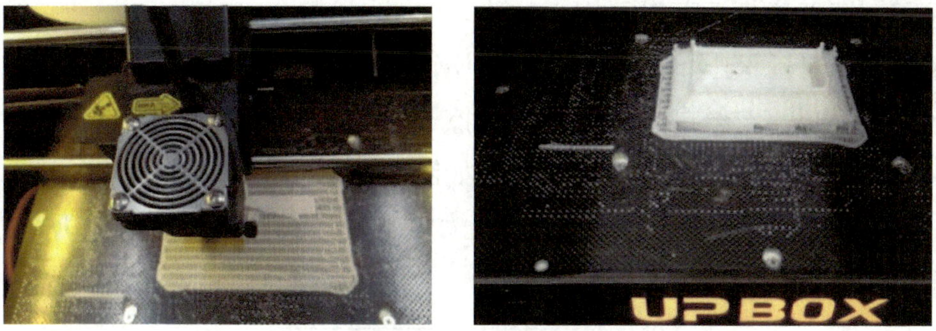

图 3–58　打印过程

7. 模型后处理

打印完成后将多孔板从打印机中取出（注意：一定要等到底板温度冷却），用模型剪、钳子等相关工具去除模型上的支撑。支撑材料和模型材料的物理性能是一样的，只是支撑材料的堆积密度小于模型材料，所以很容易从模型材料上去除。拆除的支撑一般放在一张纸上，及时清理干净，养成良好的职业素养，如图 3-59 所示。

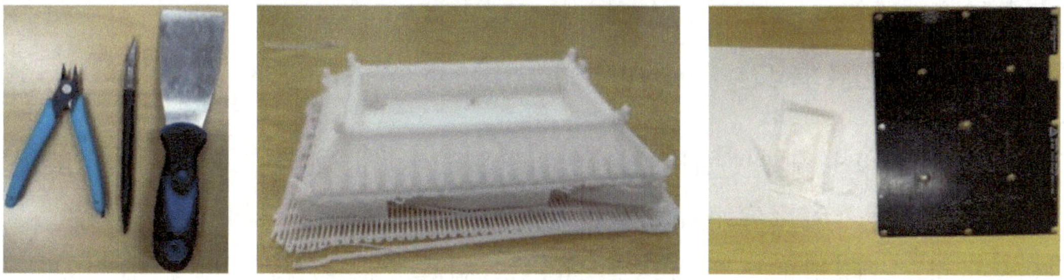

图 3–59　拆除支撑

打印完成的房顶只是模型的一部分，现在你可以完成其他部分的打印，并用丙烯颜料给模型涂上喜欢的颜色，再配上地形灯光，最终完成的效果如图 3-60 所示。

图 3–60　模型效果图

8. 打印机的维护

更换喷嘴：经过长时间的使用，打印机喷嘴会变得很脏甚至堵塞。用户可以更换新喷嘴，老喷嘴可以保留，清理干净后可以再用。

（1）在【维护】对话框中单击【撤回】按钮，令喷嘴加热至打印温度。

（2）戴上隔热手套，用纸巾或棉花把喷嘴擦干净。

（3）使用配套的喷嘴扳手把喷嘴拧下来，如图 3-61 所示。

（4）堵塞的喷嘴可以用很多方法去疏通，比如，用 0.4mm 钻头钻通，在丙酮液体中浸泡，用热风枪吹通或者用火烧掉堵塞的塑料。

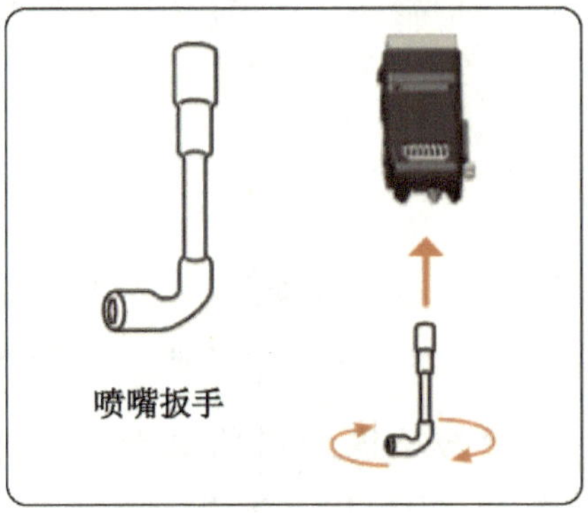

图 3–61　喷嘴扳手

9. 打印机注意事项

（1）UP BOX+ 打印机需要使用原厂制造商提供的电源适配器，否则机器可能损坏，甚至会引起火灾。电源适配器应远离水和高温环境。

（2）打印期间，打印机的喷嘴将达到 260℃，打印平台可达 100℃。请不要在高温状态下裸手接触，即使用随机器附带的耐热手套也不行，因为温度可能会损坏手套从而烫伤手。

（3）在打印期间，喷嘴和打印平台将以高速移动，不要在它们移动期间触摸这些部件。

（4）当将模型从多孔板取下和剥除支撑材料时，请戴上护目镜。

（5）打印过程中，会产生轻微的味道，应在通风良好的环境下运行打印机。建议将打印机置于温度稳定的环境中，因为不必要的冷却可能对打印质量造成不良影响。

（6）当 UP Studio 软件向打印机发送数据时，如果左下角的状态条显示“Send Layer”，不要拔下 USB 数据线，因为这将中断数据传输，并导致打印失败。USB 数据线可以在数据传输完成后拔下。

（7）UP BOX+ 打印机应工作在温度为 15～30℃，相对湿度为 20%～50%的环境中。

项目四

光固化（SLA）3D 打印机

任务 光固化（SLA）3D 打印机的操作

1. 光固化 3D 打印机设备介绍

光固化 3D 打印机主要由机械主体部分、光学系统、控制系统三部分构成，如图 4-1 所示。

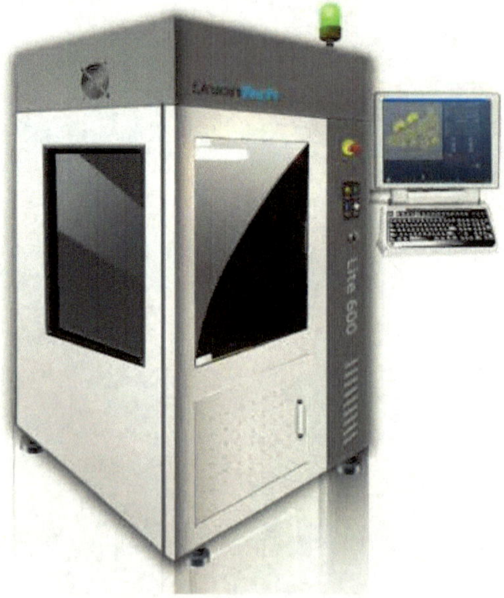

图 4-1 光固化 3D 打印机

（1）机械主体部分。

机械主体部分主要由机架、Z 轴升降系统、树脂槽、涂覆系统、液位调节系统构成。

① 机架。

机架为槽钢、空心方钢、角钢混合式框架结构。机架下安装可调地脚，用于调整设备的水平。为便于搬运，机架装有四个脚轮。机器安装到位时，把地脚调整至地面，并调整整机，使 Z 轴垂直于水平面。

移动机器时，调整地脚，使轮着地，直至可以顺利移动机器。

② Z 轴升降系统。

Z 轴升降系统是3D打印机中很重要的一个组成部分，Z 轴的行走精度决定着成型零件层厚的均匀性和准确性，即成型零件的精度。Z 轴升降系统采用高精度滚珠丝杠和直线导轨作为传动结构，并采用伺服电机作为驱动元件。

③ 树脂槽。

树脂槽采用不锈钢焊接而成，正面和两侧有保温层，内置铸铝加热板。树脂槽的主要作用是盛放设备工作时所需要的树脂，并提供适宜的温度。如图4-2所示为树脂槽结构图，树脂槽由主槽和液位检测区组成，它们之间相互连通。液位检测区上方的液位传感器用于检测液位高度变化。

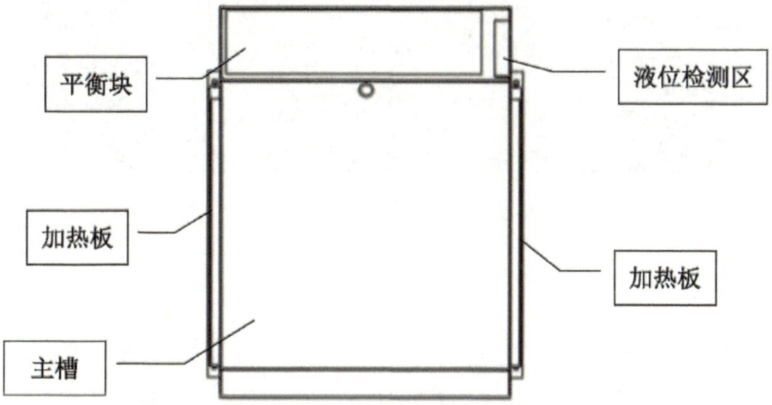

图4-2 树脂槽结构图

④ 涂覆系统。

涂覆系统的作用是在已固化的一层上面覆盖一定厚度的树脂薄层，以便继续固化。

⑤ 液位调节系统。

液位调节系统的作用是控制液位的稳定。液位稳定的作用：一是保证激光稳定到液面的距离不变，始终处于焦平面上，二是保证每一层涂覆的树脂层厚一致。

（2）光学系统。

光学系统由激光器、扫描系统、刮刀、液槽、升降工作台组成，如图4-3所示。

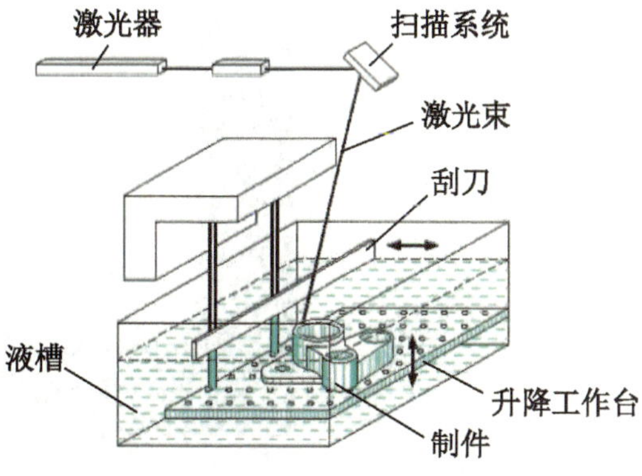

图4-3 光学系统示意图

（3）控制系统。

控制系统由工控机、PLC、激光扫描控制系统、伺服电机驱动模块、温度控制系统构成。

2. RSCON 软件操作

光固化 3D 打印机的控制软件为 RSCON 软件，在 Windows 7 或者 Windows 10 操作系统下运行，其界面如图 4-4 所示。RSCON 软件的功能：根据分层数据文件和支撑数据文件，按一定的制作工艺生成扫描路径，控制振镜扫描工作，并在软件界面显示扫描轨迹；控制各个机构协调动作；对设备状态进行监视；设定工艺参数，手动操作运动部件等。

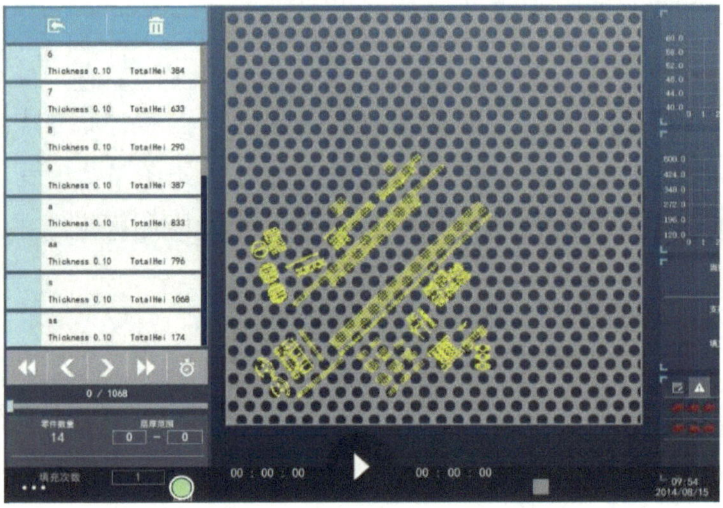

图 4-4　RSCON 软件界面

（1）文件导入。

单击文件控制区的导入文件图标，弹出【打开文件】对话框（见图 4-5）。在对话框中，程序会自动检测出文件路径所包含的 cli 或 USP 格式文件，同时会自动匹配本体分层文件和

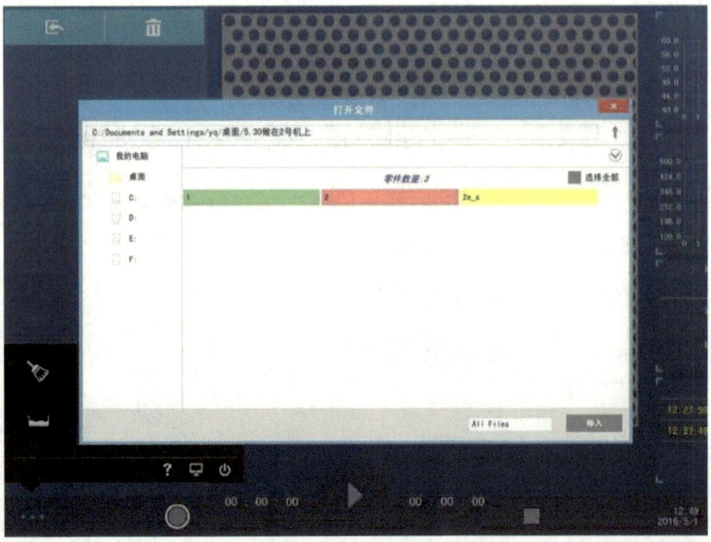

图 4-5　【打开文件】对话框

支撑分层文件。根据检测结果，cli 文件名将会以绿、红、黄 3 种颜色显示；而 USP 文件则以蓝色显示。若 cli 文件为绿色表明其为正确的分层文件，即文件路径同时包含了本体*.cli 和支撑分层文件*_s.cli，其*部分名称保持一致；若为红色，表明该文件仅为本体 cli 文件，缺少与之对应的支撑文件，或支撑文件名与本体文件名不一致；若为黄色，表明该文件仅为支撑 cli 文件，缺少与之对应的本体文件，或支撑文件名与本体文件名不一致。导入完成后，在程序界面左侧的文件控制及显示区中会自动添加相应的文件信息。用户可以同时导入多个 cli 文件。

（2）制作模拟。

导入 cli 或 USP 分层文件后，可通过软件下方的制作模拟控制栏进行模拟操作，如图 4-6 所示。

制作模拟控制栏各图标功能说明如下。

1——显示下十层的截面信息。如果当前层数为 100，则单击此按钮后，将显示第 110 层的截面信息。

2——显示下一层的截面信息。

3——显示上一层的截面信息。

4——显示上十层的截面信息。

5——自动模拟，可以快速查看每一层的截面信息，同时可以估计此零件的模拟加工时间。

6——进度条，单击并移动进度条的滑块，文件信息显示区中将会显示对应打印模拟进度的截面信息。

7——设置需要改变填充次数的高度范围。

8——设置打印高度范围内每层的填充次数。

（3）制作控制。

界面底部为制作控制功能区，如图 4-7 所示。用户可以在此进行开始制作、暂停制作、停止制作、刮刀清理、功率检测、刮平测试等打印所需的相关操作。

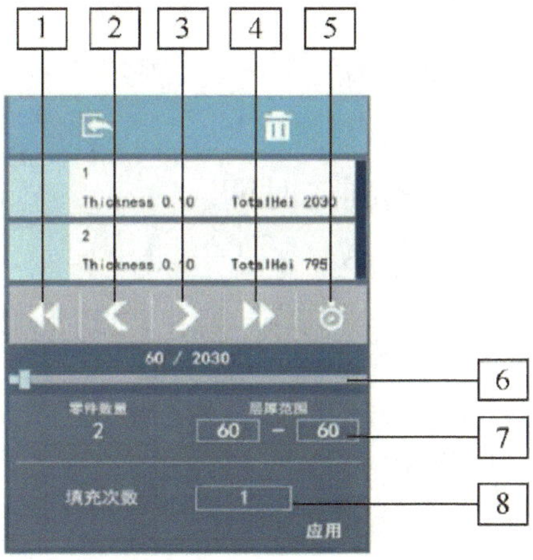

图 4-6　制作模拟控制栏

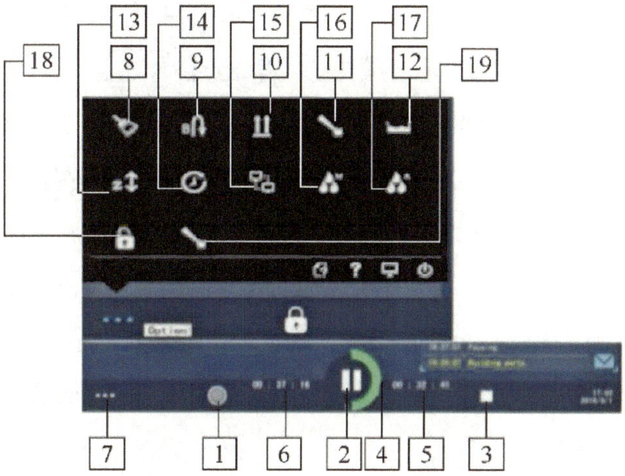

图 4-7　制作控制功能区

制作控制功能区图标说明如下。

1——制作前准备，在每次制作前单击此图标进行设备初始化，准备就绪后图标将变成绿色。

2——开始制作，单击图标后变成暂停图标，再次单击，暂停制作。

3——中止制作。

4——当前的制作进度。当进行打印模拟时，进度圆弧也会显示。

5——模拟后的预计制作完成时间，开始制作后倒计时，显示预计制作的剩余时间。

6——显示当前制作已用时间。

7——常用功能操作区。

8——刮刀清理，单击此图标后，刮刀将会移动到程序设定的位置，以便清理刮刀底部的污垢。

9——刮平测试，刮刀往返运动一次，可测试刮平范围。

10——让工作平台上升至打印结束后的位置。

11——激光功率检测。

12——液位自动调整，单击此图标后，弹出【液位值显示】对话框。对话框左侧显示平衡块在液位调整时的绝对位置。

13——工作平台升降，单击此图标后，工作平台上下运动以搅拌树脂。

14——恢复硬件位置，单击此图标后，一键三轴恢复到之前的位置。

15——连接到 EPM 服务器。

16——手动添加树脂。

17——自动添加树脂。

18——开门。

19——激光功率校正。

（4）制作步骤。

① 打开 RSCON 软件，弹出系统初始化对话框，如果设备具备初始化的条件（如工作平台上没有已成型的模型），单击【确定】按钮，系统将自动完成初始化。

② 在文件操作区中导入需要制作的 cli 或 USP 格式分层文件。

③ 可单击【自动模拟】图标查看零件的截面信息和预计的制作时间。

④ 单击【制作前准备】图标，准备就绪后按钮将变成绿色。

⑤ 单击【开始制作】图标，弹出设置对话框，默认开始高度为 0。若是接着之前已加工的部分继续制作则单击【继续制作】图标。

⑥ 制作完成后底板会上升到一定的高度，方便用户铲件。

（5）硬件控制。

鼠标移至软件界面顶端，弹出下拉【高级控制】页面，其所包含的参数通常只在调试时修改，在正常制作过程中一般不需打开【高级控制】页面。

在【高级控制】页面的【硬件控制】选项卡（见图 4-8）中，可直接控制 Z 轴、平衡块（液位）、刮刀的移动，以及设置激光、真空泵的开关状态。

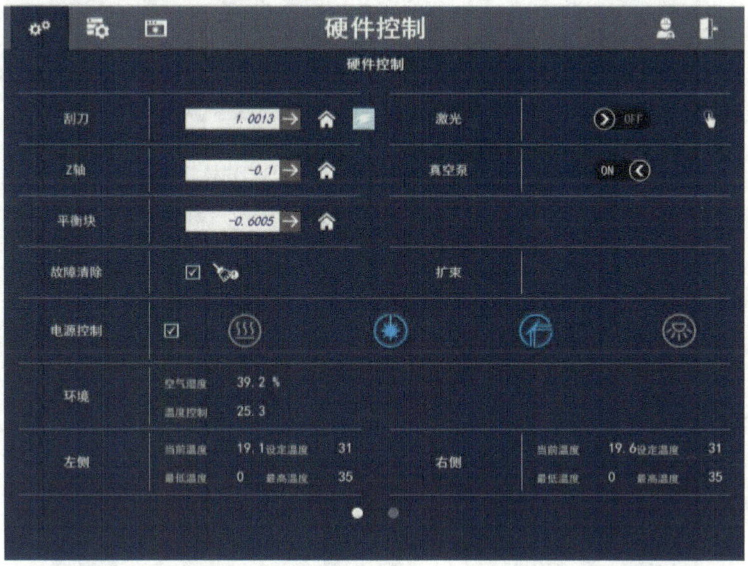

图 4-8 【硬件控制】选项卡

刮刀：刮刀控制，输入刮刀的移动距离，值为绝对坐标，不能设置为负值；单击图标，刮刀回零。

Z 轴：*Z* 轴控制，输入 *Z* 轴的移动距离，正值下降，负值上升。单击图标，*Z* 轴回零。

平衡块（液位控制）：输入平衡块的移动距离，值为绝对坐标。不能设置为负值；单击图标，液位回零。

激光：激光通断开关。

真空泵：真空泵通断开关。

：加热通断开关。

：激光的电源开关。

：振镜的电源开关。

：成型室照明灯开关。

故障清除：若驱动器出现故障，即发现电机不动。可先选中此项，再单击清除按钮，故障将会解除。

（6）参数设置。

【参数设置】选项卡中包括【制作参数】、【硬件参数】、【扫描参数】、【液位参数】、【系统参数】和【振镜参数】等 7 个对话框，可单击界面下端的图标进行切换。各个参数设置对话框中的参数均已设置到最佳状态，用户在使用中不应擅自修改。

① 制作参数设置如图 4-9 所示。

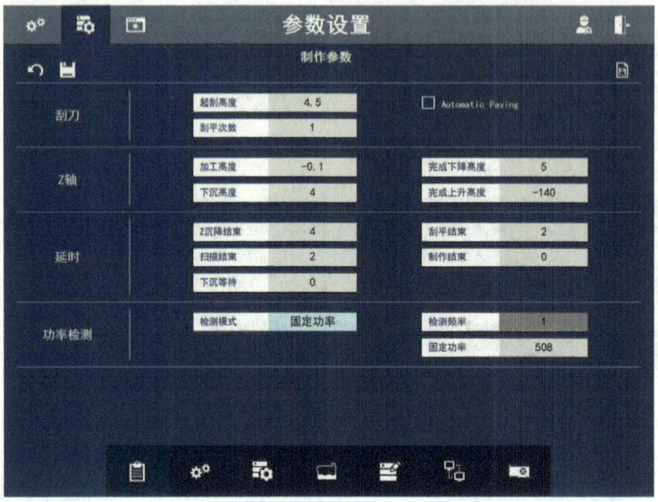

图 4–9　制作参数设置

② 硬件参数设置如图 4-10 所示。

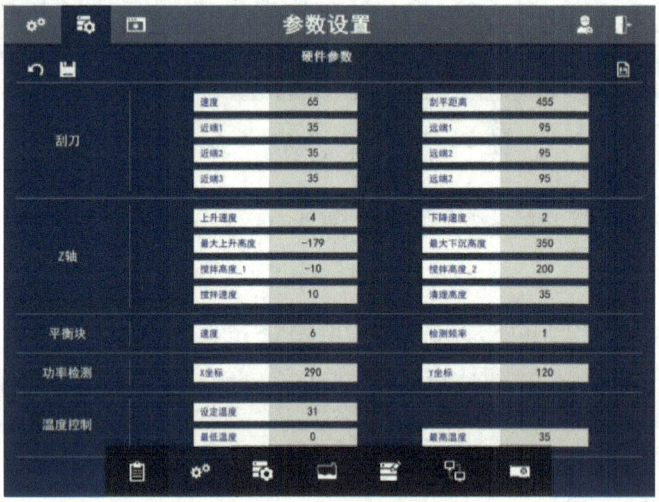

图 4–10　硬件参数设置

③ 扫描参数设置如图 4-11 所示。

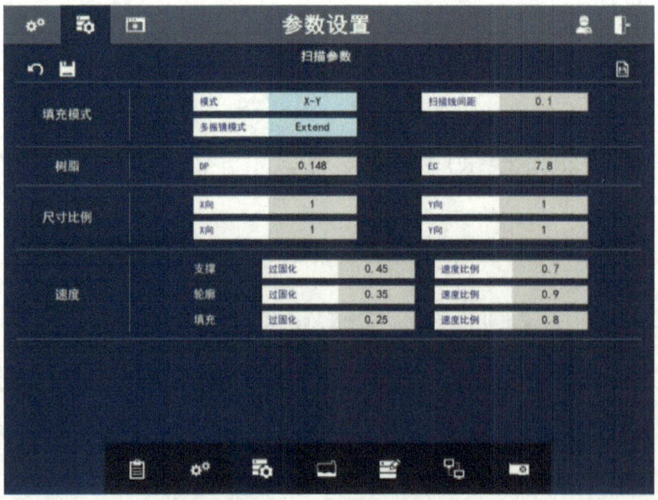

图 4–11　扫描参数设置

④ 液位参数设置如图 4-12 所示。

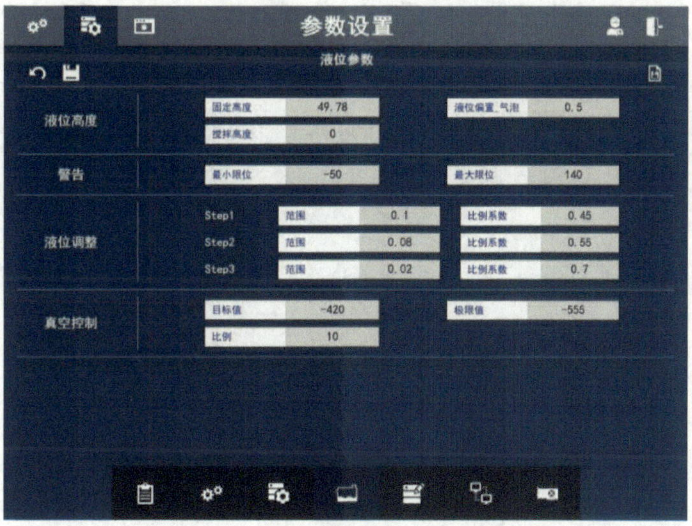

图 4-12　液位参数设置

⑤ 系统参数设置如图 4-13 所示。

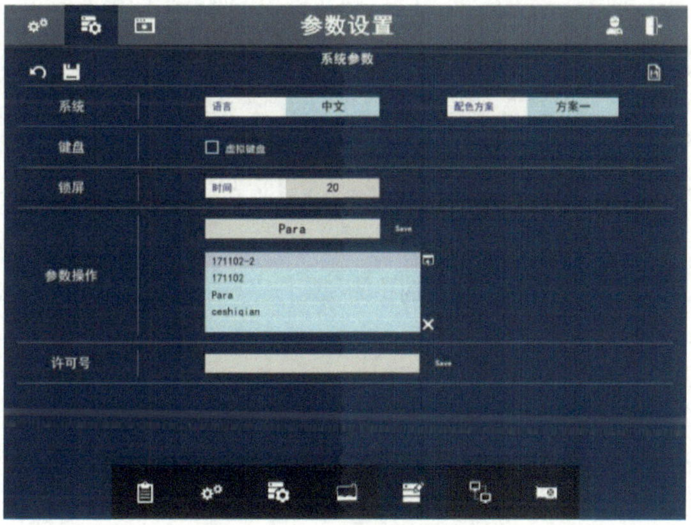

图 4-13　系统参数设置

3. 控制面板操作

控制面板如图 4-14 所示，具体操作如下。

（1）机器上电操作：确认急停按钮处于释放状态，转动钥匙开关，总电源上电，面板上的电源指示灯亮，计算机启动自检。

（2）机器断电操作：先关掉激光器、振镜及加热，再关闭软件，按 Windows 关机程序关闭工控机，按下急停按钮，机器断电。

（3）机器状态指示：机器正常时，状态指示灯常亮。当机器有故障报警时，指示灯闪烁或蜂鸣。

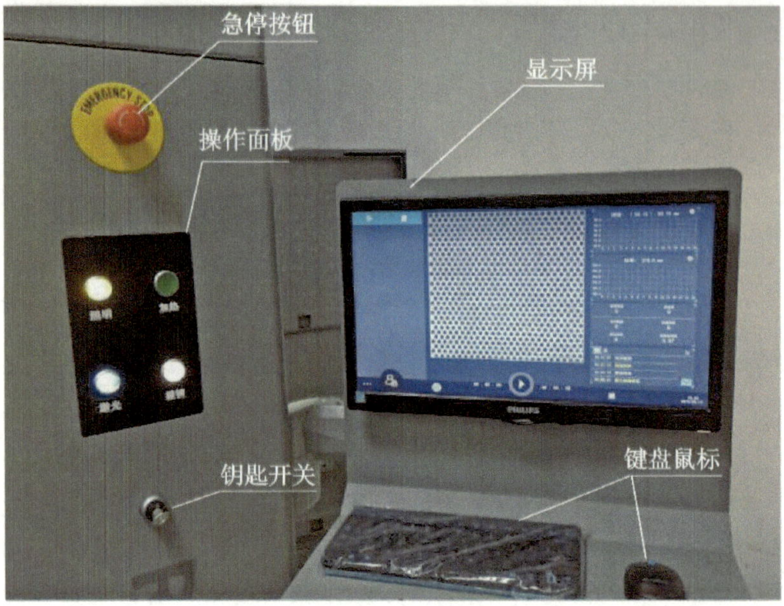

图 4–14　控制面板

（4）操作面板状态：如果按钮上相应的指示灯灭，表示相应的电源断开，反之表示相应电源开启。某按钮指示灯灭时，按动按钮，则指示灯亮；某按钮指示灯亮时，按动相应按钮，则指示灯灭。面板上的按钮并无互锁关系。

4. 设备操作步骤

（1）开机。

① 使机器通电，通电方法参见“控制面板操作”中的内容。

② 打开 RSCON 软件。

③ 单击加热功能，打开温控器，加热器开始加热。

④ 单击振镜功能，打开振镜。

⑤ 单击激光功能，打开激光电源。

⑥ 按照明按钮打开成型室照明灯。

⑦ 开启激光器。

打开总电源开关，激光器电源背面面板上有红色船形总电源开关，开关常闭合使激光器处于上电状态，若开关长时间没有闭合，重新闭合后预热 2 分钟左右再打开钥匙开关。

打开钥匙开关，激光器在自检完成后进入自动开机界面时，按下“EXIT”退出自动开机模式，进入手动开机界面。

- 按【REM/LOC】键，切换到手动操作模式。
- 按【DIODE】键，相应指示灯亮，DIODE 进入上电状态。
- 按【QS-ON】键，相应指示灯亮，Q 驱动器进入工作状态。
- 按【SHT-ON】键，相应指示灯亮。

- 按【QS-EXT】键，相应指示灯亮。

【注意】在进行内外触发切换时，必须在电流为零、【SHT-ON】与【QS-ON】处于关闭状态下进行切换。

- 按【CURRENT】选项下的【+】键，将电流增加至需要的工作电流的 2/3 处预热 5 分钟，再增加至工作电流，出光后预热 20 分钟，功率可达到最稳定状态。

（2）加料。

① 判断是否需要加料：初始时，工作平台回零，调节到设定的液位位置，再去判断平衡块的位置，如果比较接近下限位，就需要添加树脂；若接近上限位，则表示树脂加多了。

② 加料：工作平台回零，并移至 5mm 位置，液位平衡块回零，往主槽中缓缓倒入适量树脂，听到蜂鸣声提示后停止。

③ 工作平台回零：添加完树脂后，Z 轴回零。

（3）激光功率测量。

打开激光器电源，正常操作打开激光器，打开激光功率检测头的金属盖，打开 RSCON 软件，再单击【功率检测】图标，等待几秒钟后在 RSCON 软件界面中自动显示当前激光功率。

（4）加工零件。

在正常开机后，按照下列步骤加工零件。

① 打开 RSCON 软件。

② 工况确认。

- 测量并记录激光功率，确认激光功率是否正常。
- 确认是否需要添加树脂，如果需要添加，则执行加料操作。
- 确认树脂温度达到适宜温度（一般设定为 30℃，具体视实际使用的树脂来定），如果没有达到适宜的温度，则要等待。
- 确认树脂液位平衡系统运转正常。
- 确认工作平台位置已回零并处于与液面平齐的位置，如果没有，则要在 RSCON 软件的控制面板内调整工作平台位置。注意工作平台可略高于液面（0.5mm 以内），但不能低于液面。

③ 根据加工层厚和激光功率设置工艺参数。保存参数，使新工艺参数生效。

④ 导入加工文件，进行加工模拟。

⑤ 开始打印，打印前确保系统已初始化或达到打印准备状态。

⑥ 每隔一定时间（如 15 分钟）观察加工过程，若有异常，可随时暂停或退出，排除故障或修改工艺参数后重新开始加工或者继续制作。

加工过程注意事项：

- 不要长时间观看激光光斑。
- 不要频繁开启成型室门。
- 不要频繁开关成型室照明灯。
- 不要磕碰机器。
- 不要用力倚靠设备。

（5）停机取件与后处理。

① 零件完成后，计算机会给出提示信息。记录屏幕上显示的加工时间。

② 单击【制作完成】图标，*Z* 轴会上升到之前设定好的高度。

③ 等待 10～15 分钟，让液态树脂从零件中充分流出。

④ 用铲刀将零件铲起，小心从成型室取出，放入专用清理容器。注意防止树脂滴到导轨和衣物上。关闭成型室门。

⑤ 去除零件上的支撑。

⑥ 用专用的清洗溶剂和毛刷，把零件洗干净。

⑦ 吹干零件表面的溶剂，然后将零件放入后固化箱后固化。

（6）关机。

先退出 RSCON 软件，关闭计算机，然后按下急停按钮，关闭所有电源。

5. 后处理工艺介绍

后处理质量要求：美观、干净、表面无划痕、不粘手。其操作流程如下。

① 原型出机前，先看图纸或数据，确定所清洗工件的整体结构和支撑面结构。

② 原型出机后，及时去除能确定结构的大部分支撑或全部支撑。清洗前，严禁紫外光照射。

③ 把去除支撑的原型放入清洗槽内用专用溶剂清洗。对于薄壁件，只能用干净溶剂快速清洗一次，时间不能超过两分钟。注意应洗干净，不留死角，并立即吹干。

④ 第一次可用循环溶剂清洗，第二次则用干净的溶剂清洗。清洗完毕后，局部未清洗干净的部位使用蘸溶剂棉纱擦拭干净。

⑤ 清洗时注意小结构。对圆柱内、深孔、小夹槽及其他不易清洗的小结构内树脂，要细致清洗到位。

⑥ 清洗时，要小心细致，可用棉纱、毛刷、牙签等其他辅助工具清洗；

⑦ 清洗结束时，要立即用风枪吹掉原型表面溶剂。注意避免温度过高使零件变形。吹干后零件表面应不粘手。

⑧ 对吹干表面溶剂的原型，可在日光、紫外线烘箱内进行 10～20 分钟二次光固化。对强度要求高时，固化时间可达 2 小时。

⑨ 原型清洗结束后，注意原型摆放，以防止变形。

6. 日常维护

（1）机械系统的维护。

① 制作完成，清理掉工作平台上的树脂固体残渣，清理堵塞的孔洞。

② 树脂溅上导轨，可用酒精擦拭干净。

③ 及时清理掉刮刀上的异物。

④ 要定期清理刮刀导轨上的杂物，3 个月加一次润滑油。

⑤ 要定期清理 *Z* 轴导轨和丝杠的杂物，6 个月加一次润滑油。

⑥ 请勿用尖锐利器刻画设备表面，避免损伤设备表面。

⑦ 请勿用钝器敲打设备，防止设备表面变形。

（2）刮刀的清理。

打印完成后，将刮刀回零，用刮刀清理工具轻轻地擦理刮刀内腔及刮刀刀刃，将上面残留的固体残渣清理掉。刮刀清理需要定期进行，频率尽量高；同时在使用过程中，避免误操作，防止刮刀碰到其他物体从而损坏刀刃。

（3）机器限位及解除。

① *Z* 轴限位。

当 *Z* 轴运动向下或向上超过极限位置时，会发生限位。此时 PLC 将信息发送给报警灯，报警灯会有黄色指示灯闪烁。用户通过软件操作使 *Z* 轴向相反方向运动脱离极限位，报警信息会消除，进入正常状态。

② 刮刀限位。

当刮刀运动行程超过极限位置时，会发生限位。此时 PLC 将信息发送给报警灯，报警灯会有黄色指示灯闪烁。用户通过软件操作使刮刀向相反方向运动脱离极限位置，报警信息消除，进入正常状态。

【课后练习】

圆明园十二生肖兽首铜像原为圆明园海晏堂外喷泉的一部分，是清乾隆年间的红铜铸像。1860 年英法联军侵略中国，火烧圆明园，兽首铜像开始流失海外。

截至目前，牛首、猴首、虎首、猪首、鼠首、兔首、马首在内的七尊圆明园流失兽首铜像通过不同的方式回归祖国，剩余五尊仍未回归。我们应当勿忘历史，振兴中华！

根据提供的圆明园十二生肖兽首的数字模型，用打印机切片软件对十二生肖兽首的 STL 格式文件进行打印前的处理（包括添加合理的支撑，设置合理的打印参数），调试检查打印机，并启动打印机，打印完成后，再对其进行后处理（去支撑，表面处理等）。

项目五

激光烧结（SLS）3D 打印机

任务一 SLS 打印技术

1. SLS（Selective Laser Sintering）技术概述

SLS（Selective Laser Sintering）即选择性激光烧结、选区激光烧结。SLS 工艺属于“粉末/丝状材料高能束烧结或熔化成型”工艺，由美国得克萨斯大学奥斯汀分校的 C. R. Dechard 于 1989 年研制成功。SLS 与 3DP 类似，都采用粉末材料，但是 SLS 不像 3DP 通过喷头喷黏结剂来黏结，而是通过烧结来黏结的。

工作时，SLS 设备先给打印空间升温，使温度保持在粉末的熔点以下，再将装有粉末打印材料的容器下降，并移动铺粉滚筒将一层粉末材料平铺在打印平台上。然后按照即将打印的 3D 模型的截面轮廓位置放射出激光，对粉末进行烧结。粉末熔化烧结后，形成一层固体轮廓。第一层 3D 模型烧结完成后，工作平台会下降一个截面层的高度，之后再次移动铺粉滚筒，均匀地在打印平台上平铺一层新的粉末材料，此步骤不断重复，直至 3D 模型打印完成为止。SLS 技术原理如图 5-1 所示。

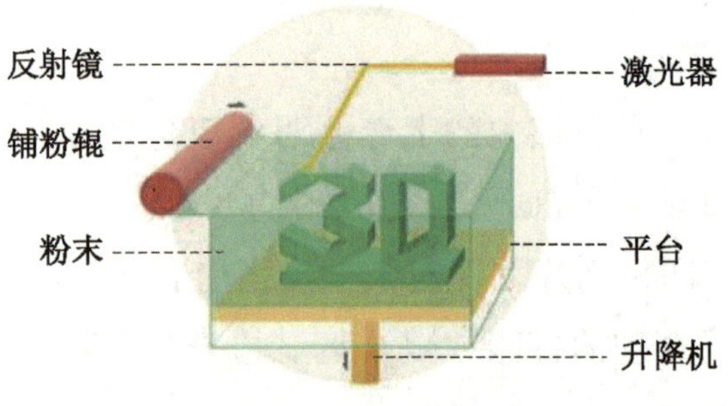

图 5-1 SLS 技术原理

SLS 3D 打印技术所需的打印材料有尼龙粉末、PS 粉末、PP 粉末、覆膜砂等。SLS 3D 打印技术除了可以快速制作模型外，亦可用于小批量生产。SLS 3D 打印的一个优点是它在打印过程中一般不需要加支撑，因为模型本身会被打印粉末承托。不过它也有缺点，由于 SLS 3D 打印机是工业式打印机，所以一般需要专门的实验室环境，维护所需的费用也会比较高。另外，打印完成后的物品表面会有粉末颗粒的质感及激光光斑。

2. SLS 技术的特点

SLS 技术的优点如下。

（1）成型材料广泛，包括高分子、金属、陶瓷、砂等多种粉末材料。

（2）零件的构建时间较短。

（3）所有没使用过的粉末都可以在下一次打印中循环利用。在打印过程中，所有未烧结的粉末都保持原状并成为实物的支撑结构，因此这种方法通常不需要其他支撑材料。相比之下，FDM、SLA 等工艺则需要比较完备的支撑结构。

（4）此技术可用于金属产品的制作（SLM），其制成的产品具有与金属零件相近的机械性能，故可用于直接制造金属模具及进行小批量零件生产。

SLS 技术的缺点如下。

（1）粉末烧结的表面比较粗糙，需要后期处理。后期处理对制件尺寸精度有一定的影响，且处理工艺较复杂，样件变形较大。

（2）难以直接成型高物理性能的零件，成型大尺寸零件时容易发生翘曲变形。

（3）在加工前，需要花较长时间将环境温度加热到材料熔点以下，加工时也要时刻保持相应的温度，在零件打印完成后，还要花较长时间冷却，然后才能将零件从粉末缸中取出。

（4）SLS 设备使用了大功率激光器，除了本身成本较高，还需要很多辅助保护工艺，整体技术难度较大，制造和维护成本较高，目前尚未有桌面级 SLS 打印机开发的消息。

（5）需要对加工室不断充氮气以确保烧结过程的安全性（SLM），加工的成本较高。

任务二 隆源 AFS-500 快速成型机的使用

1. 设备概述

隆源 AFS-500 快速成型机（见图 5-2）采用可靠的双缸结构，整机用料扎实、稳定耐用、维护成本低，其相关参数见表 5-1。

表 5-1 隆源 AFS-500 快速成型机相关参数

设备型号	AFS-500
激光器类型	CO_2 射频激光器，功率为 55W 或 120W
成型室尺寸	500mm×500mm×500mm
成型层厚	0.08～0.35mm

续表

最大扫描速度	6000mm/s
成型速度	80～120cm^3/h
环境温度	20～30℃
相对湿度	≤60%
电源	380V AC/50Hz/15kW
操作系统	Windows
成型材料	树脂砂/精铸模料/工程塑料

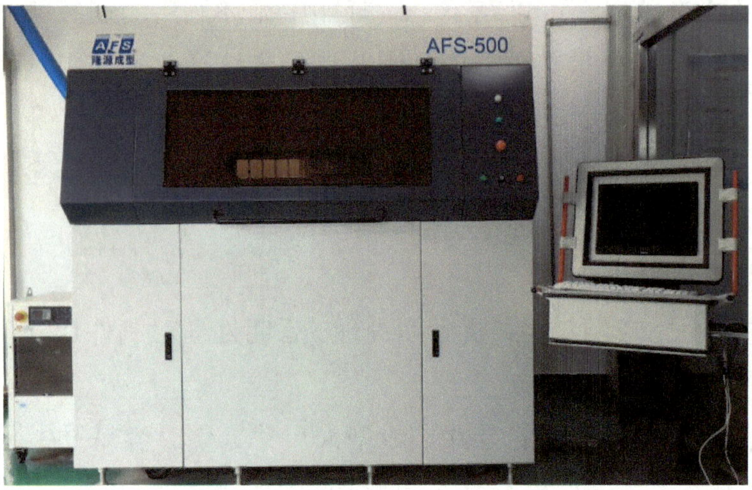

图 5-2　隆源 AFS-500 快速成型机

2. 设备操作流程

1）设备准备及开机

（1）打开成型室舱门，检查铺粉轨道及工作平台，使之清洁无杂物，检查完毕关闭舱门，如图 5-3 所示。

图 5-3　设备启动前检查铺粉轨道

（2）将电源钥匙开关置于开位置，按下绿色启动按钮。保持 1 秒，成型机通电，计算机开启，红灯、绿灯长亮，如图 5-4 所示。

（3）用吹尘球吹激光窗口镜，使之清洁无粉尘附着，如图 5-5 所示。

图 5–4　设备启动状态指示

图 5–5　清洁激光窗口镜

（4）启动桌面上的 AFSwin 控制程序，如图 5-6 所示。然后依次启动扫描器、激光冷却器、激光器（在扫描器和激光冷却器启动后方可启动）、电机、通风设备、红光（用于激光轨迹跟踪）、照明等，铺粉小车复位，如图 5-7 所示。

图 5–6　启动 AFSwin 控制程序

图 5–7　启动相关设备

2）成型操作

（1）打开待成型零件的 AFI 文件（AFI 文件来自其他计算机处理的 STL 文件，尽量不使用成型机本身处理的文件），如图 5-8 所示，控制软件自动将零件置于中间位置。

（2）若需同时加工多个零件或同时加工几个不同的零件，可用“零件”菜单中的“排列 AFI 文件”和“添加 AFI 文件”命令进行操作。

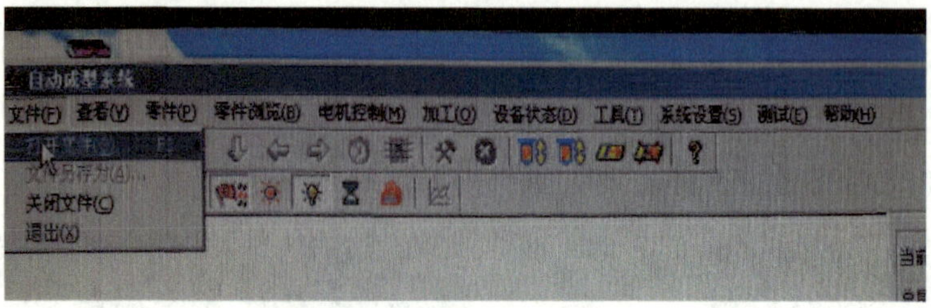

图 5–8　载入事先处理好的 AFI 文件

（3）预览，逐层查看零件各层状态，若有异常（超出边界，数据反转等），则返回切片软件（Magics 13）检查错误。

（4）运行【电机控制】菜单中的【铺粉】命令，反复运行铺粉装置（一般 4～5 遍）直到将成型缸填满铺平为止。

（5）运行【电机控制】菜单中的【成型缸移动】命令，将成型缸（PART）活塞上升到适当位置。

（6）温控。单击【工具】菜单中的【设置温度控制曲线】命令，设置合理的温度控制曲线。覆膜砂件的温控曲线需要设置以下参数，加工前铺粉层数：30，开始层温度：68～72℃，最后一层温度：60℃；加工结束后铺粉层数：30，加工后温度：50～52℃，最后一层温度：50℃；温度误差：2℃；激光功率：40W，32W，15W。PSB 粉的温控曲线需要设置以下参数，加工前铺粉层数：10，开始层温度：102℃，最后一层温度：100℃；加工结束后铺粉层数：10，加工后温度：95℃，最后温度：85℃；温度误差：2℃；激光功率：26W，19W，15W。

（7）确认加热箱在成型缸上方，关闭舱门，单击【开始】按钮，进行加工。

3）停机取件

（1）零件加工完成后，软件自动记录加工时间。系统自动关闭除计算机外的所有外部设备。

（2）打开电机、通风设备和照明开关。

（3）将加热灯向右移出成型室，用吸粉机沿零件的四周将未烧结的粉体慢慢吸出，同时将成型活塞分段升起，直到最顶部零件完全露出，尽可能将浮粉吸净，如图 5-9 所示。

图 5–9　吸粉取件

4）砂件后处理

（1）将砂件放入专用清理盘中，进行清粉等后处理工作。打开除尘机，将柔性臂移到砂件的上方，用气枪将浮砂吹掉，压缩空气压力在0.2～0.3MPa即可，如图5-10所示。也可用软质毛刷刷掉表面浮砂。

图5–10　清粉平台上吹掉砂件表面浮砂

（2）表面预固化。用丁烷火焰喷灯喷烧砂件表面，使火焰均匀地在砂件表面移动，对于细小的芯体，要防止过烧开裂，整体砂件烧至表面轻微变色，如图5-11所示。

图5–11　表面预固化

（3）烘烤固化。若砂件没有悬空构造，可以连同取件板直接放到烘箱中烘烤，温度180～200℃，时间1～5h，砂件越大，时间越长。若砂件有悬空构造，将砂件放置到固化箱中，用直径1～2mm的玻璃珠填埋后放到烘箱中烘烤，温度180～220℃，时间5～16h，箱体越大，填埋的玻璃珠越多，时间越长。烘箱和充满玻璃珠的固化箱如图5-12所示。

（4）修整。如图5-13所示，用工具将辅助结构去除并将断面修整好。检查砂件有无开裂和缺损，若有，可用少许酒精或水将覆膜砂调成糊状进行修补，再用火焰喷灯固化。

5）蜡件（PSB粉件）后处理

（1）清粉。为了避免清粉时损坏零件，清粉前应了解零件结构。将盛有零件的托盘放在通风工作台上，用软质毛刷及专用工具将零件上的浮粉清除，最后用压缩空气将粉吹掉。若遇小孔或狭小处有积粉，先用锥、针清除，然后用压缩空气吹掉，用气时要注意气压，尤其对薄壁件要更加小心。蜡件去除支撑及清粉如图 5-14 所示。

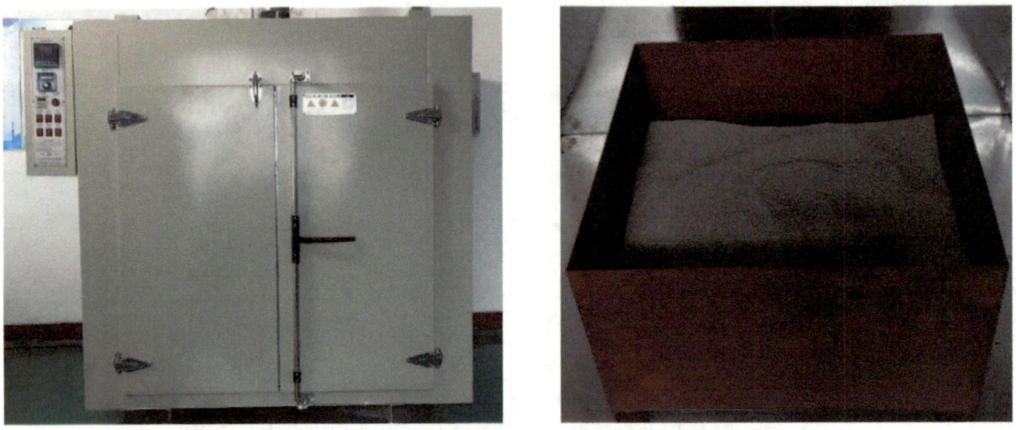

图 5-12　烘箱和充满玻璃珠的固化箱

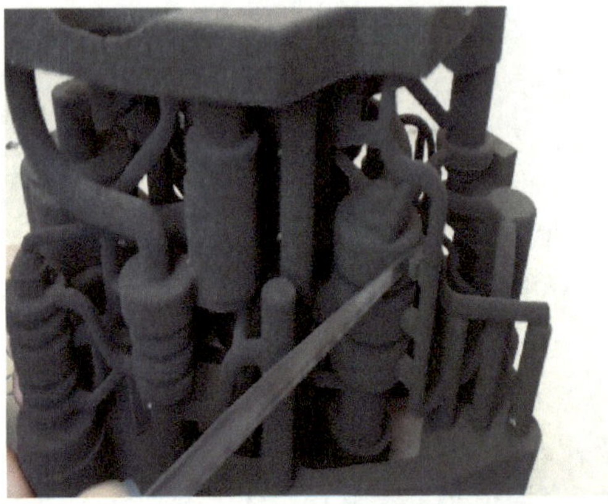

图 5-13　对产品进行最后修整

图 5-14　蜡件去除支撑及清粉

（2）蜡化。用可消失的 PSB，制作失蜡铸造工艺中的蜡模，零件清理干净后，需进行蜡化处理。将零件适当位置放在网状平台上，将蜡熔化，在 70℃保温 30 分钟，待蜡温稳定后，将平台缓慢浸入蜡中，下沉速度应与零件吸蜡速度一致。当零件完全浸入蜡中后，放置 3 分钟，待无气泡溢出，将零件取出，静置，使多余蜡析出。

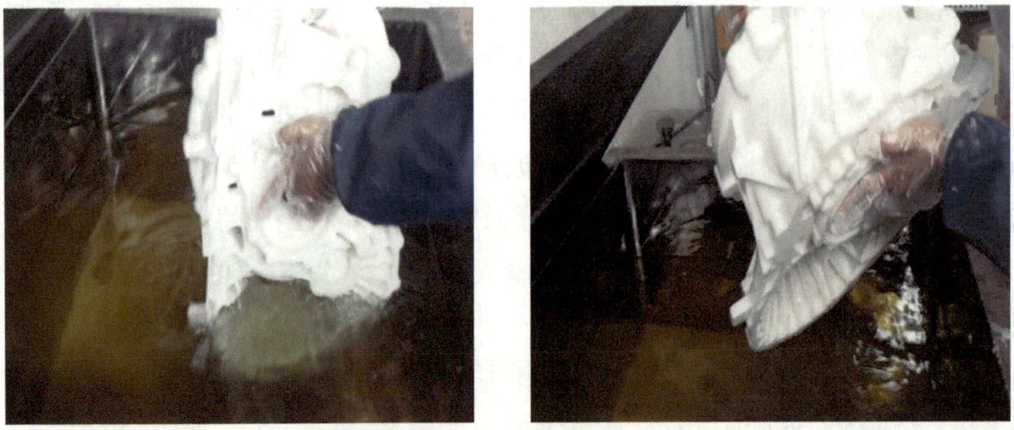

图 5-15　浸蜡

（3）若零件断裂，可用黄蜡、松香进行黏结。PSB 粉打印件如果想进行喷漆或镀另一种材料，可以在外表面刷上树脂和固化剂的混合物。

（4）抛光。

3. 导入快速成型机之前的操作流程（AFI 文件的制作流程）

（1）三维模型（*.prt、*.iges 等）在各自软件中输出 STL 文件（*.stl）。

（2）由于各种软件输出的 STL 文件可能会有缺陷，并且设计模型和实际加工模型在尺寸上有所变化，所以要用 Mgaics 软件处理 STL 文件，以修补缺陷、缩放尺寸等。

（3）使用 Magics 软件对处理好的 STL 文件进行切片，生成 CLI 文件（*.cli）。((2)、(3) 内容见本项目任务三。）

（4）使用 Arps 700 软件把 CLI 文件转化为 AFI 文件（*.afi，轨迹文件）。

① Arps 700 是一款绿色软件，无需安装，双击图标即可。

② 单击【文件】→【打开】→【CLI 文件】菜单命令。打开步骤（3）生成的 CLI 文件。

【注意】要把步骤（3）生成的 CLI 文件另存一个副本，本次打开原始文件，如图 5-16 所示。之后软件会自动检验文件格式。

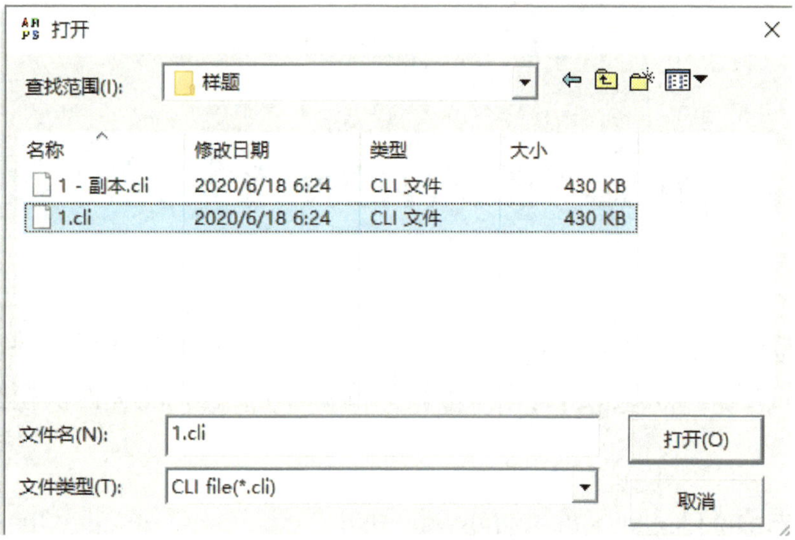

图 5–16 加载 CLI 文件

③ 单击【文件】→【加载边框文件】菜单命令，选择原始文件的副本（原始文件和副本内容一致，两次加载选择不同的文件即可），如图 5-17 所示。之后软件自动检验文件格式。

④ 单击按钮，输出扫描轨迹（AFI 文件）。输出参数可按默认设置，如图 5-18 所示。

（5）将 AFI 文件导入设备，使用 AFS 快速成型机进行加工（见本项目任务二）。

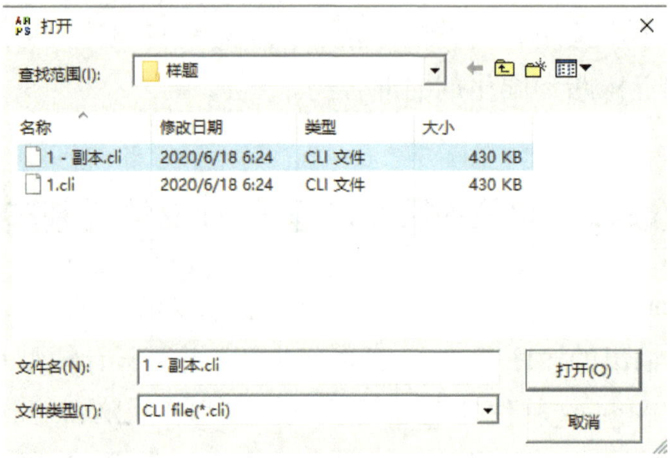

图 5–17　加载边框文件

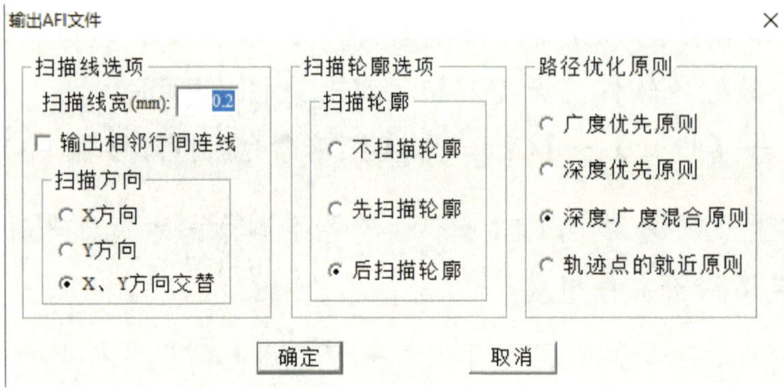

图 5–18　AFI 文件输出设置

任务三　Magics 13 软件的使用

Magics 是一款用于快速成型（RP）的专业软件，能够提供完整的快速成型解决方案，适用于多种工艺类型的设备。Magics 13 软件可以为隆源 AFS-500 设备提供模型处理和切片处理功能。

1.　软件界面介绍

打开软件后，界面如图 5-19 所示。基本操作：按住中键拖动鼠标，平移模型；按住右键拖动鼠标，旋转模型；滚动鼠标滚轮，缩放模型。

2.　工作平台加载

Magics 软件中的工作平台包含打印层厚、补偿设置、打印工作区域范围、支撑参数等重要参数，在初次使用时最好进行设置或导入，下次使用时只需要选择相应的工作平台即可。快速成型厂商会根据自己设备的特点定制平台文件（平台文件可向厂家索取），下面将说明如何加载和使用平台。平台参数可以通过设置由用户自己定义并保存使用，这里不作为重点介绍。

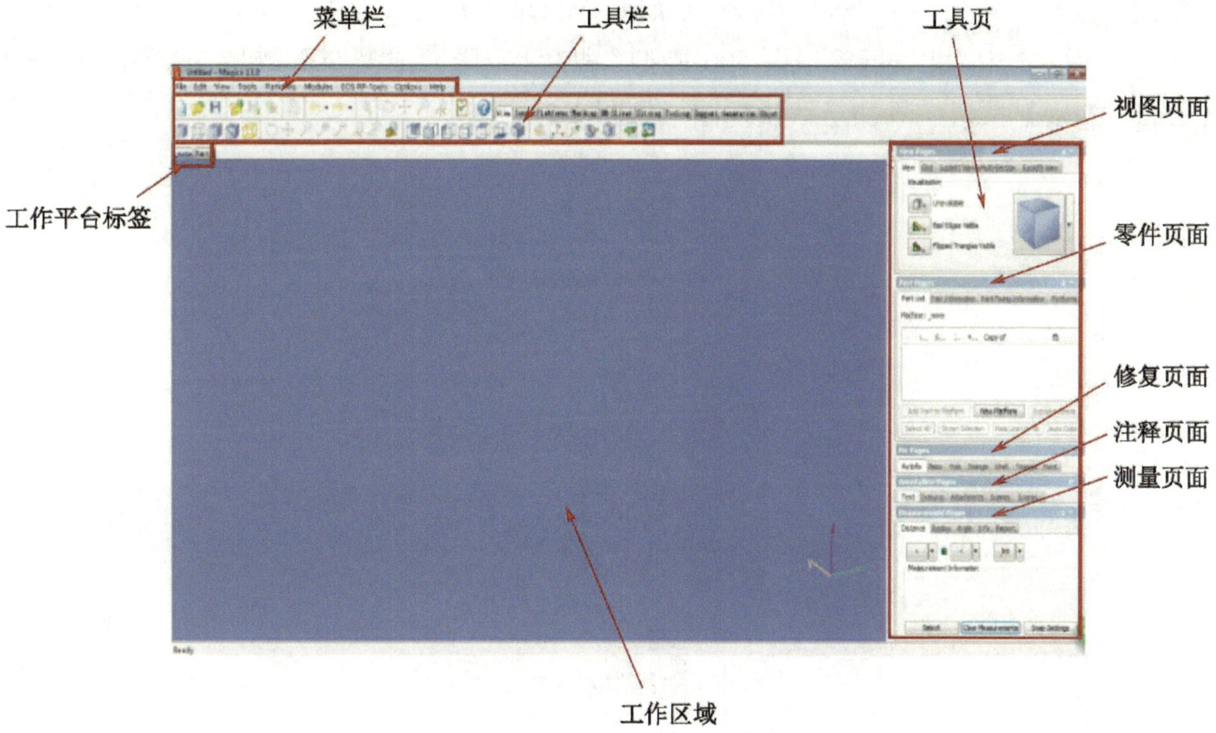

图 5-19　Magics 13 软件界面

（1）打开文件安装位置的 MachineLibrary 文件夹，如图 5-20 所示。

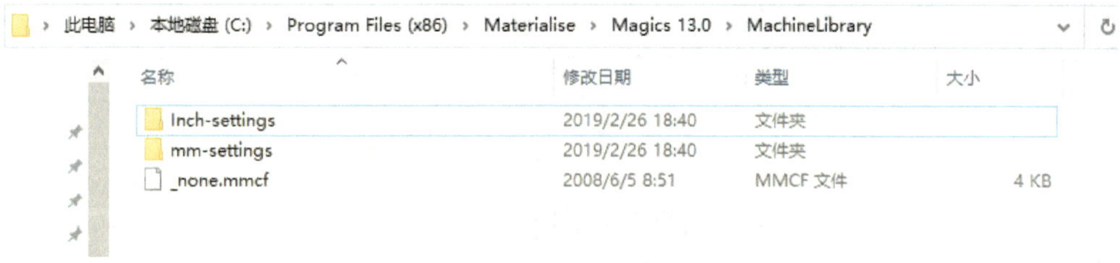

图 5-20　平台文件的放置位置

（2）将厂家提供的平台文件粘贴至此文件夹中，如图 5-21 所示。

图 5-21　北京隆源成型平台文件粘贴至 MachineLibrary 文件夹中

（3）打开 Magics 13 软件，单击【Platforms】→【Machine Library】菜单命令，在弹出的

【Machine Library】对话框中单击【Add from Library】按钮，弹出【Add Machines from Library】对话框，在【Machine Library】列表框中选中“北京隆源成型 500-砂型”和“北京隆源成型 500-蜡型”选项，单击 >> 按钮，加载到【My Machine】列表框中，加载厂家平台文件。关闭此对话框后，选中“北京隆源成型 500-砂型”和“北京隆源成型 500-蜡型”选项，单击【Add To Default View】按钮，添加至默认视图，如图 5-22 所示。

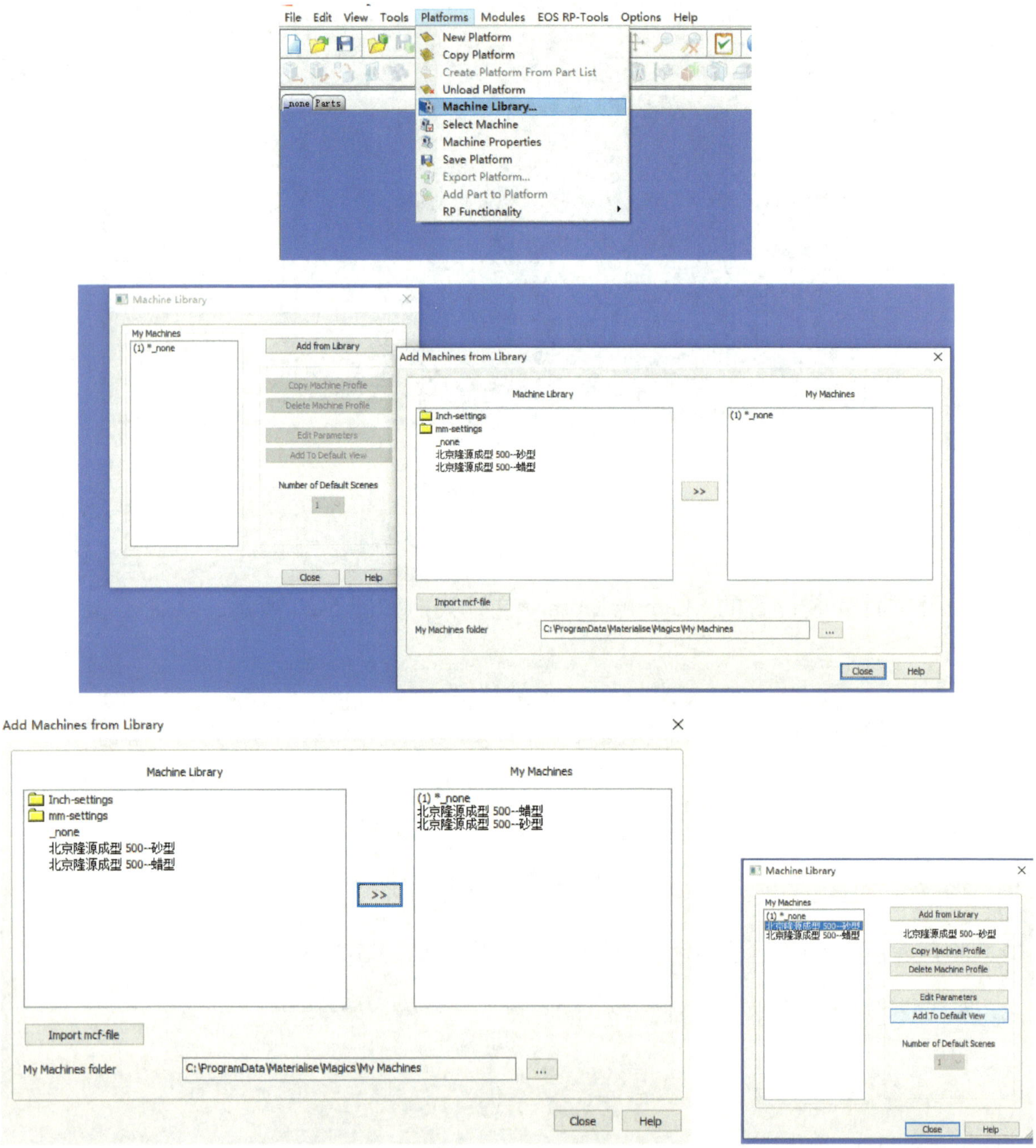

图 5-22　加载平台文件

（4）关闭软件后重新打开软件，如果平台加载成功，会出现图 5-23 所示界面，工作平台区出现了新的平台，工作区域会出现相应的加工空间。

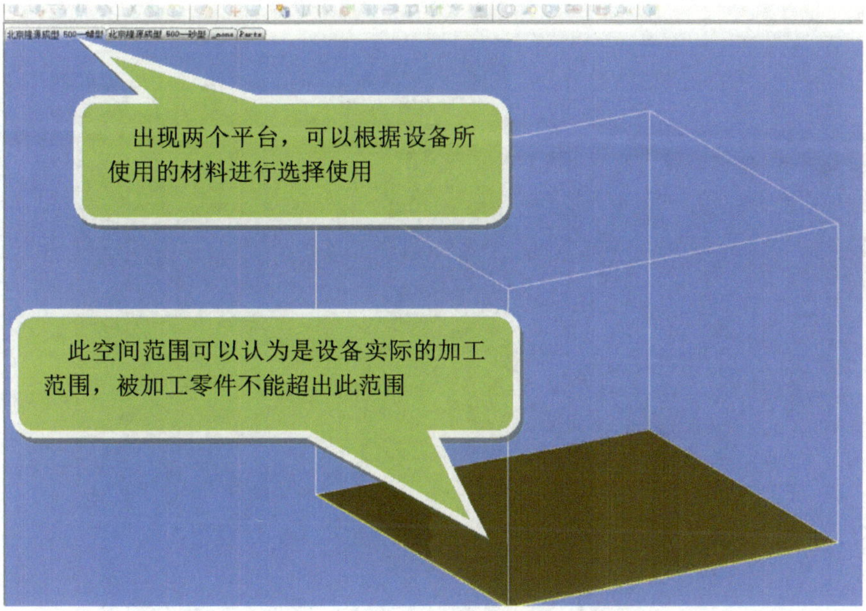

图 5-23　加载平台成功

3. 加载零件

单击【File】→【Import Part】菜单命令或单击工具栏中的图标，或者使用快捷键【Ctrl+L】，均可打开【Import Part】对话框，如图 5-24 所示。选择“12 生肖底座.stl”文件，如图 5-25 所示。

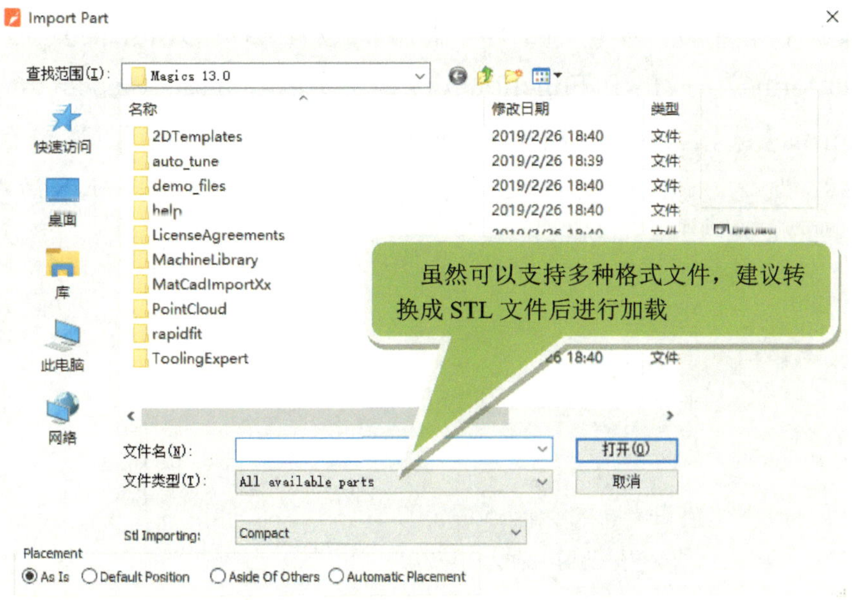

图 5-24　导入 STL 文件对话框

Magics 软件支持多种格式的模型文件，可以在文件类型中进行选择。建议将非 STL 格式的文件转换成 STL 格式，然后加载 STL 格式文件，这样可以避免图形转换过程中产生的错误。

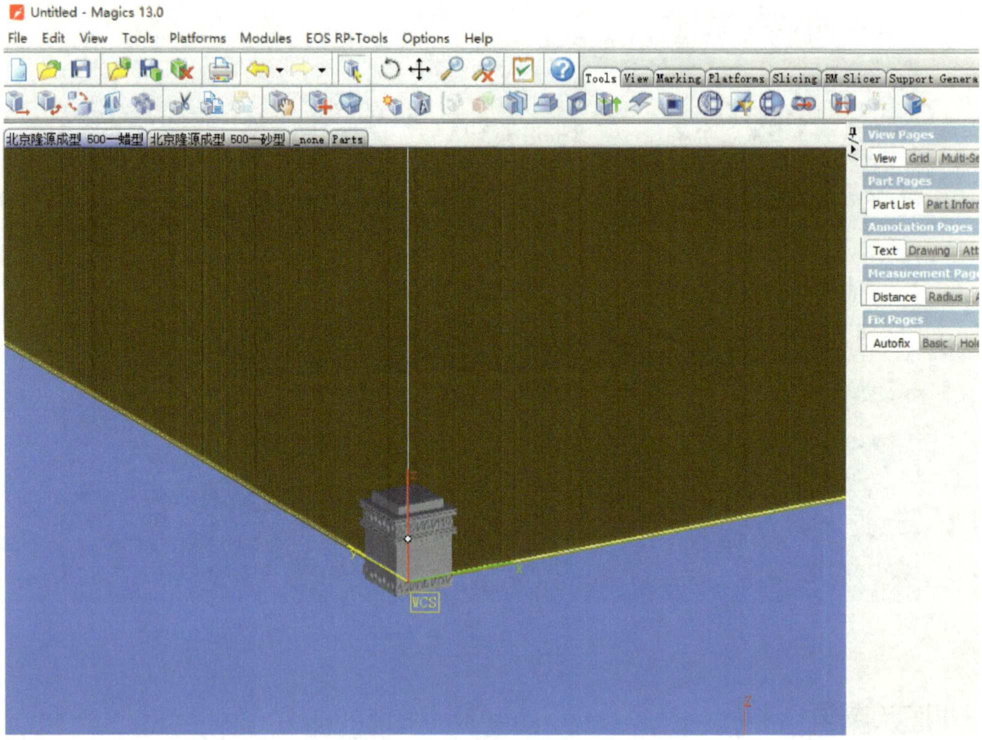

图 5-25 导入选中的 STL 文件

4. 摆放和修复零件

（1）自动放置零件。

导入一个或多个零件后，零件在工作区域的位置不确定，所以需要把零件放置在加工区域。单击【Platforms】→【RP Functionality】→【Automatic Placement】菜单命令或单击工具栏【Platforms】选项卡中的 图标，或使用快捷键【Ctrl+A】，弹出【Nesting（Virtual Copies）】对话框，如图 5-26 所示。单击【OK】按钮，零件会自动摆放至加工区域，如图 5-27 所示。

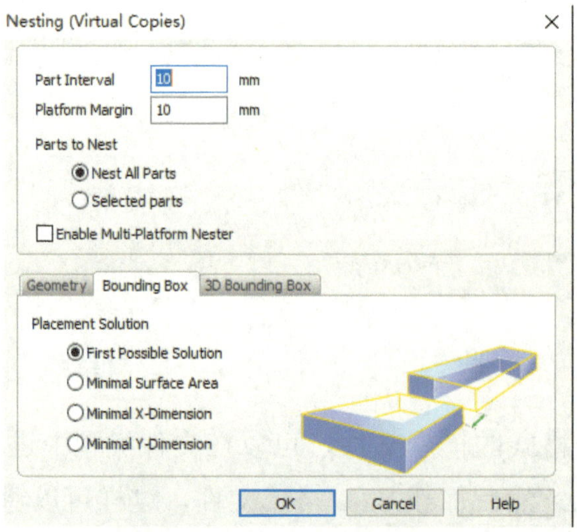

图 5-26 零件自动放置对话框

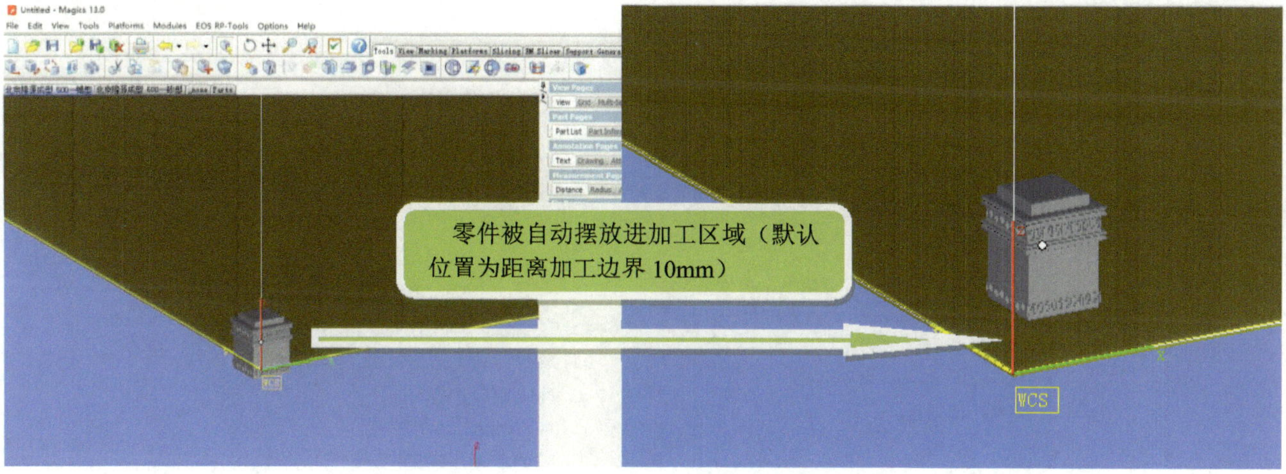

图 5-27　零件摆放至加工区域

（2）自动修复。

STL 文件可能会有缺陷，因此需要使用软件的自动修复功能进行修复。单击【Tools】→【Fix Wizard】菜单命令或单击工具栏【Tools】选项卡中的图标，或使用快捷键【Ctrl+F】，弹出【Fix Wizard】（修复向导）对话框，如图 5-28 所示。

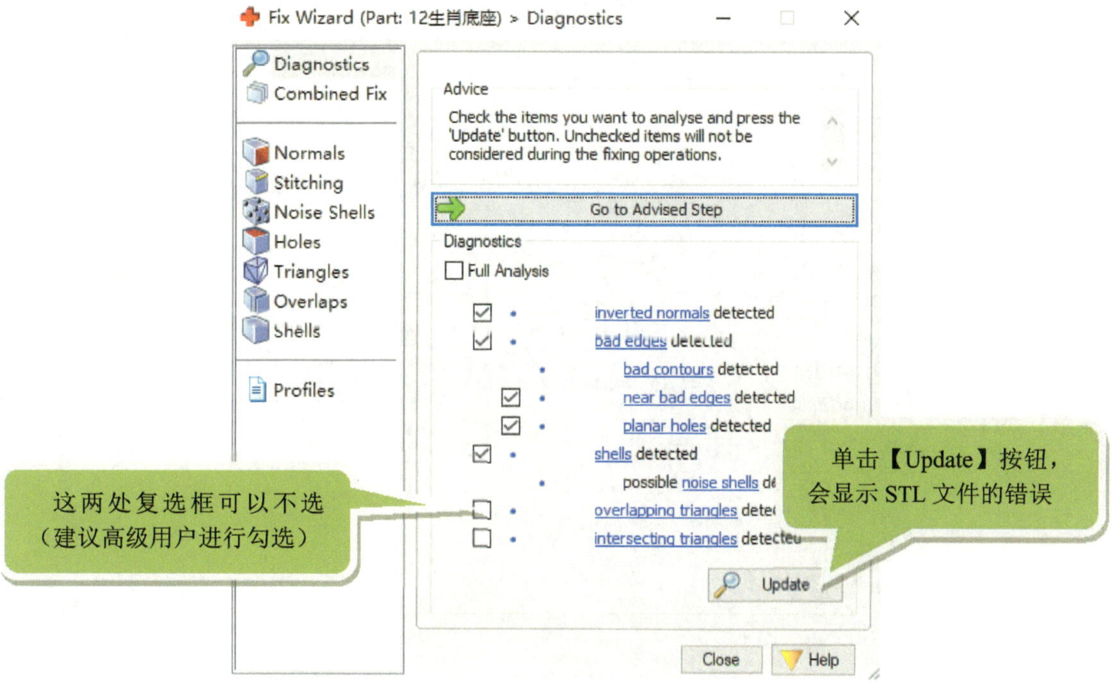

图 5-28　修复向导对话框

按照图 5-28 所示勾选相应的复选框，最后两项【overlapping triangles detected】和【intersecting triangles detected】可以不选。单击【Update】按钮，出现如图 5-29 所示结果。

单击【Go to Advised Step】按钮，进入如图 5-30 所示对话框。

图 5–29　自动检测出的 STL 缺陷

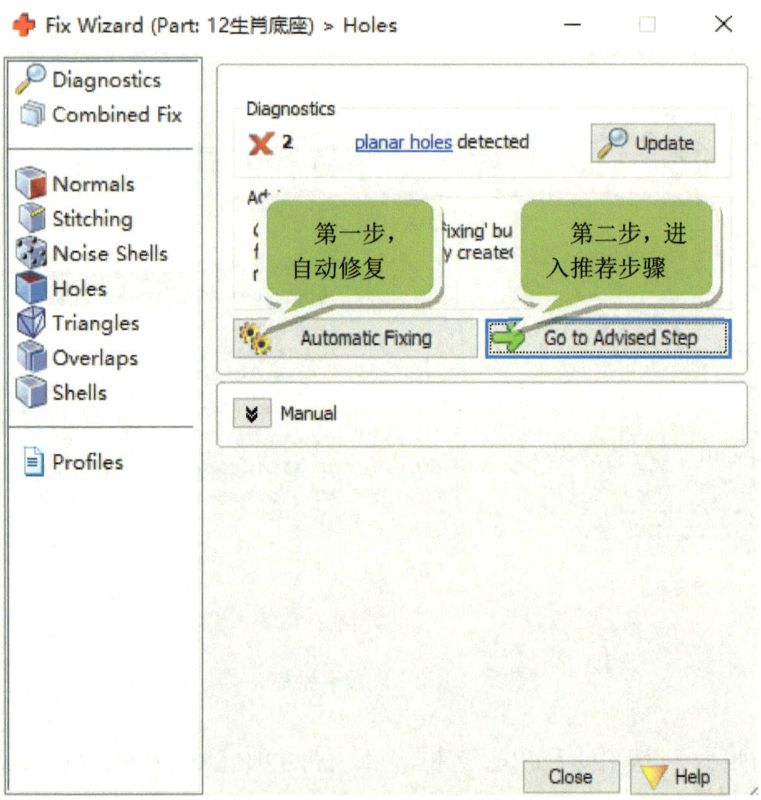

图 5–30　按推荐步骤进行自动修复

单击【Automatic Fixing】按钮后再单击【Go to Advised Step】按钮。如此反复，直至修复完成，如图 5-31 所示。最后单击【Close】按钮，关闭对话框。

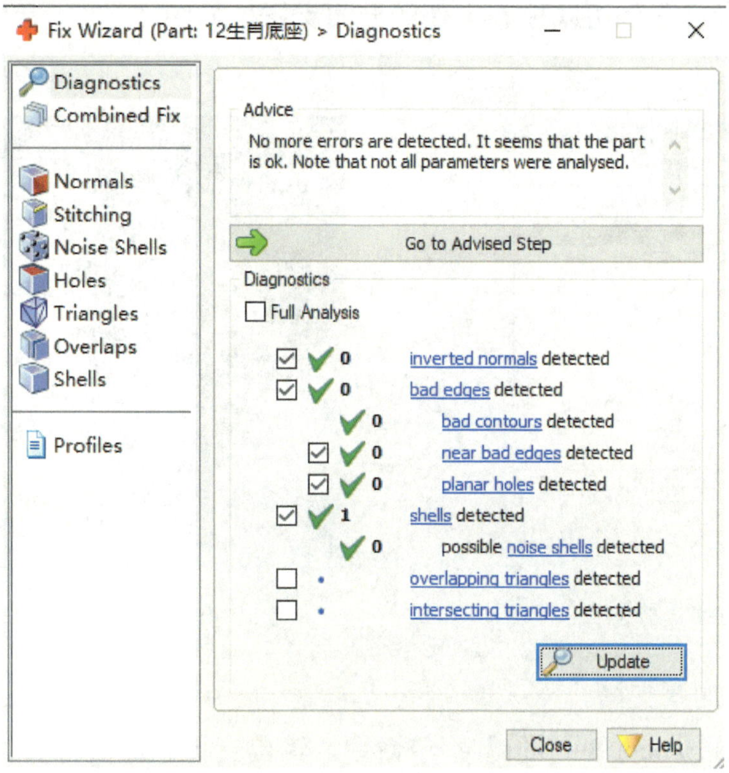

图 5-31　模型修复完成后

使用修复向导可以修复很大一部分模型上的错误，但需要注意的是，使用自动修复时要时刻注意模型本身的变形情况，有时候修复完成后会造成模型变形量比较大，不能满足加工需要。也有可能修复向导不能够完成模型的修复（无论怎么循环，都不能修复模型的所有错误）。那么在这两种情况下需要使用手动修复功能。

5. 自动添加支撑

对于隆源 AFS 快速成型机而言，覆膜砂的支撑通常是由建模软件（如 Siemens NX）完成的，支撑作为零件的一部分直接建模出来。

蜡件（PSB 粉）的支撑通常是由 Magics 13 软件完成的，支撑的目的在于防止铺粉时把产品推走（激光烧结引起的产品翘边是铺粉辊子推走产品的重要原因），所以使用 Magics 13 软件的自动支撑功能可以解决大部分问题。

（1）添加支撑方法。

单击工具栏【Support Generation】选项卡中的图标后，会看到工具页中出现【Support Surfaces Pages】页面，如图 5-32 所示，可以看出，共生成了 58 个支撑（自动支撑会生成所有可能需要支撑的地方，此软件默认是根据 SLA 服务，所以大部分支撑在隆源快速成型机中是不需要的）。用鼠标单击列表中的某个支撑，即可在模型上看到自动生成的支撑形状。这里根据设备特点，保留第一个支撑即可，删除第 2～58 号支撑：单击工具栏【Support Generation】选项卡中的图标，在弹出的对话框中选择第 2～58 号支撑 From: 2 To: 58 End ，然后单击【OK】按钮。最后只保留底板到零件的一圈支撑，如图 5-33 所示（支撑的形状已经预置在了平台文件中）。

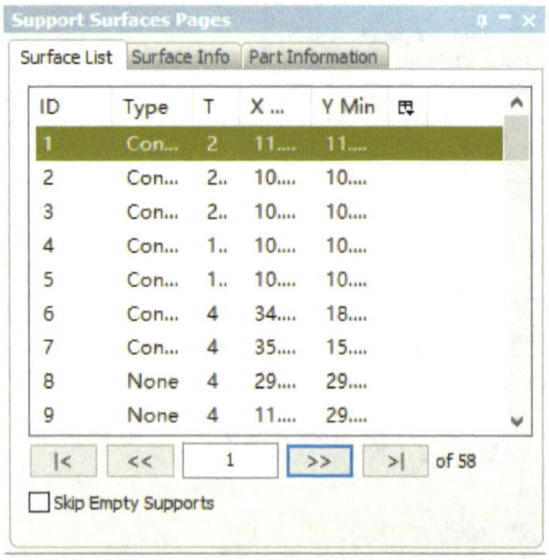

图 5-32　自动支撑结果

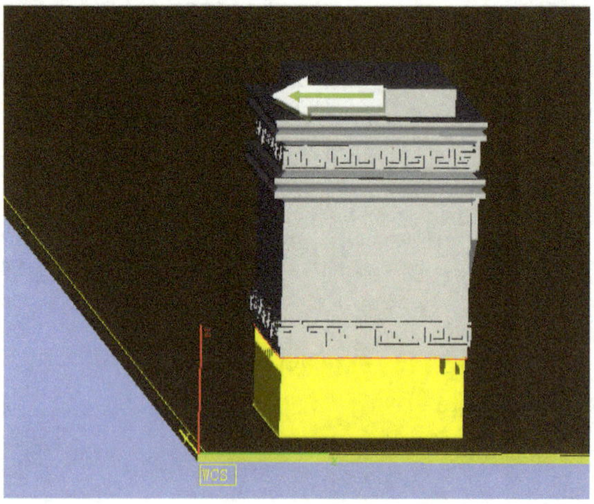

图 5-33　打印蜡件所保留的支撑

（2）输出支撑和加厚支撑。

单击【File】→【Export Support】菜单命令，输出支撑。此时，支撑会以 STL 文件形式保存起来。单击【File】→【Exit SG Module】菜单命令，退出支撑模块。

在【Part Pages】页面中选择支撑，如图 5-34 所示。单击工具栏【Tools】选项卡中的图标，弹出【Offset Part】对话框，按图 5-35 所示进行设置，单击【OK】按钮，就形成了一个有厚度的支撑实体。在【Part Pages】页面中同时勾选两个部件，单击工具栏【Tools】选项卡中的布尔运算图标，单击【OK】按钮，完成两个部件的合并。

图 5-34　选择支撑

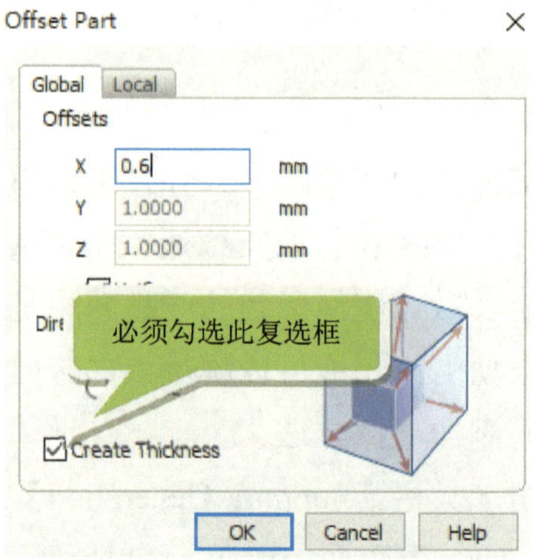

图 5-35　偏置设置

6. 切片保存

单击工具栏【Slicing】选项卡中的图标，弹出【Slicer Properties】对话框，选择保存路径后单击【OK】按钮（此部分参数由厂家提供的平台确定，也可以自行微调），生成后缀名为 cli 的文件。

此时按照上一任务中介绍的 cli 文件的处理方法生成 AFI 文件后，可以传输至快速成型机进行加工。

7. Magics 软件的其他功能介绍

在 Magics 软件中，STL 格式文件可以有多种显示方式和操作方式。这些操作可以通过【View】菜单和【View】工具栏来访问。【View】工具栏中包括缩放、实时旋转和平移等功能。【View】菜单中包括显示模式、默认视图和剖面视图。【View】选项卡中有五种显示方式，分别表示阴影、线框、阴影和线框、三角面片、边界盒，具体含义见表 5-2。

表 5-2 五种显示方式的含义

显示方式	含义
阴影	按照三角面片的方向，用阴影来显示零件
线框	显示物体的边界线，这个边界线是根据相邻三角面片间的角度来定义的。当两个三角面片之间的角度超过一定值就加上边界线，这个角度可通过 Magics 软件的设置菜单来实现
阴影和线框	同时显示物体的阴影和线框
三角面片	显示所有的三角面片，这种方式再现了 STL 格式
边界盒	只显示零件的边界盒（x，y，z 方向），这种方式对于操作具有大量三角面片的零件十分必要（可减轻计算机运算负担）。而且，因为零件的其他部分不可见，只显示少量的错误边界

在 Magics 软件中，STL 格式文件的旋转方式有三种：实时、相对和七种默认视角。所有这些旋转操作都可以通过【view】工具栏中的实时旋转来完成。【View】选项卡中的 ↻ ✢ 图标分别代表旋转和平移，具体含义见表 5-3。

表 5-3 零件的平移和旋转

图标	含义
↻	零件绕着垂直于屏幕的轴来进行旋转
✢	光标的移动带动零件旋转，转动轴为零件的中轴
鼠标快捷方式：按住鼠标右键并进行移动可实现零件旋转；按住鼠标中键并进行移动可实现零件平移	

【View】选项卡有以下几个缩放工具，具体图标含义见表 5-4。

表 5-4　缩放工具图标含义

图　标	含　义
	可以实现零件指定部分的放大。在需要缩放的地方单击鼠标左键并拖拽一个窗口，此部分将放大显示
	自动放大 25%
	自动缩小 25%
	“恢复”功能可以实现在屏幕中显示全部的零件
	“退后”按钮可恢复到前一步的缩放状态
	该功能可实现零件和平台的全部显示
鼠标快捷方式：缩放功能可以通过鼠标滚轮来实现，向前旋转放大，向后旋转缩小。按住【Ctrl】键的同时按住鼠标右键也可以实现缩放功能，向前移动鼠标缩小，向后移动放大	

在【View Pages】页面的【View】选项卡中，各显示选项的含义见表 5-5。

表 5-5　显示选项含义

选　项	含　义
Flipped Triangles Invisible Flipped Triangles Visible Flipped Triangles As Normal	法向错误面片显示选项： 不可见——法向错误面片不显示； 可见——以红色显示法向错误； 正常显示——法向错误面片以正常颜色显示。默认为可见（尽量不要更改）
Bad Edges Visible Bad Edges Invisible Bad Edges Hidden Line Highlight Bad Edges	错误边界显示选项（决定着错误边界的显示方式）： 可见、不可见、用黄线来定义或高亮显示。默认为可见（尽量不要更改）

剖面功能可用于测量、检查错误以及观察零件内部结构。剖面方向可以是 X，Y 或 Z 方向，或者是用户自定义的方向，见表 5-6。

表 5-6　剖面选项卡功能

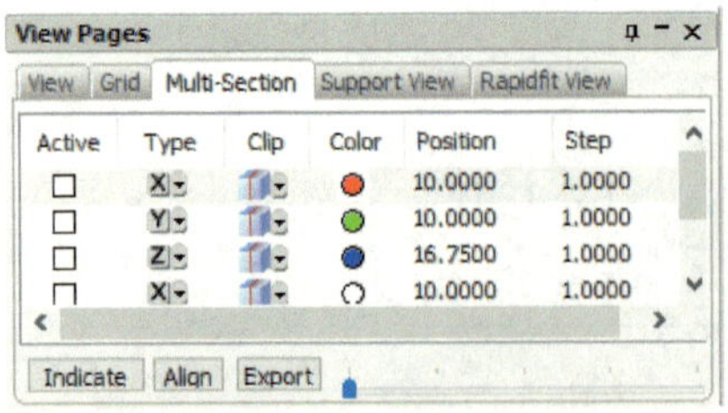

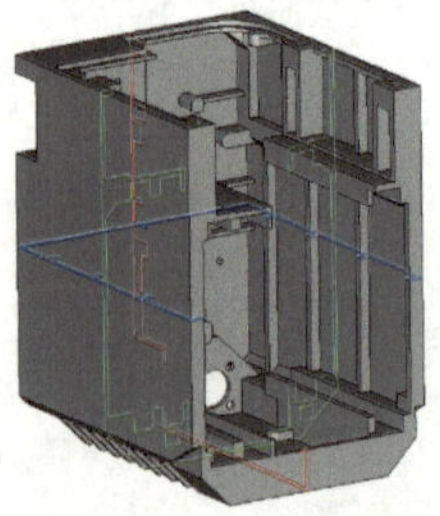

选　项	描　述
Active（激活）	激活剖面功能。可激活一个剖面，也可以同时激活多个剖面
Type（类型）	剖面的类型。可以按照平行于 X，Y 或 Z 方向剖切，也可以自定义剖切平面的方向
Clip（截断）	决定哪一部分不显示。可以显示某一边，也可以只显示剖切线

续表

选　　项	描　　述
Color（颜色）	可以改变剖切线的颜色，使显示更加直观
Position（方位）	可以定义剖面的 X，Y，Z 坐标，实现剖切的精确控制
Step（步进）	可以实现剖切面的步进改变，步长需要预先设定，此功能需要配合拖动条使用。

在【Part Pages】页面中可以设置零件目录、零件信息和零件修复信息，以显示丰富的零件相关信息，详细内容见表 5-7。

表 5-7　零件目录、零件信息和零件修复信息

<table>
<tr><th>零 件 目 录</th><th>零 件 信 息</th><th>零件修复信息</th></tr>
<tr>
<td>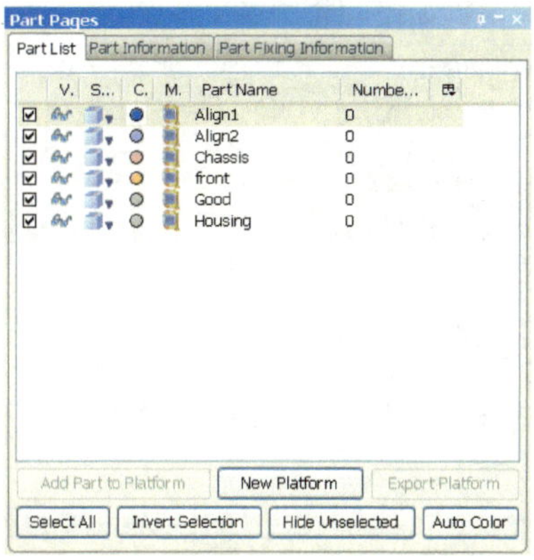
</td>
<td>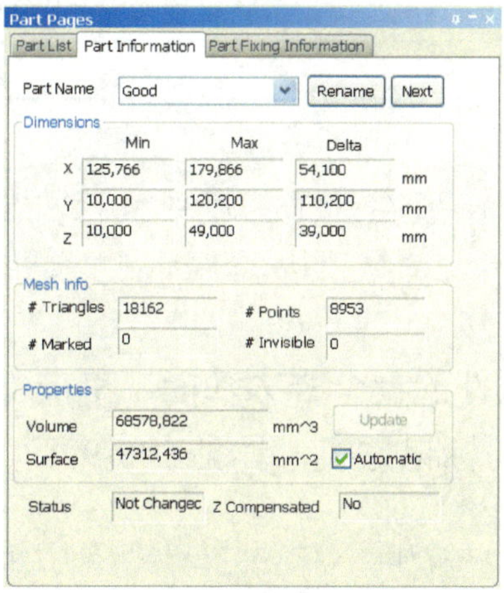
</td>
<td>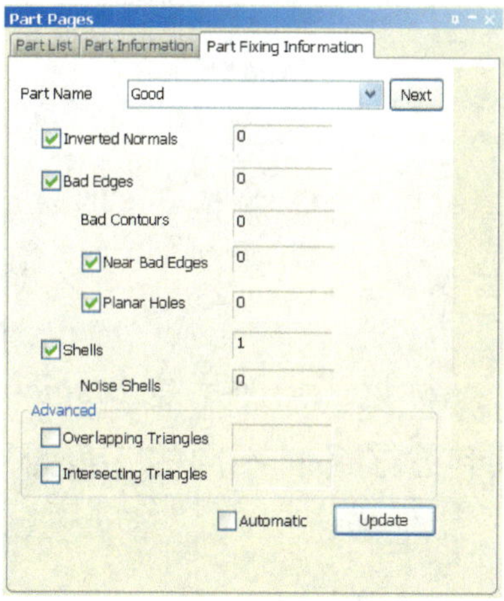
</td>
</tr>
<tr>
<td>查看所有加载零件
<table>
<tr><td>激活</td><td>勾选即激活，取消勾选即关闭激活。只有激活零件才可以对零件进行编辑</td></tr>
<tr><td>可见</td><td>可实现零件的显示或隐藏</td></tr>
<tr><td>显示模式</td><td>显示模式的选择</td></tr>
<tr><td>颜色</td><td>可以暂时改变零件的颜色，用于区别</td></tr>
<tr><td>内存状态</td><td>零件比较大时，此功能比较有用</td></tr>
<tr><td>零件名称</td><td>零件的名称</td></tr>
<tr><td>数量</td><td>显示附件的数量</td></tr>
</table></td>
<td>查看单个零件的信息：位置，尺寸，体积等。
【注意】要实现零件信息的自动更新，需要勾选【Automatic】复选框</td>
<td>查看零件的错误信息。
【注意】要实现零件错误信息的自动更新，需要勾选【Automatic】复选框</td>
</tr>
</table>

在【Measurement Pages】页面中可以实现零件一些特征的测量功能，见表 5-8。

表 5-8　测量功能介绍

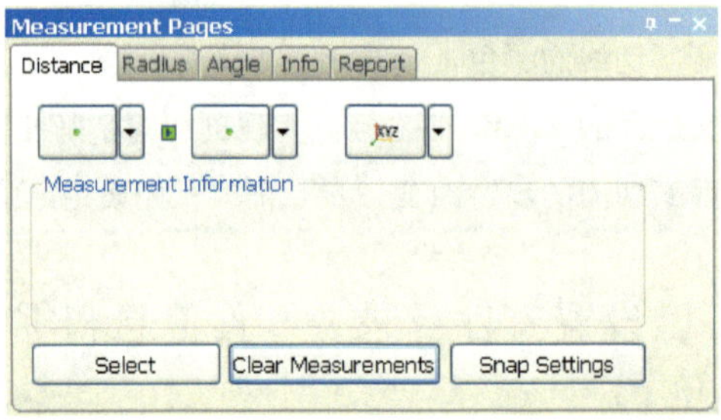

Distance（距离）	测量距离
Radius（半径）	测量半径
Angle（角度）	测量角度
Info（其他信息）	提供更多有关特征的信息，例如线的起始点和终点
Report（报告）	产生测量报告

【注意】测量时，所有测量必须在加工区域中执行，若特征不在加工区域中，测量将无法实现。

标记三角面片是 Magics 软件的一个强大功能。单击工具栏中的【Marking】选项卡，里面包含了各种不同的三角面片的标记方式，详见表 5-9。

表 5-9　标记三角面片的方式

选　项	描　述
	**标记三角面片** 单击此图标并在指定三角面片上单击鼠标左键即可实现三角面片的标记或撤销
	**框选标记** 单击此图标，按住鼠标左键，进行框选，选中的三角面片即被标记。除了三个顶点全部在线框中的三角面片，线框掠过的三角面片都将被标记。 如果要取消标记，按住【Shift】键和鼠标左键，进行选框，选中的三角面片将被取消标记
	**Mark Polyline** 此模式将只标记线掠过的三角面片，这个模式在标记复杂几何形状的时候非常有用。画线时，单击鼠标右键定义线的终点，完成标记
	**多边形标记** “多边形标记”类似于框选标记，不同的是多边形标记可以定义标记所用线框的形状
	**壳体标记** “壳体标记”用于标记零件中的单个壳。壳可以被定义为互相连接且法向量方向一定的三角面片的集合

续表

选　项	描　述
	**面标记** “面标记”用于标记零件上的一片区域，区域的定义由线框决定。单击此图标后，在单个三角面片上单击鼠标左键，所有包含在此三角面片表面中的三角面片都将被标记
	**平面标记** “平面标记”可以比较方便地标记平面。STL 格式文件是由三角面片组成的，如果 Magics 软件只能标记单个的三角面片，则效率低下，此功能可以将一组符合平面定义的三角面片定义为一个集合进行标记
	**色彩标记** “色彩标记”即在标记三角面片的同时指定标记颜色，可以利用【Shift】键与色彩标记功能将零件所有三角面片标记为同一颜色
	**扩大和缩小范围** 该功能可以使已标记区域范围沿环形扩大或缩小
	**连接标记** 该功能用于标记两个已标记的三角面片之间那些小的、不容易标记的三角面片
	**转换标记** 该功能用于反向标记三角面片，原本被标记的变成未标记的，原本未标记的变成已标记的
	**取消全部标记** 此功能用于取消标记所有已被标记的三角面片
	**隐藏，反向隐藏，全部可见** “隐藏”功能可以隐藏已标记的三角面片。这个功能不同于剖面功能，剖面功能中，隐藏的三角面片不能进行编辑。 “反向隐藏”功能类似于反向标记功能 “全部可见”功能类似于“取消全部标记”功能，可以将隐藏的所有三角面片重新显示
	**显示/隐藏标记三角面片边界** 此功能可以显示和隐藏标记三角面片的边界

Magics 软件引入了一种新的方式处理大文件，零件可以以三种格式存储以便节省内存，见表 5-10。

表 5-10　零件的三种存储格式

压缩格式	标准格式	硬盘方式
	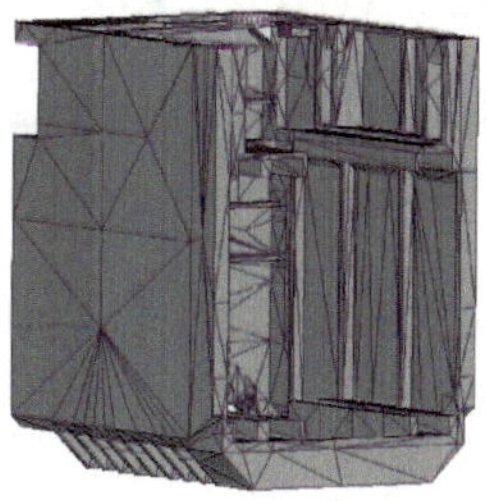	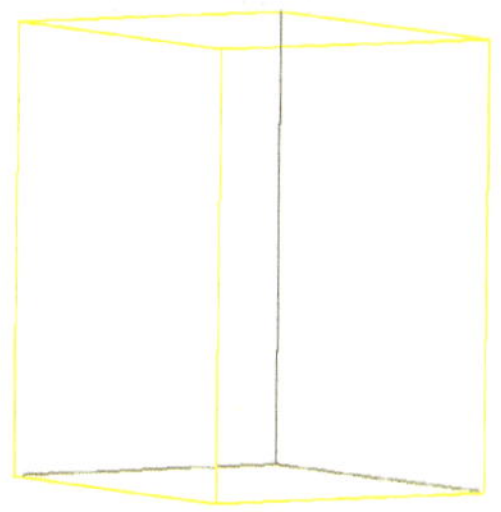
在压缩格式中，三角面片在导入内存的时候不需要做完整的分析，只是显示，不能进行编辑	在标准格式中，三角面片将被完整地导入到内存中，并进行完整的分析	当处理大文件时，可以将文件从内存中卸载，放置在临时文件中，在屏幕中只显示零件的边框，这样可以提高软件的运行速度

续表

【注意】正常情况下，零件以压缩格式加载进来，当进行的操作改变三角面片的结构时，Magics 将自动进入到标准格式中，弹出如图所示的对话框。

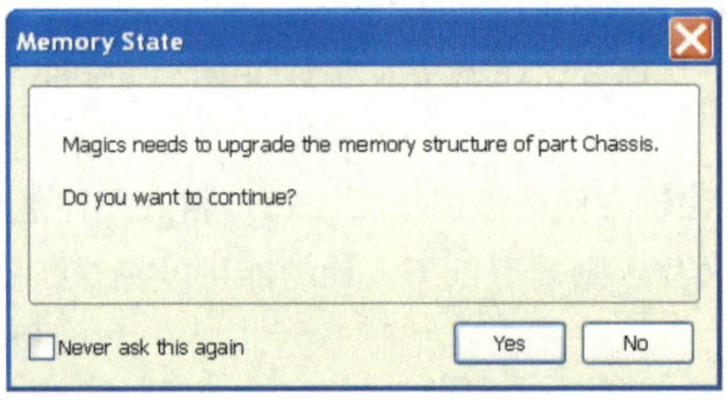

正常情况下，压缩格式和标准格式不需要手动设置内存状态，而硬盘方式需要手动设置。在零件目录中，可以找到内存状态的显示并可以通过级联菜单进行修改。

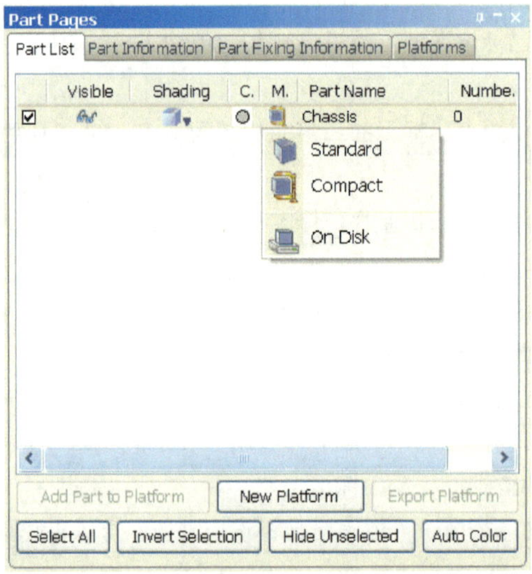

单击【Platforms】→【Machine Library】菜单命令，在弹出的对话框中列出了所有可使用的设备及其参数。单击【Add from Library】按钮，可以往设备库中添加设备。在列表框中选择一个设备，则此设备和【Edit Parameters】按钮同时被激活，此按钮可用于修改设备参数。

用户可以使用按钮【Add To Default View】按钮，将某台设备或某几台设备设置为默认设备，则每次启动 Magics 软件时，默认打开这台或这几台设备。

单击【Platforms】→【RP Functionality】→【Bottom/Top Plane】菜单命令，可方便地摆放零件。单击对话框中的“Indicate Plane”按钮，再选择零件的某个面，那么这个面就会变成打印时的底面或顶面。

单击【Platforms】→【RP Functionality】→【Automatic Placement】菜单命令（快捷键为【Ctrl+A】)，可弹出自动摆放对话框，其中自动摆放工具可以方便地以一定的标准对零件进行自动摆放，具体有以下两种摆放模式。

（1）基于几何模型。

零件的摆放将基于零件的几何尺寸。这种模式只适用于二维模型的摆放。

（2）基于边界模型。

零件的摆放将基于零件的边界，这种方法可用于二维或三维模型的摆放。

单击【Tools】→【Pick and place parts】菜单命令（快捷键为【F3】）可以选取和摆放零件。通过拖动鼠标，可以自由地在平台内移动或旋转零件。这些操作均以平台的法向量为轴。

单击工具栏【Tools】选项卡下的图标，可以实现对零件的移动、旋转、缩放、镜像、复制功能。详见表 5-11。

表 5-11　移动、旋转、缩放、镜像、复制功能

功能名称	功能界面	说　明
移动	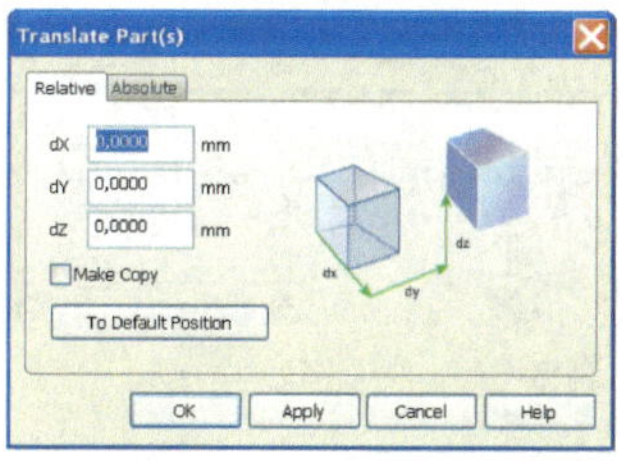	移动功能可以以三种方式移动零件。 相对方式：按照相对坐标进行移动。 绝对方式：按照绝对坐标（x、y、z）进行移动。 默认位置：在设备库中，可以设定零件的默认位置。单击【To Default Position】按钮可以将当前位置设置为零件导入的默认位置，并作为设备的一个参数。打开零件时，零件自动放置在此位置，不用每次都设置
旋转	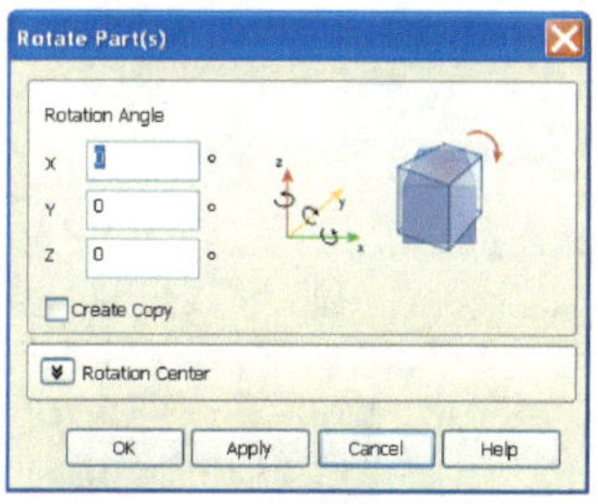	旋转功能可以对零件进行旋转。打开“旋转中心”，可以设置零件的旋转中心
缩放	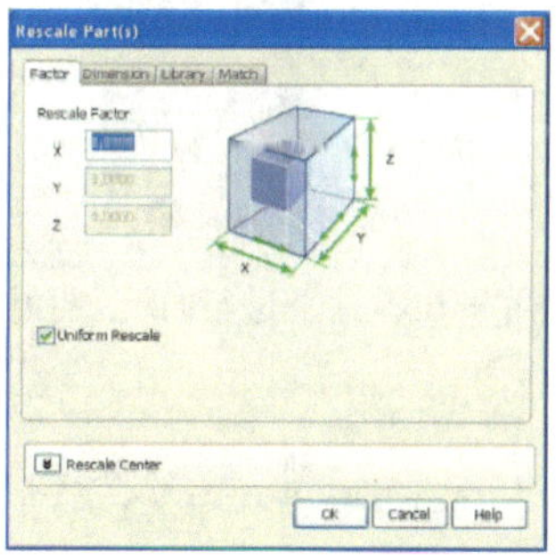	缩放功能允许用户整体或沿某个方向改变零件的尺寸。缩放因子的设置取决于几个因素，如材料属性、零件的摆放等。 缩放的方式有四种： 按比例因子进行缩放（可以设置缩放比例因子，默认情况是 1）； 按尺寸进行缩放（输入缩放后的尺寸，单位为 mm）； 按库中选取的比例因子进行缩放（在库中保存一些比例因子，方便调用）； 按匹配值进行缩放（按照某个匹配的值或测量的值进行缩放）
镜像	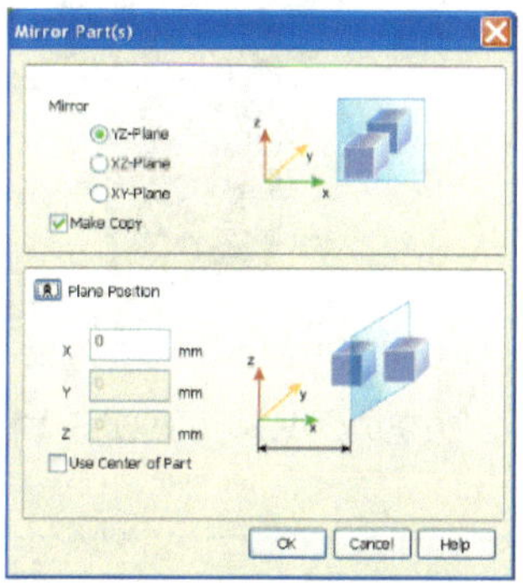	镜像功能用于围绕一个点或面来移动或旋转零件，也可以在镜像的基础上创建一个复件

续表

<table>
<tr><th>功能名称</th><th>功能界面</th><th>说　明</th></tr>
<tr><td>复制</td><td>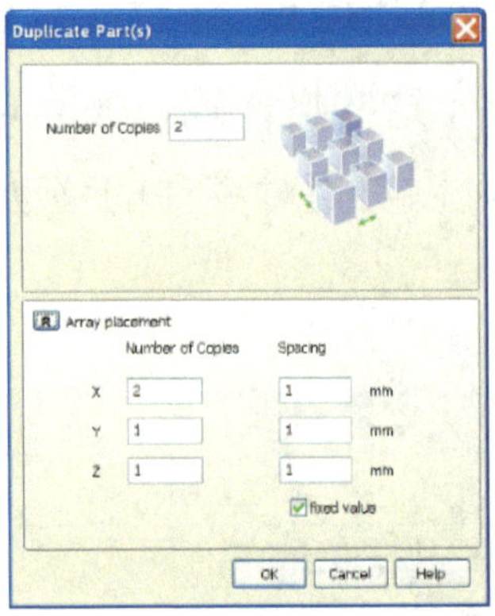
</td><td>复制命令可以实现零件的自动复制，复件自动命名为“copy_of_part xxx”。可以预先设定参数来摆放复件。
【注意】也可以沿 Z 轴方向复制零件，这个功能对于可以在三维方向摆放零件的设备来说很方便</td></tr>
</table>

单击工具栏【Tools】选项卡下的图标，可以给零件添加文字图案，也可以用二维的 DXF 图案作为文字图案。添加文字图案时，零件必须平放，这样文字图案才能投影到零件上。

单击工具栏【Tools】选项卡下的图标，可以切割零件或在零件上打孔（例如，零件太大无法加工，可以将零件切割为两部分，分别进行加工）。切割方式有四种，见表 5-12。

表 5-12　切割方式

切割方式	多段线切割	圆形切割
图示	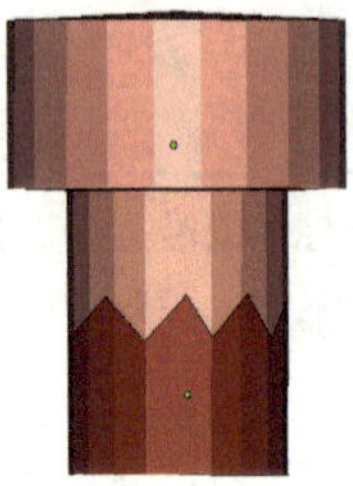	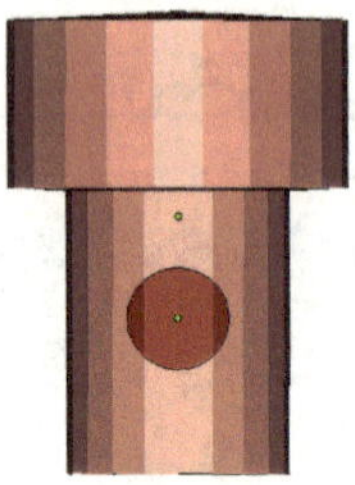
说明	按照用户定义的多段线对零件进行切割	圆形切割用于在零件上进行打孔，打孔的方向取决于零件的视图方位
切割方式	齿形切割	剖面切割
图示	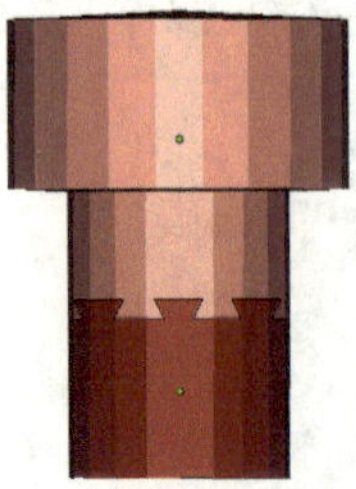	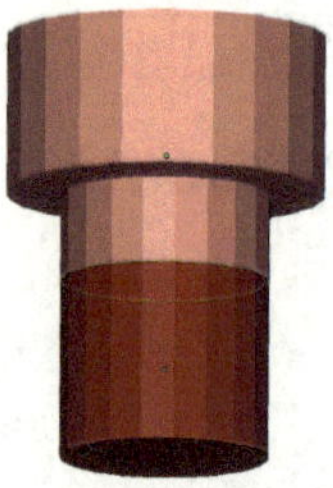
说明	用户只需要定义两个点即可完成零件的切割，切割面为齿形，有三种不同的齿形（三角、矩形、线锯型）	多个剖切一次完成（只有可见部分才能进行切割）

单击工具栏【Tools】选项卡下的图标，可以创建横穿零件的孔，这个功能在处理镂空

零件时非常有用。默认情况下【Keep subtracted parts】复选框未勾选，此时创建的穿孔部分将丢失，如果用户要保存穿孔部分，则必须勾选此复选框。

单击工具栏【Tools】选项卡下图标，可以对零件进行镂空。镂空功能用于创建具有两个壳的镂空零件，代替重量过大的实体零件，这样可以节省材料和加工时间。在镂空中，零件会产生内外两个壳，内壳会包含大量的三角面片，用户可以通过在镂空对话框的高级选项中设置相关参数，以减少三角面片的数量。

STL 格式常见错误见表 5-13。

表 5-13 STL 格式常见错误

错 误 名 称	描 述
1. 法向量反向 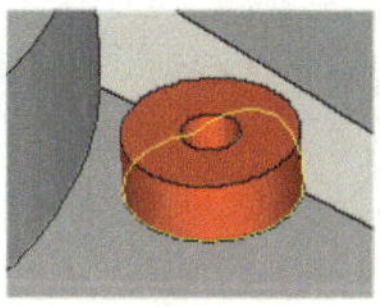	在 STL 格式中，法向量用于标示三角面片的方向。当法向量方向相反时，这个错误称为法向量反向
2. 错误边界 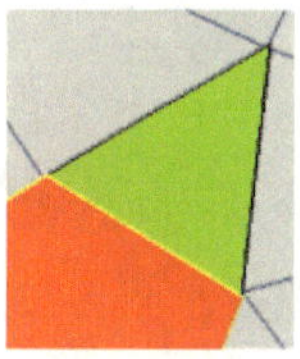	在 STL 格式中，每一个三角面片与周围的三角面片都应该保持良好的连接。如果某个连接处出了问题，这个边界称为错误边界，并用黄线标示，一组错误边界构成错误轮廓
3. 洞 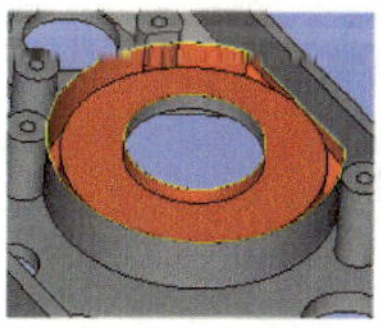	整体中一部分三角面片缺失，这种错误称为“洞”
4. 多重面片 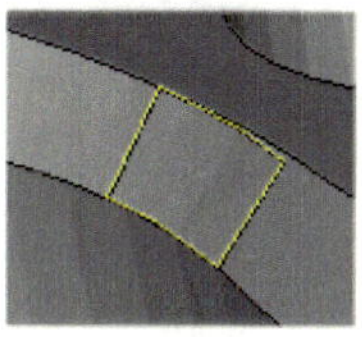	在 STL 格式中，一些三角面片会搭接在另一些三角面片上，这些三角面片可以用“重叠面”修复工具进行修复
5. 重叠壳 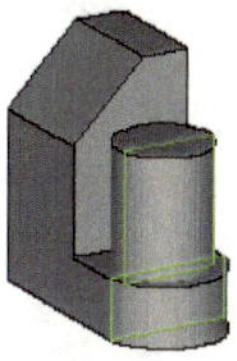	每一个壳体由一组三角面片组成，正常情况下，每个零件由一个壳体组成，因为零件上的每个三角面片都与其他面片连接

续表

错 误 名 称	描　述
6. 未修剪三角面片 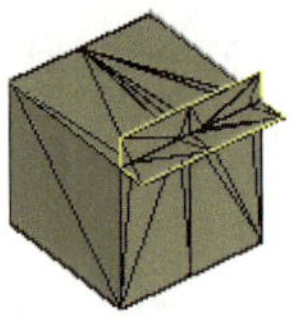	在某些情况下，表面没有修剪好，会出现过长或交叉的现象。利用 Magics 软件的工具可以很容易修复这种错误

8. 手动加支撑

（1）导入 STL 文件，放置在默认位置，执行修复向导，完成模型修复。如图 5-36 所示。

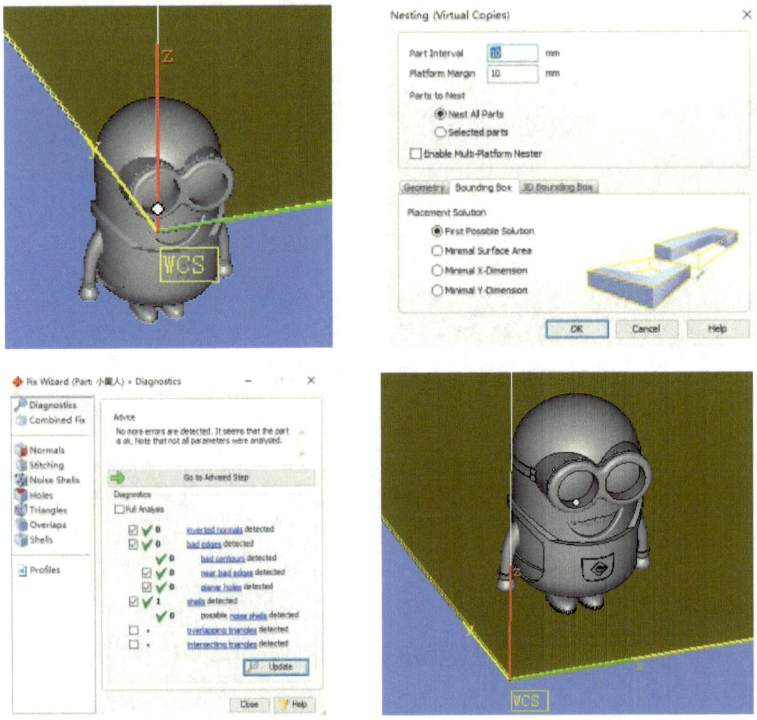

图 5-36　导入零件→放置默认位置→修复模型

（2）单击【Support Generation】选项卡下的图标，进入手动加支撑界面。利用三角面片标记功能标记出模型的每一个最低点附近的三角面片，如图 5-37 所示。

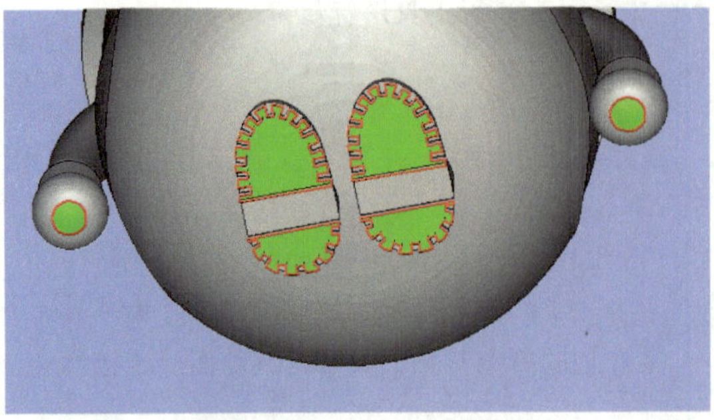

图 5-37　标记模型最低点附近的三角面片

（3）单击【Support Generation】选项卡下的图标，单击【Support Paramenters Pages】页面中的【2D Edit】按钮，进入如图 5-38 所示的绘制支撑界面。

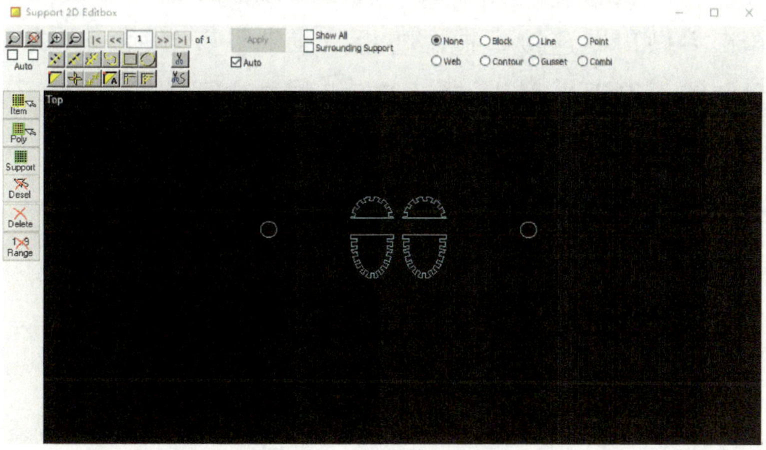

图 5-38　绘制支撑界面

（4）使用合适的工具在最低点范围内绘制支撑线，如图 5-39 所示。按【ESC】键退出绘图界面。

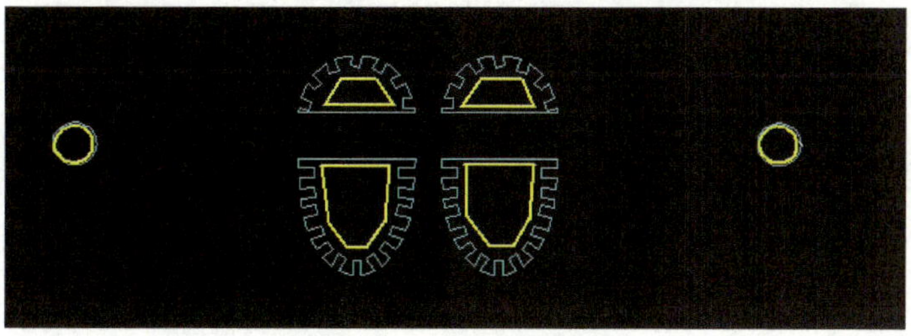

图 5-39　绘制支撑线

（5）参照自动支撑部分操作，单击【File】→【Export Support】菜单命令，保存支撑文件，单击【File】→【Exit SG Module】菜单命令退出支撑模块，单独选择支撑面后单击【Tools】→【Offset Part】菜单命令，建立 0.6mm 厚的体，单击【Tools】→【Boolean】菜单命令，将模型和支撑合成为一个整体。最终效果如图 5-40 所示。

图 5-40　支撑添加完毕

【课后练习】

通过学习我们可以制作一些 3D 打印的产品了，做些什么呢？前一段时间在网上看到敬业的医护人员用纸箱提手做口罩连接耳挂，防止口罩带子直接勒耳，减轻长时间佩戴口罩造成的不适感。那么我们能不能用光固化 3D 打印机制作口罩连接耳挂，去送给我们的白衣天使呢？

设计并制作口罩连接耳挂。

项目六

三维扫描及后处理

任务一 三维扫描仪简介

1. 什么是三维扫描仪

三维扫描仪（3D scanner）是一种科学仪器，用来侦测并分析现实世界中物体或环境的形状（几何构造）与外观数据（如颜色、表面反照率等）。搜集到的数据常用于进行三维重建计算，在虚拟世界中创建实际物体的数字模型。这些模型具有相当广泛的用途，在工业设计、瑕疵检测、逆向工程、机器人导引、地貌测量、医学信息、生物信息、刑事鉴定、数字文物典藏、电影制片、游戏创作素材中都可见其应用。

三维扫描仪分类为接触式（contact）与非接触式（non-contact）两种，非接触式三维扫描又可分为主动扫描（active）与被动扫描（passive），这些分类下又细分出众多不同的技术方法。例如，使用可见光视频达成重建的方法，又称为基于机器视觉（vision-based）的方法，是现今机器视觉研究的主流之一。

2. 三维扫描技术分类

（1）接触式三维扫描。

接触式三维扫描仪通过实际触碰物体表面的方式计算深度，如坐标测量机（Coordinate Measuring Machine，CMM）即典型的接触式三维扫描仪。此方法相当精确，常用于工程制造产业，然而因其在扫描过程中必须接触物体，待测物有遭到探针破坏损毁的可能，因此不适用于高价值对象如古文物、遗迹等的重建作业。此外，相较于其他方法，接触式扫描需要较长的时间，目前最快的坐标测量机每秒能完成数百次测量，而光学技术如激光扫描仪运行频率则高达每秒一万至五百万次。

（2）非接触主动式三维扫描。

非接触主动式扫描是指将额外的能量投射至物体，借助能量的反射来计算三维空间信息。常见的投射能量有一般的可见光、高能光束、超音波与X射线。非接触主动式三维扫描方法的主要分类有：时差测距法（Time-of-Flight）、三角测距法（Triangulation）、手持激光法（Handhold Laser）、结构光源法（Structured Lighting）、调变光法（Modulated Lighting）等。

（3）非接触被动式三维扫描。

非接触被动式扫描仪本身并不发射任何辐射线（如激光），而是以测量由待测物表面反射周遭辐射线的方法，达到预期的效果。由于环境中的可见光辐射是相当容易获取并利用的，大部分这类型的扫描仪以侦测环境的可见光为主。相对于可见光的其他辐射线，如红外线，也可应用于非接触被动式三维扫描。在大部分情况下，被动式扫描并不需要规格特殊的硬件支持，因此这类产品往往比较便宜。非接触被动式三维扫描方法的主要分类有：立体视觉法（Stereoscopic）、色度成型法（Shape from Shading）、立体光学法（Photometric Stereo）等。

任务二 扫描及后处理

扫描仪的工作原理：把物体表面形状捕捉成点云（point cloud）数据，这些点可用来插补成物体的表面形状，越密集的点云可以创建更精确的模型（这个过程称为三维重建）。扫描仪能够取得表面颜色，可进一步在重建的表面上粘贴材质贴图，亦即所谓的材质印射（texture mapping）。

简单来说，我们可以把扫描仪类比为照相机，它们的视线范围都呈现圆锥状，信息的搜集都限定在一定的范围内。两者不同之处在于照相机所抓取的是颜色信息，而扫描仪测量的是距离。

由于扫描仪的扫描范围有限，因此常需要变换扫描仪与物体的相对位置或将物体放置于转盘（turnable table）上，经过多次的扫描以拼凑物体的完整模型。将多个片面模型集成的技术称为视频配准（image registration）或对齐（alignment），其中涉及多种三维比对（3D-matching）方法。

Go! SCAN 3D 扫描仪是 CREAFORM 出品的快速、用户友好型手持式 3D 扫描仪。作为产品开发阶段的工具，Go! SCAN 3D 扫描仪可快速测量复杂表面，无需对齐或后处理步骤，首次使用即可得到较理想的结果。该设备可与 3D 建模软件和产品生命周期管理工作流程无缝对接，将会较好地改善产品开发、促进创新、缩短上市时间。

1. 扫描仪的使用流程

1）开箱检查

检查扫描仪箱子里的东西是否齐全，包括扫描仪、电源、数据线、标志点及转台等。如图 6-1 所示。

图 6-1　扫描仪

2）连接计算机与扫描仪

设备的数据线有三个接口，USB 接口（连接计算机用）；扫描仪接口（圆形快拆接口，连接扫描仪用）；电源接口（计算机 USB 不能满足设备用电，给扫描仪提供额外供电）。

（1）首先把扫描仪的电源接口接入电源（扫描仪连接计算机前应提前接入电源）。如图 6-2、图 6-3 所示。

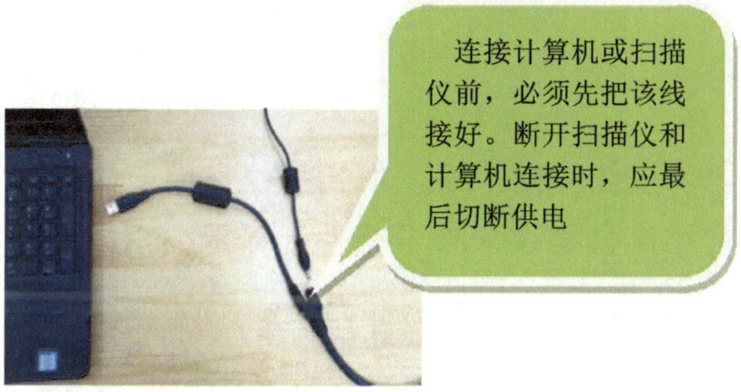

图 6-2　数据线及电源线

图 6-3　扫描仪接线

（2）然后把数据线的另外两个接口分别连接扫描仪和计算机。物理连接完成后，单击桌面上的 VXelements 图标启动软件，如图 6-4 所示。

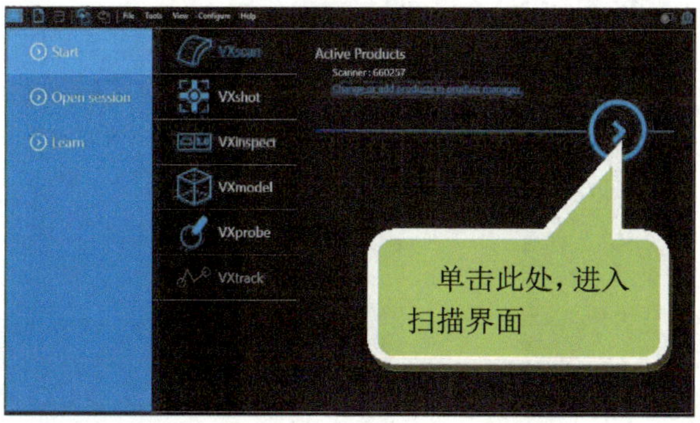

图 6-4　软件启动画面

（3）使用完毕断开各个接口时，应最后断开电源接口。

3）扫描仪标定

机器视觉测量中，被测物体表面的点的三维几何位置与其成像中对应点之间的相互关系是由相机成像的几何模型所决定的，模型参数就是相机参数，通常确定这些参数的过程就被称为相机标定。简单来讲，在首次使用扫描仪之前、重新组装扫描仪之后、扫描仪的存放温度发生明显变化时（扫描仪的存放温度应在 10～40℃之间）、扫描仪经受强烈的震动之后都需要进行标定。扫描仪在使用过程中，标定周期应小于两周。

（1）取出标定板（见图 6-5），将标定板放置在桌面上（标定板要保证清洁并放置在不易跌落的位置）。

图 6–5　扫描仪标定板

（2）在软件中单击扫描仪校准图标后，手持扫描仪，按住扫描按钮，使扫描仪发出的白光垂直落在标定板上，保持扫描仪和标定板垂直，慢慢抬高扫描仪，直至软件上显示扫描仪标定完成。如图 6-6 所示。

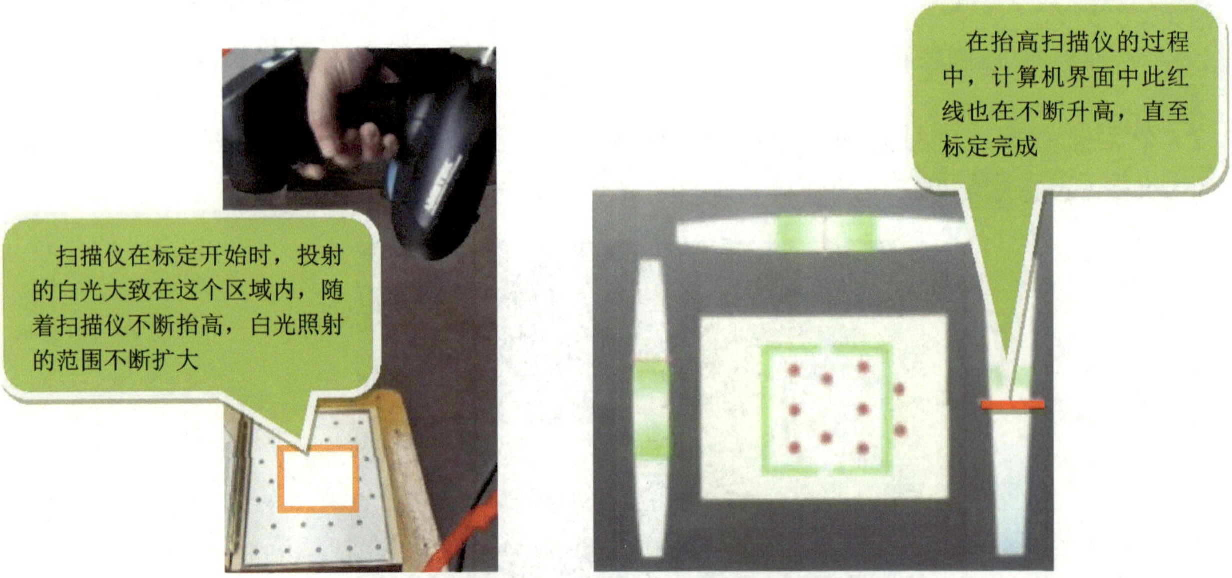

图 6–6　扫描仪校准

4）扫描过程

（1）在扫描开始前，可以直接单击【扫描】图标后进行扫描（软件给出的默认参数已经过优化），也可以预先对扫描参数进行一定的设置，设置的参数及含义如图 6-7 所示。

图 6-7　扫描参数

如果在扫描过程当中发现焦距容易丢失（不容易扫描），那么我们可以在容易丢失焦距的附近，贴一些标志点（见图 6-8）来帮助设备对焦（当扫描对象特征变化不明显或对称特征比较多的情况下容易丢失焦距）。

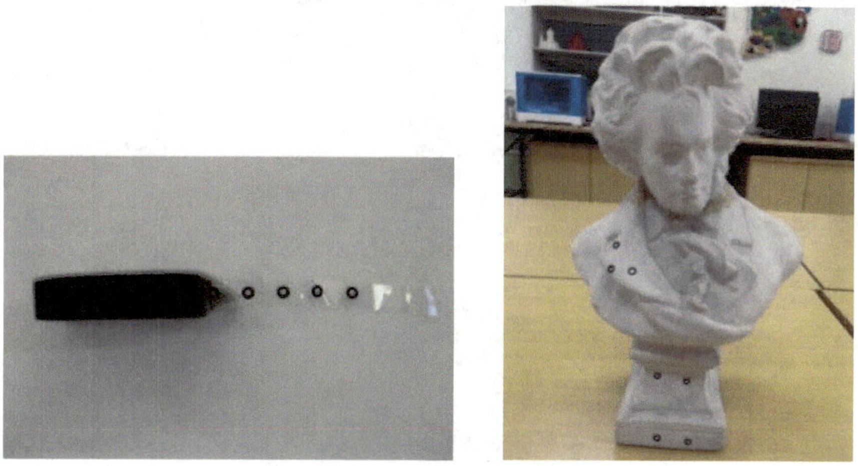

图 6-8　模型贴标志点

将被扫描模型贝多芬石膏头像置于转台的中间位置，按下扫描按钮，调整扫描仪与被扫描物体之间的距离来找到焦距，如图 6-9 所示。在软件界面也会相应显示扫描仪相对于被扫描物体之间的距离是否合适，如图 6-10～图 6-12 所示。

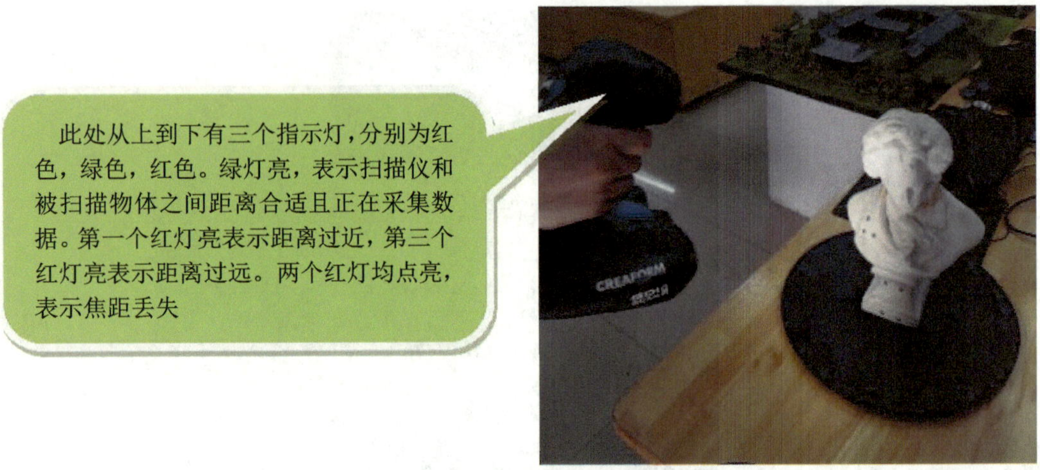

图 6-9　调整扫描距离

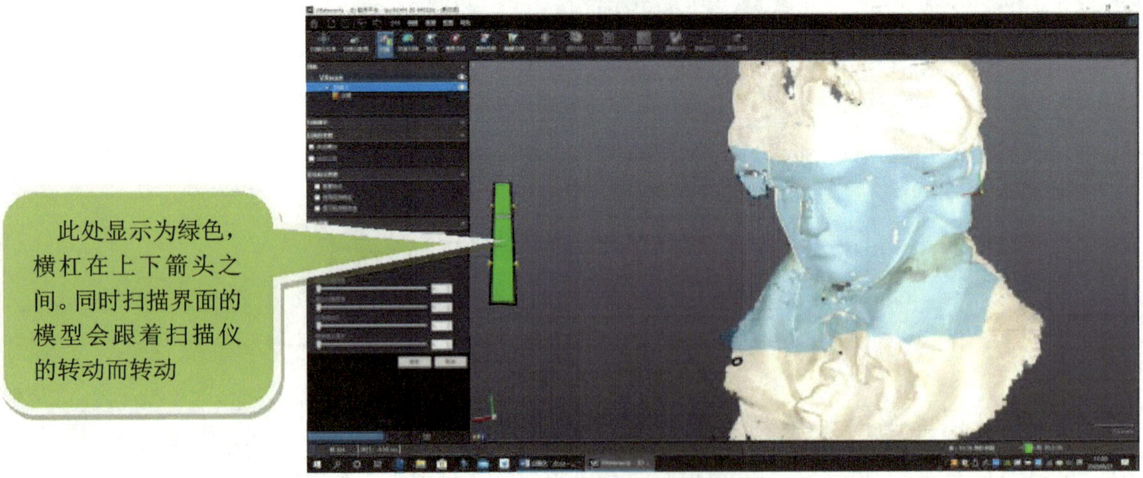

图 6-10　扫描距离适合

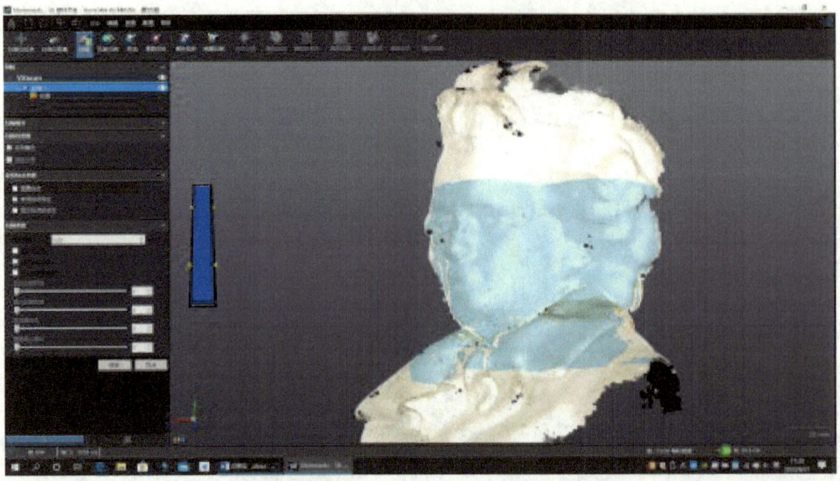

图 6-11　扫描距离太远

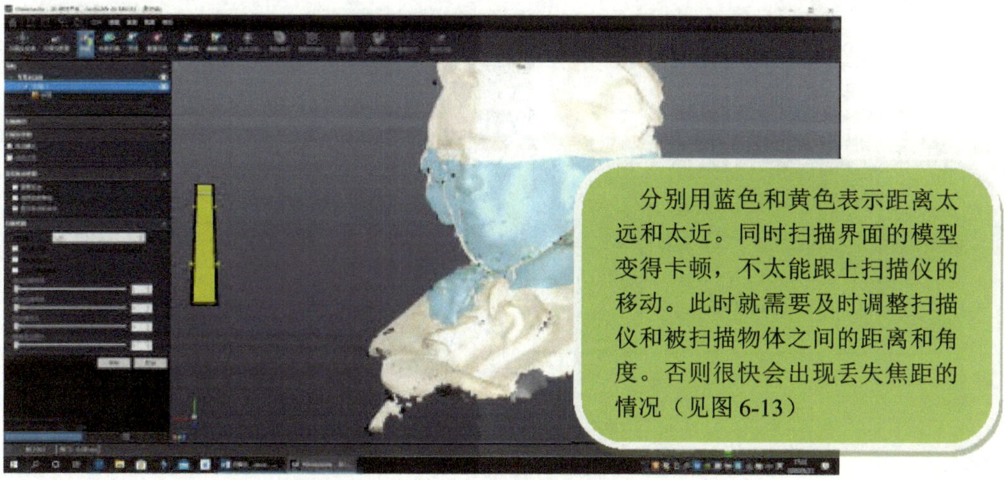

图 6–12　扫描距离太近

（2）恢复扫描。

在扫描过程中如果焦距丢失（见图 6-13），则松开扫描按钮，准备恢复扫描。如果长时间强行扫描，会产生重叠面，此次扫描会失败。

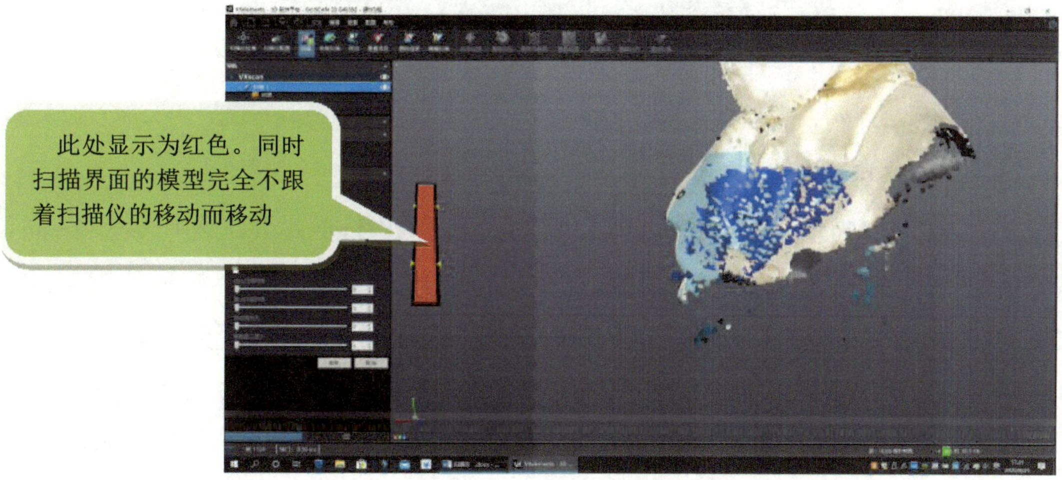

图 6–13　焦距丢失

单击【恢复扫描】图标，把鼠标放在模型上特征比较丰富和明显的地方（此时鼠标周围会显示绿色方框，表示软件认可从该部分进行继续扫描，否则显示红色，无法从该处恢复扫描），单击鼠标左键。将转台上的模型转到与软件界面上模型大致对应的位置。按下扫描仪上的扫描按键，寻找焦距，直到能够继续进行扫描。如图 6-14 所示。

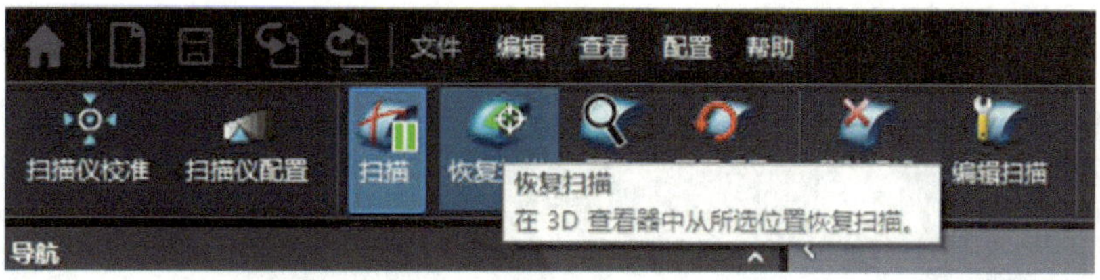

图 6–14　恢复扫描

图 6-14　恢复扫描（续）

（3）重置项目。

如果无法恢复扫描，或者希望重新开始扫描，则单击软件上的【重置项目】图标，可以重新开始扫描，如图 6-15 所示。

图 6-15　重置项目

（4）扫描过程注意事项。

在扫描过程中，扫描仪与被扫描物体之间的距离变化不要太大（随时观察扫描仪上的指示灯或软件界面的距离指示条并进行调整），然后转动转台进行扫描。扫描仪整体要与被扫描面保持大致垂直的角度，这样不易丢失焦距。白光扫描仪容易被环境光所影响，所以整体环境光不宜太亮或存在比较突出的光源，扫描过程最好在室内完成，否则不容易找到焦距。如果发现焦距丢失，那么保持扫描仪和被扫描物体不动，轻微调整扫描角度和前后位置，大概率可以找回丢失的焦距。仔细观察计算机界面的扫描物体，补扫没有扫描到的位置，尽量扫描出完整的数据。

（5）完成扫描及数据导出。

在观察扫描数据比较完整后，在软件中再次单击【扫描】图标，就可以完成扫描。如图 6-16 所示。观察扫描结果，主要特征部分完整即可以认为扫描成功（见图 6-17），否则单击【扫描】图标，继续扫描。

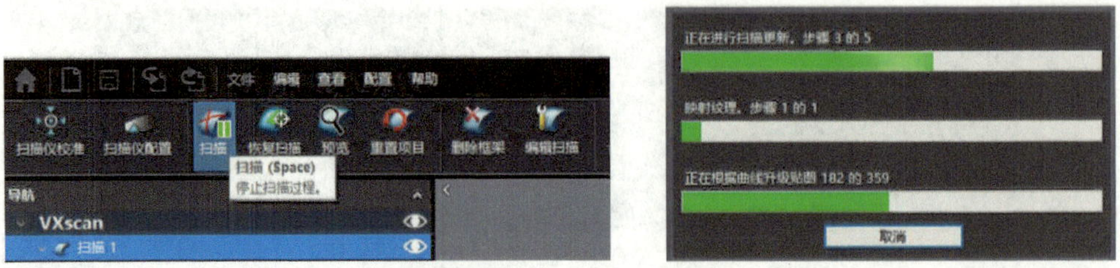

图 6-16　扫描完成

在软件中单击【文件】→【Export】→【导入网格】菜单命令，可以导出扫描数据（数据、纹理等信息）。在 3D 打印时，导出 STL 文件或 OBJ 文件即可，如图 6-18 所示。

图 6–17　得到比较完整的数据

（除底座一角略有明显缺失）

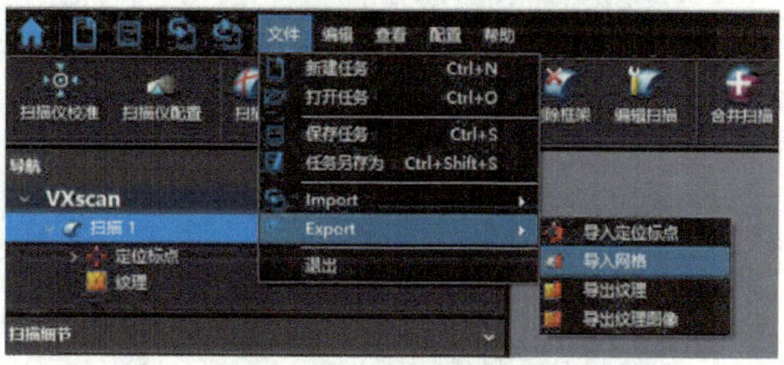

图 6–18　导出数据

5）整理扫描仪

扫描结束后，关闭 VX 软件，从计算机上移除设备，断开计算机 USB 连接，断开扫描仪和数据线的连接，断开扫描仪电源。收拾数据线时请勿将数据线压折，关闭手提箱时要放置夹住或损坏设备及线缆。收拾完成后请妥善保存（见图 6-19）。

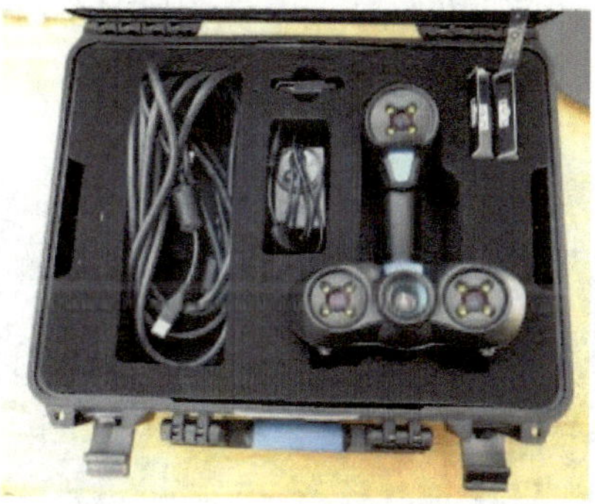

图 6–19　扫描仪装箱

2. ZBrush 软件处理数据

Pixologic 公司的 ZBrush®软件一款专业的数字雕刻、绘画软件、3D 设计软件，它的强大功能可以让你在实时环境中使用可自定义的画笔来对虚拟粘土进行造型、纹理化和绘制。自 1999 年诞生以来，已经成为二维或三维数字建模世界革新速度最快的领跑者。它也是越来越多的网络公司、艺术家、设计师、建模师、插画师、2D/3D 整合爱好者工作流程当中的关键元素。ZBrush 软件的已广泛应用于电影特效制作、视频游戏设计、插画设计、广告特效制作、3D 打印、科学可视化、珠宝设计、汽车设计等领域。

扫描完成的数据总会有不完整的地方（见图 6-20），使用 ZBrush 软件可以对扫描出的数字模型进行简单修复。

图 6-20　数字模型的一些缺陷

1）简单修复过程

（1）打开 ZBrush 2021 软件，关闭灯箱，单击初始化 Zbrush 图标，准备修复模型。软件界面如图 6-21 所示。

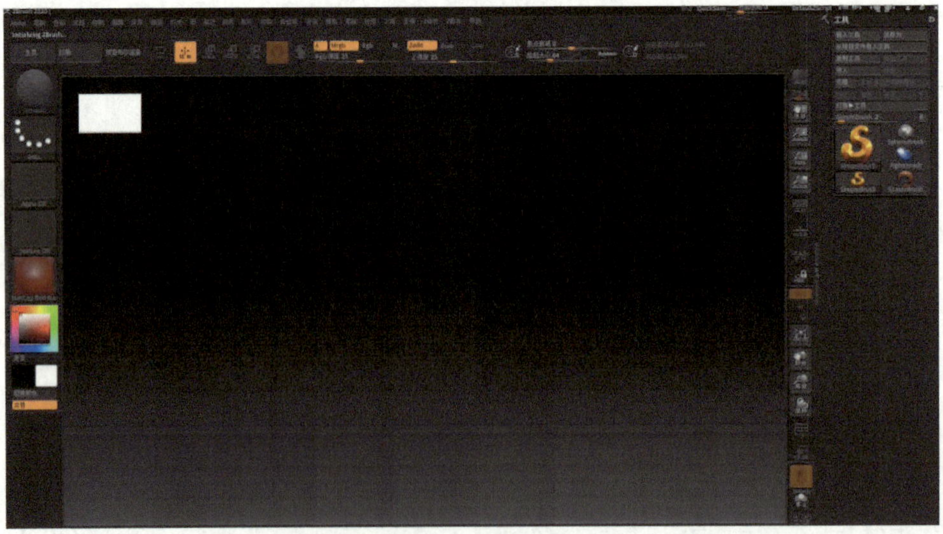

图 6-21　软件界面

（2）单击【工具】→【导入】菜单命令，打开“贝多芬.obj”文件，用鼠标左键在画布上从上向下拖动，单击【编辑】图标，进入编辑状态。如图 6-22 所示。单击【工具】→【子工具】→【创建副本】菜单命令，创建模型副本，如图 6-23 所示。

图 6-22　编辑状态

（3）单击【工具】→【几何体编辑】→【修改拓扑】菜单命令，在弹出的【子工具】对话框中，单击【封闭孔洞】按钮，如图 6-24 所示。如果扫描数据足够好，则修复结束，模型可以用于打印。

图 6-23　创建副本

图 6-24　封闭孔洞

2）相关其他操作

（1）平滑模型中的缺陷。

按下【Shift】键同时使用鼠标平滑模型中的缺陷，平滑强度可以调节。操作后模型上的粗糙度会变得平滑，如图 6-25 所示。

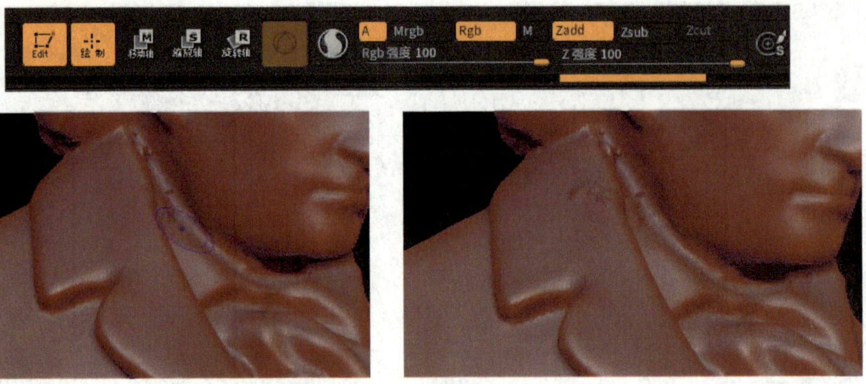

图 6-25 平滑

（2）修补缺陷（常用笔刷修补）。

使用标准笔刷工具修补原模型中的缺陷（配合平滑操作），模型变化如图 6-26 所示。

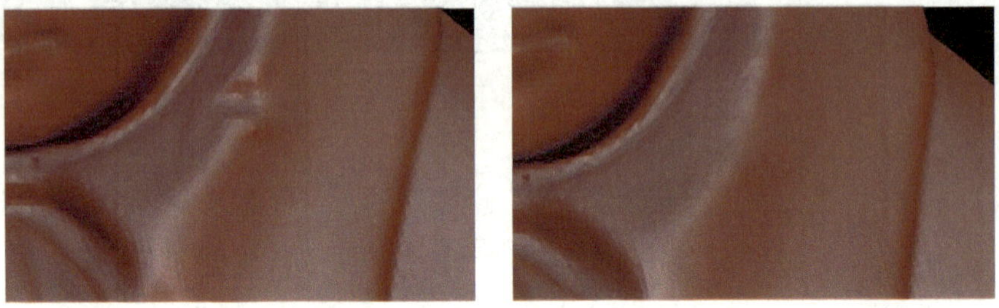

图 6-26 标准笔刷修补

使用黏土笔刷工具，配合平滑笔刷大致修补好模型缺陷，模型的变化如图 6-27 所示。

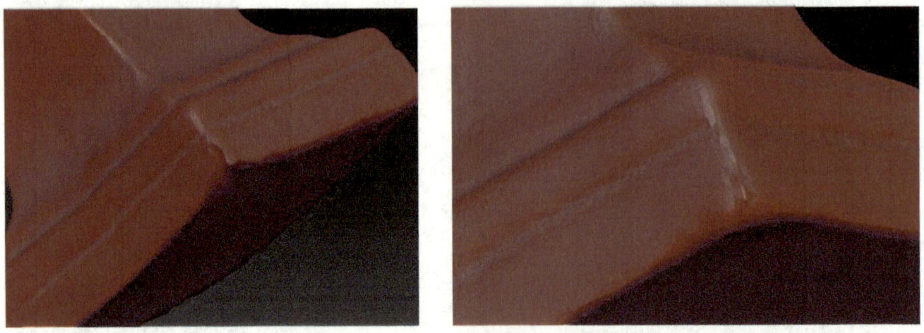

图 6-27 黏土笔刷

使用 Curve Pinch 笔刷工具，修整模型边缘，修整后模型的变化如图 6-28 所示。

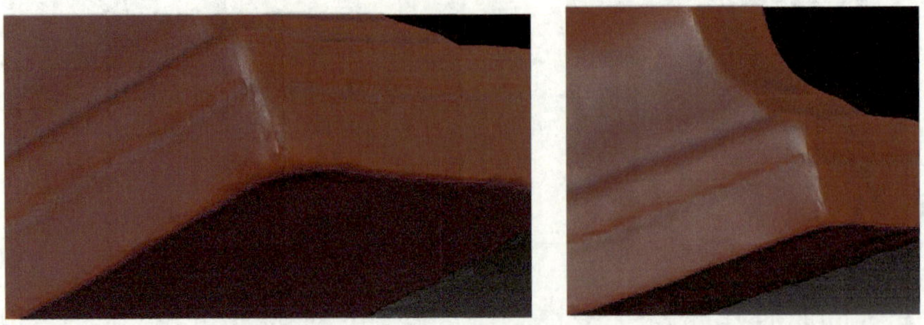

图 6-28 Curve Pinch 笔刷

（3）平滑、细分及投射功能。

单击【工具】→【子工具】→【Clay Polish】菜单命令，打磨模型外表，外表会变得光滑，但是细节会消失，如图 6-29 所示。

图 6-29　Clay Polish 命令

单击【工具】→【子工具】→【细分网格】菜单命令，模型网格数量会增加，可使后续雕刻变得更细致，如图 6-30 所示。

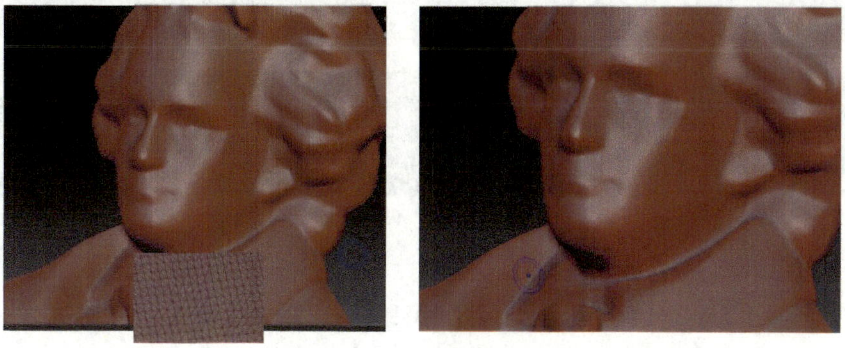

图 6-30　细分网格

选中副本，显示原文件。单击【工具】→【子工具】→【投射】→【全部投射】菜单命令，将原来模型的细节投射到副本上，投射后的模型如图 6-31 所示。此功能可以重现在平滑操作中消失的细节。

图 6-31　投射后的模型

（4）导出 STL 文件。

单击【Z 插件】→【抽取（减面）大师】→【全部预处理】菜单命令，处理模型。处理完成后单击【Z 插件】→【抽取（减面）大师】→【抽取全部】菜单命令，面数明显减少，如图 6-32 所示。

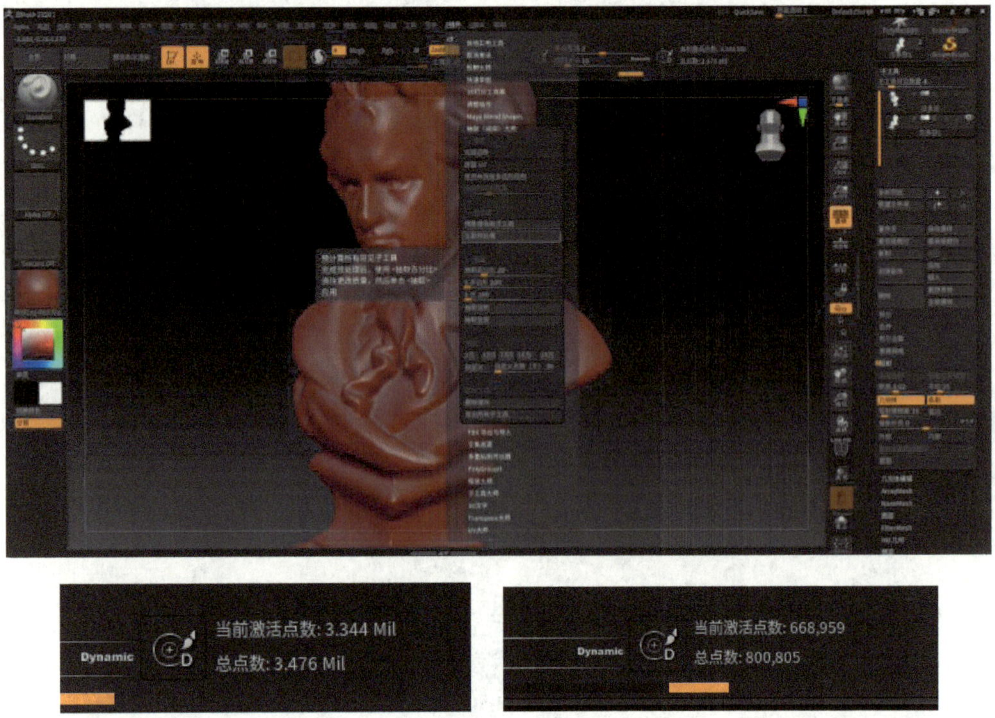

图 6-32　抽取

单击【Z 插件】→【3D 打印工具集】→【导出到 stl】菜单命令，进行文件输出，如图 6-33 所示。至此，STL 文件就可以用于打印了。

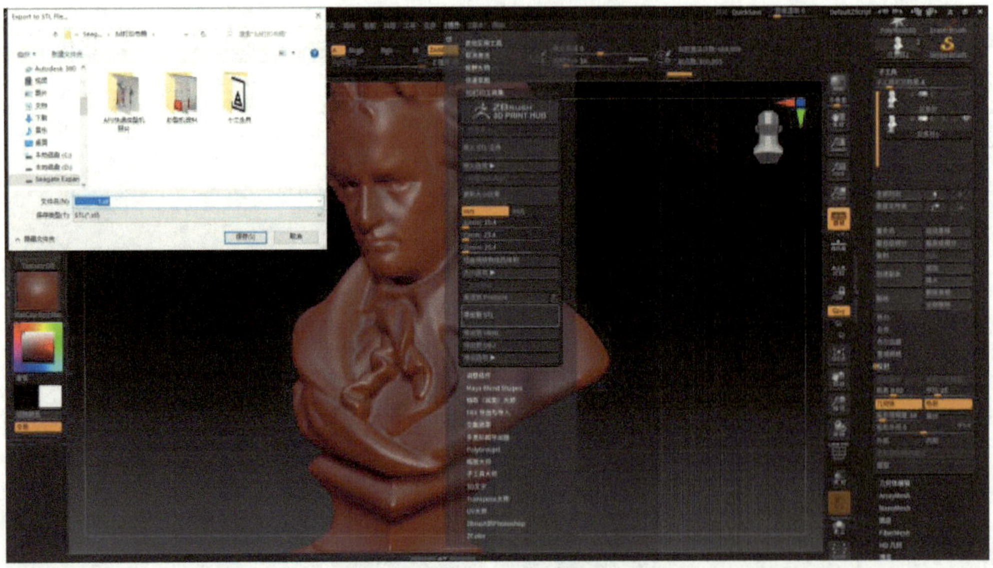

图 6-33　导出模型

【课后练习】

激光烧结3D打印机在铸造行业应用较广。我国铸造业历史悠久，约在公元前1700—前1000年已进入青铜铸件的全盛期，工艺上已达到相当高的水平。传统工艺的铸造生产，作业环境非常艰辛，铸造工很累、很苦，穿着厚厚的阻燃工作服，在近60℃高温的铸造台旁，一干就是几个小时。随着技术的进步，现在的生产条件已经得到了很大的改善，3D打印也给铸造行业带来了巨大的进步和创新。

1. 按照底座零件图（见图6-34）进行建模。
2. 设计底座的铸造模具，并生成STL格式文件。
3. 对生成的STL格式文件进行切片，并打印。

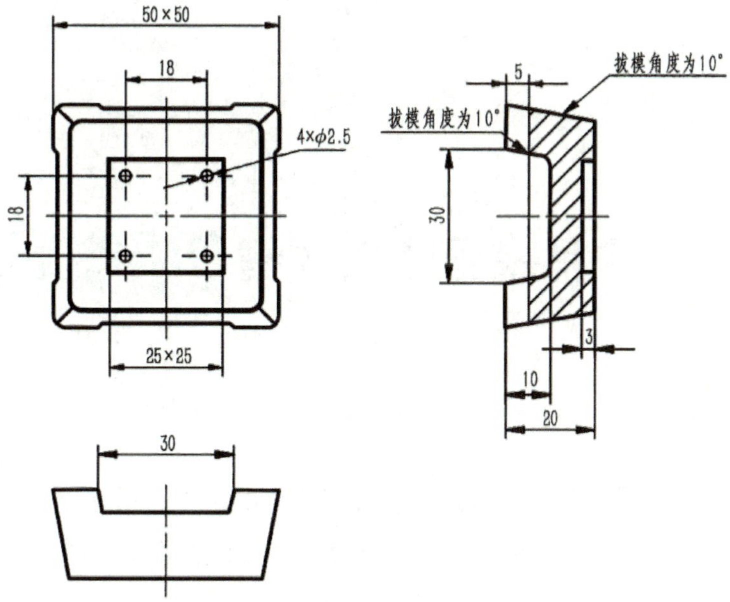

图6-34　底座零件图

项目七

三维建模应用一

任务一 十二生肖底座建模实例

1. 任务内容

十二生肖打印成品如图 7-1 所示，局部放大图如图 7-2 所示。本任务要完成十二生肖模型底座部分的建模。建模使用软件为 Siemens NX 1926 版本。本任务模型尺寸来源于对 STL 模型的测量。底座 STL 模型如图 7-3 所示。

图 7-1　十二生肖打印成品

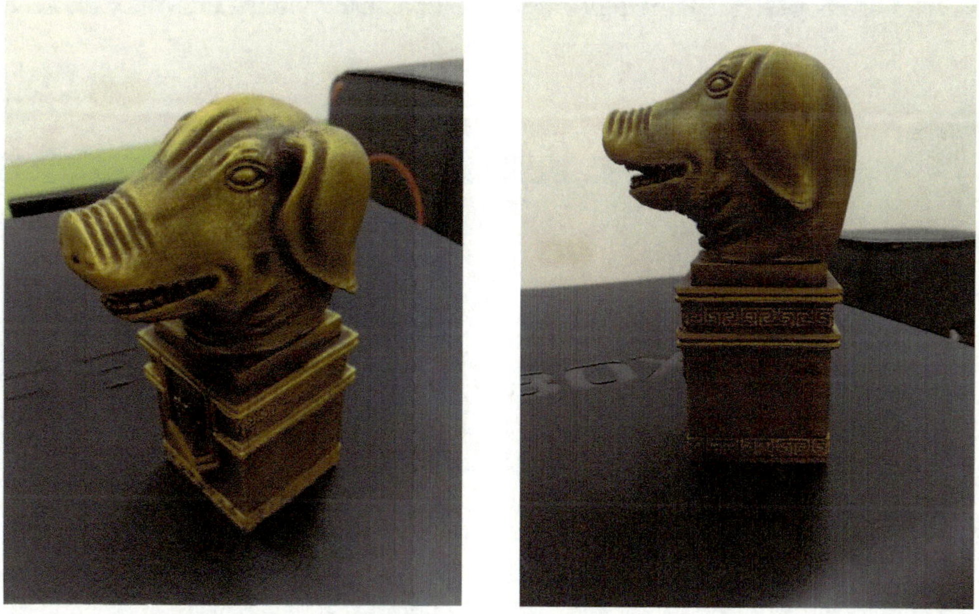

图 7-2　局部放大图

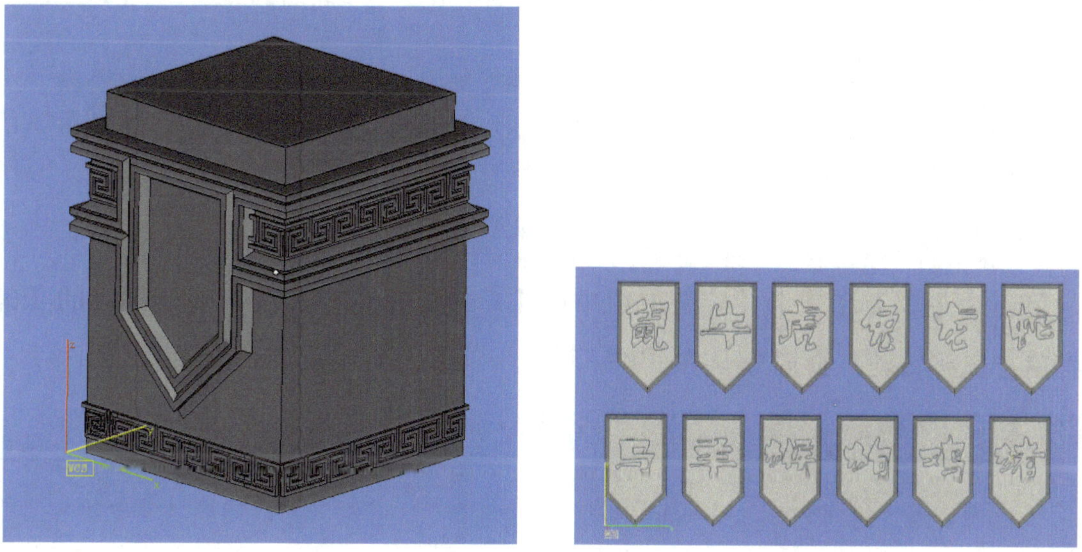

图 7-3　底座 STL 模型

2. 任务实施

本任务学习如图 7-3 所示模型底座的制作，主要使用【草图】、【拉伸】、【沿引导线扫掠】、【偏置】、【直线】、【文本】、【移动对象】、【移除参数】、【拆分体】、【阵列特征】、【倒斜角】、【减去】、【合并】等命令（本任务所提到【**】内的命令，均可通过【查找命令】（软件右上角的命令搜索框）找到；本任务默认尺寸单位为 mm）。

（1）打开 Siemens NX 软件，单击【新建】菜单，在弹出的【新建】对话框中选择【模型】选项，单击【确定】按钮，新建模型界面如图 7-4 所示。

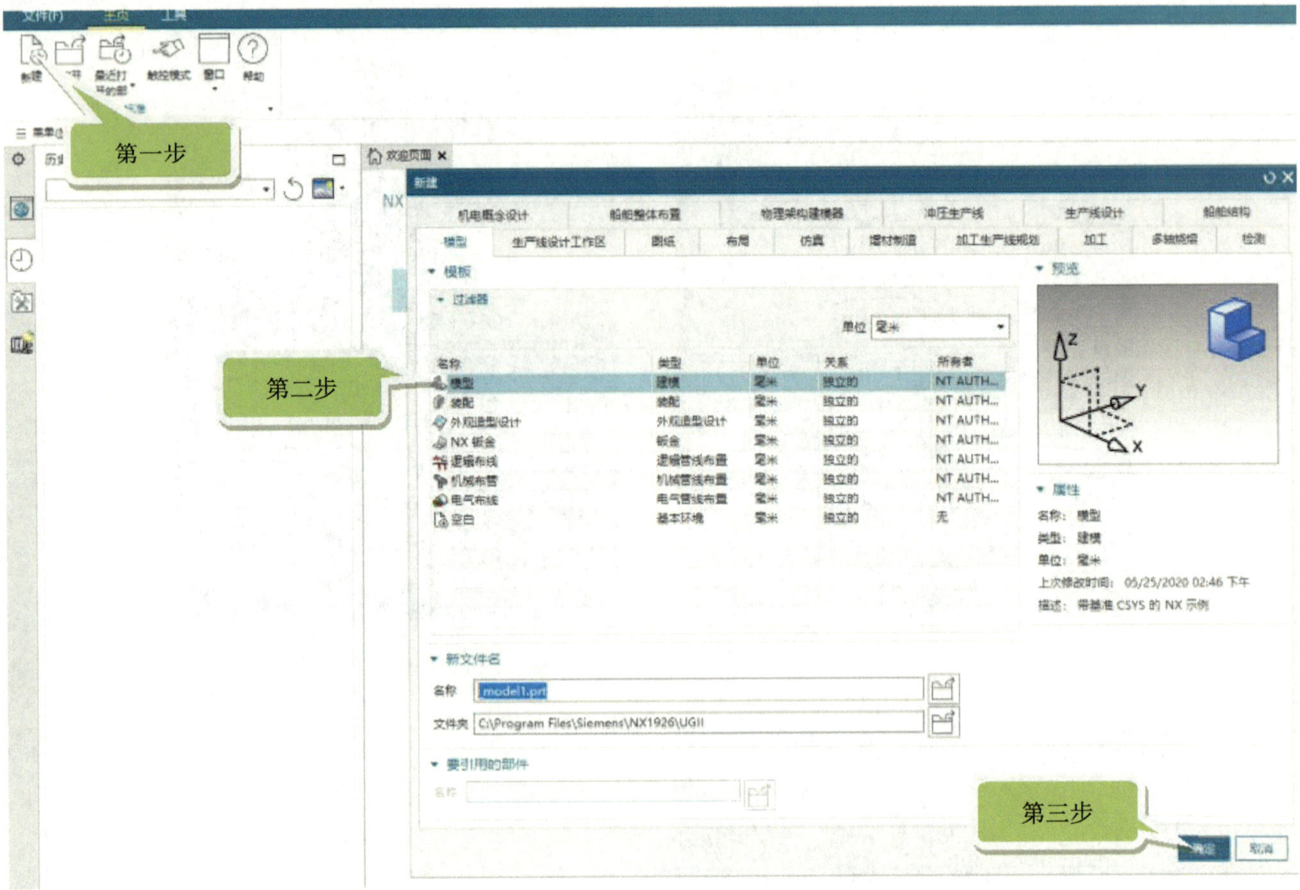

图 7-4　新建模型界面

（2）单击【主页】选项卡【构造】组中的【草图】命令，单击对话框中的【确定】按钮（或者单击鼠标滚轮，此时默认在 *XY* 平面内绘制草图），进入草图界面，如图 7-5 所示。

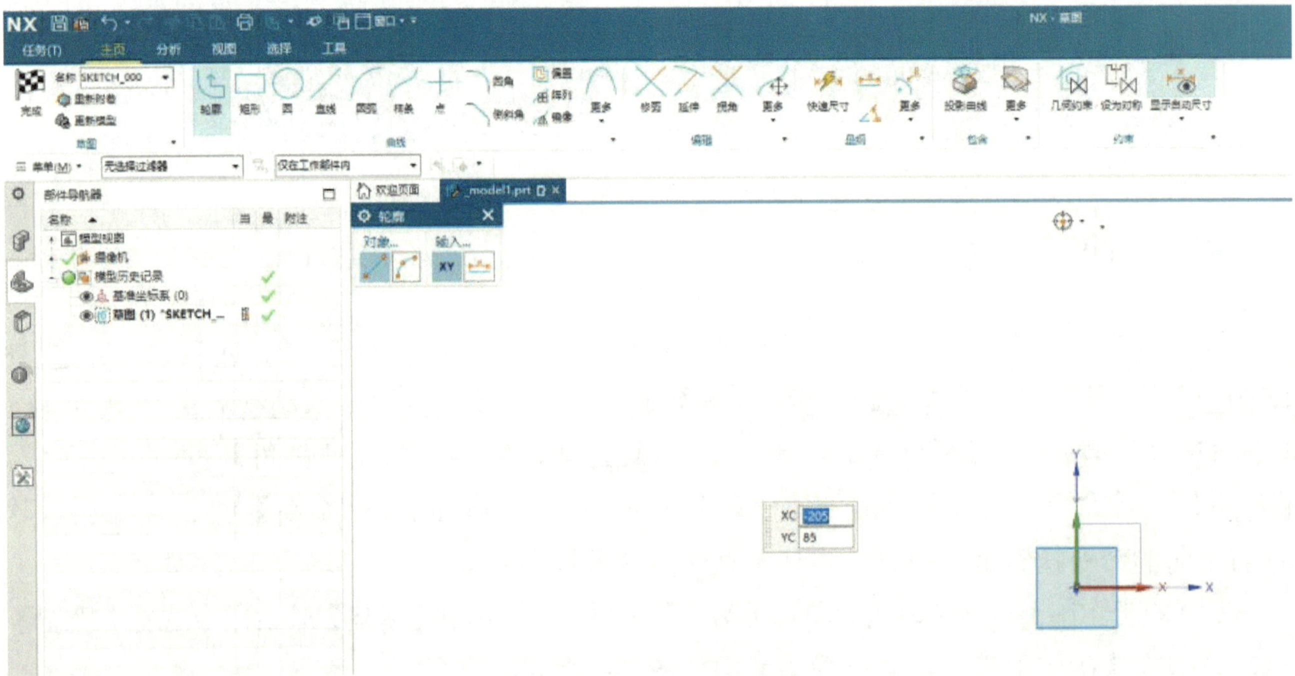

图 7-5　草图界面

（3）单击【曲线】组中的【矩形】命令，在绘图区域绘制一个矩形，如图 7-6 所示。双击矩形的长和宽尺寸，全部修改为 23，如图 7-7 所示。依次单击矩形一个边的中点和草图原点，在推断式菜单中进行水平对齐和垂直对齐，如图 7-8 所示。最终会在软件下边栏提示“草图已完全约束”。至此，草图中矩形的尺寸和位置被唯一确定在草图坐标系中（此矩形的绘制平面为 *XY* 平面，长宽分别为 23mm，矩形的几何中心与坐标系原点重合）。最后退出草图界面，回到模型界面（快捷键为【Q】）。

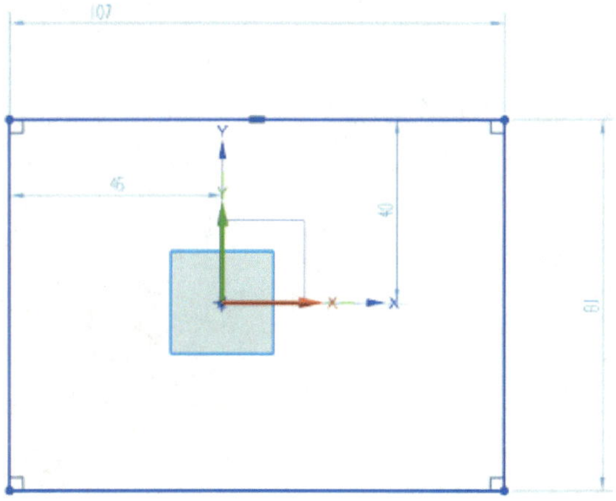

图 7-6　绘制矩形

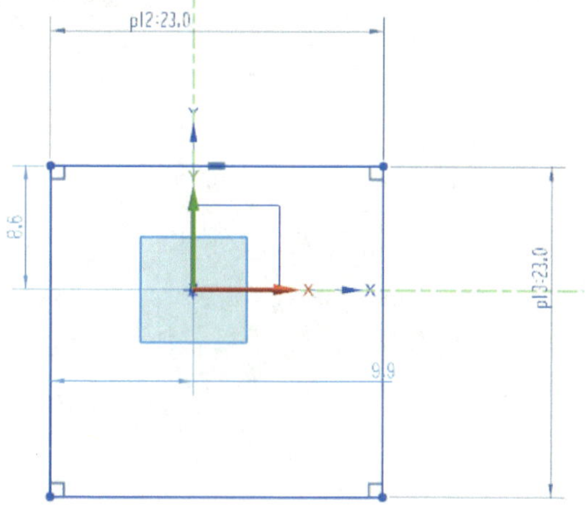

图 7-7　修改矩形的长和宽尺寸均为 23

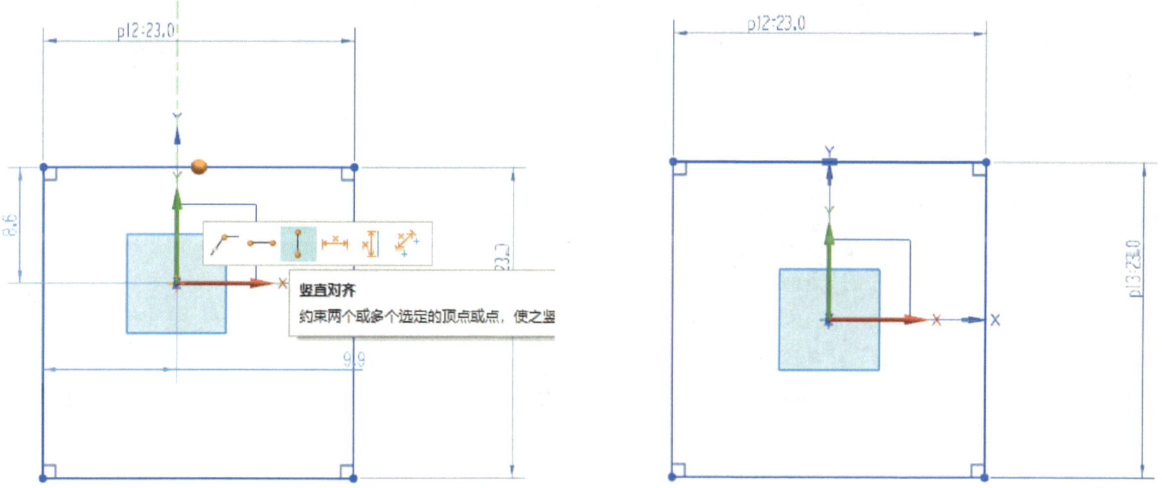

图 7-8　依次单击中点和草图原点，在推断式菜单中选择对齐命令

（4）单击【主页】选项卡【基本】组中的【拉伸】命令，弹出【拉伸】对话框如图 7-9 所示。黄色高亮部分提示现在应该做的事情是选择截面曲线，单击刚完成的草图曲线。输入距离 30，单击【确定】按钮，如图 7-10 所示。

（5）单击【草图】命令，选择矩形上表面后单击【确定】按钮。单击【曲线】组的【偏置】命令，弹出【偏置曲线】对话框，如图 7-11 所示。选择矩形外边为偏置对象，向内偏置 2mm（可单击偏置下的反向按钮调整偏置方向），如图 7-12 所示。单击【确定】按钮完成曲线绘制。此时草图为完全约束状态，因为该矩形来源于之前被完全确定好尺寸和位置的实体边界。退出草图后使用【拉伸】命令，将该矩形拉伸 3.5mm，布尔运算选择无，如图 7-13 所示。此时模型为两个独立的立方体，方便以后编辑。

图 7-9 拉伸对话框

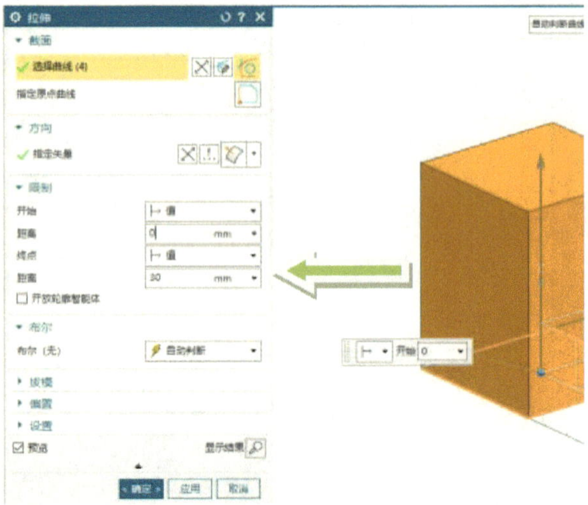

图 7-10 选择截面曲线和终点距离

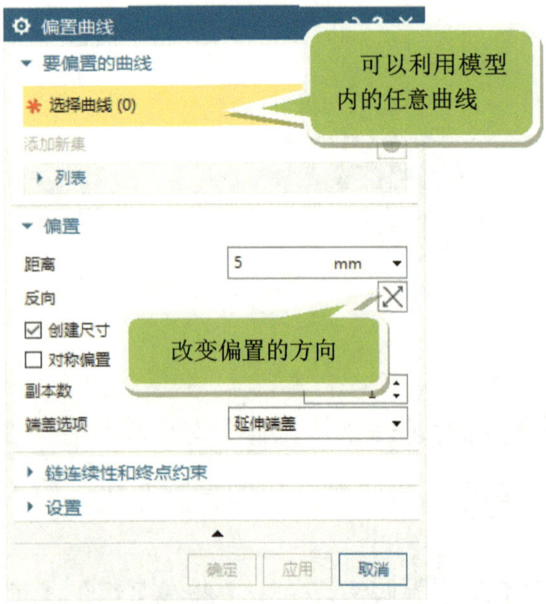

图 7-11 偏置曲线选项卡

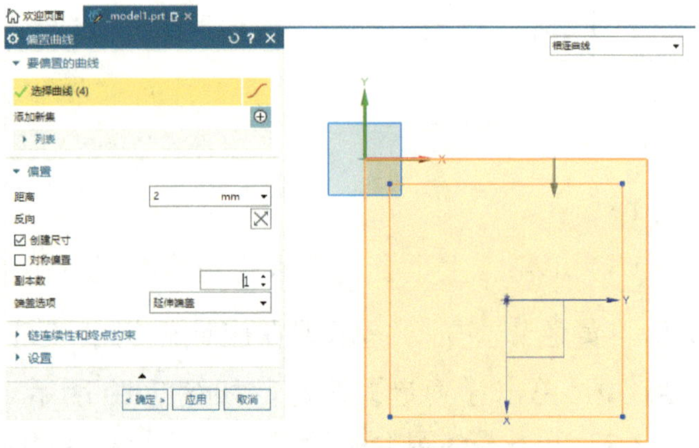

图 7-12 设置偏置曲线参数

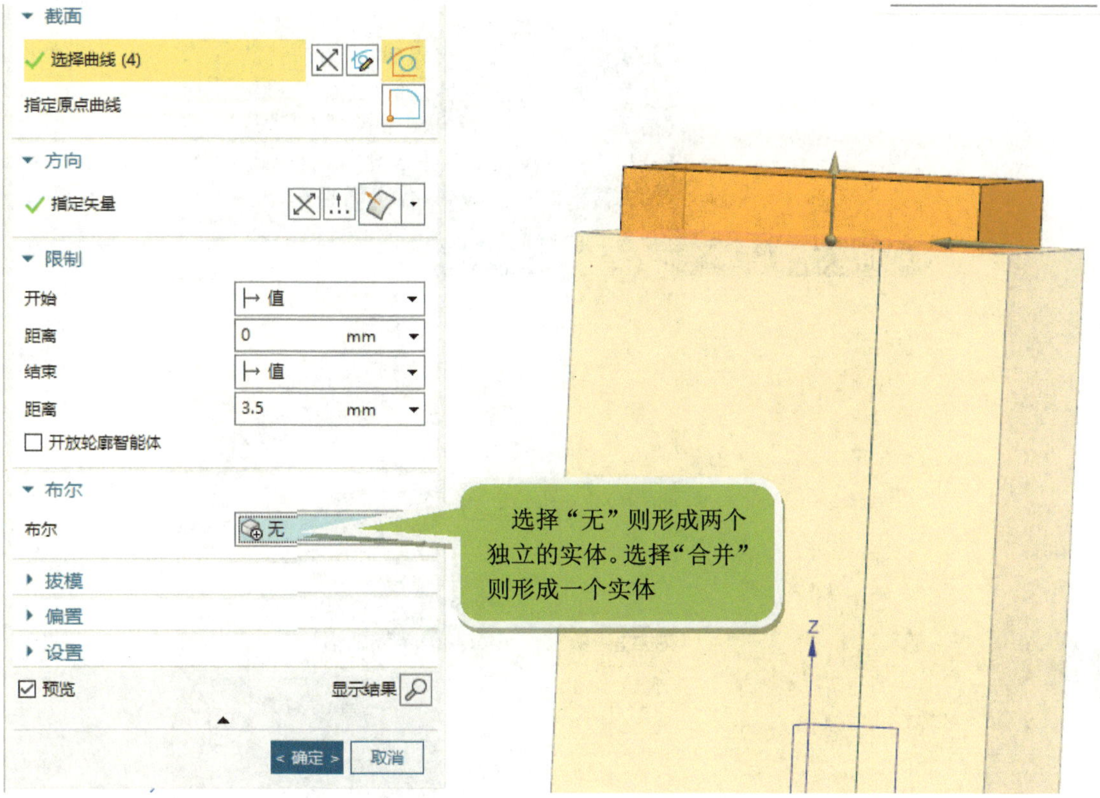

图 7–13　拉伸 3.5mm，布尔运算选择“无”

（6）在 *XZ* 平面内创建草图：单击【草图】命令，选择 *XZ* 平面后单击【确定】按钮，绘制尺寸如图 7-14 所示草图。退出草图后使用【曲线】选项卡【基本】组中的【直线】命令（不是草图中的直线命令。此直线命令可以在三维空间内绘制，【直线】对话框如图 7-15 所示），绘制空间直线，如图 7-15 所示。

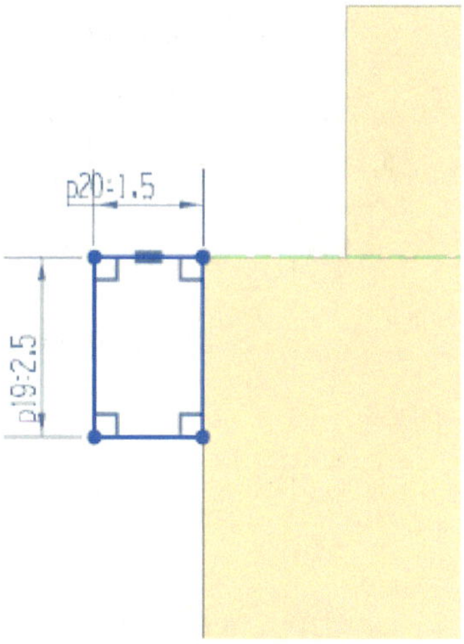

图 7–14　绘制草图

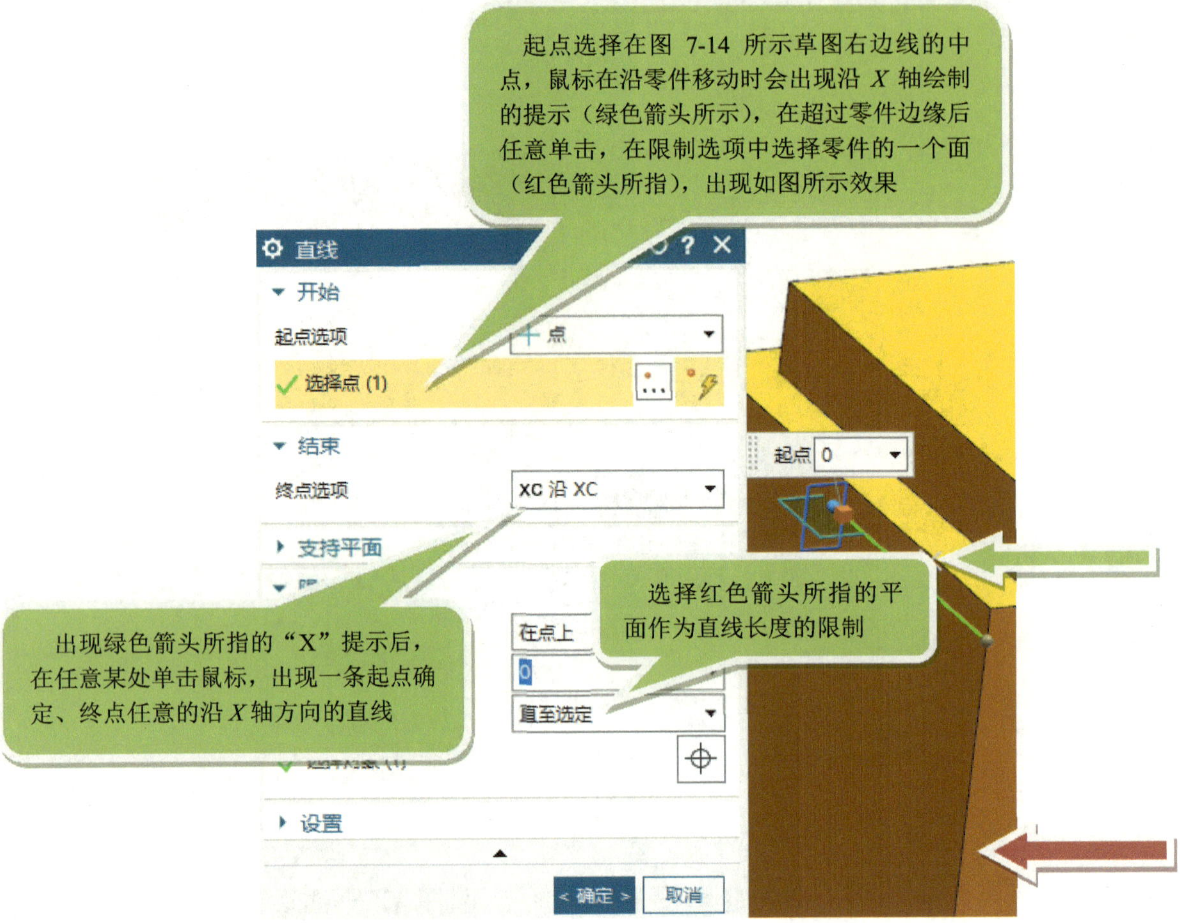

图 7–15　绘制空间直线

在实体前平面创建草图：单击【草图】命令，选择零件的前平面（如图 7-15 所示，红色箭头所指平面），单击【确定】按钮，绘制如图 7-16 所示轮廓。

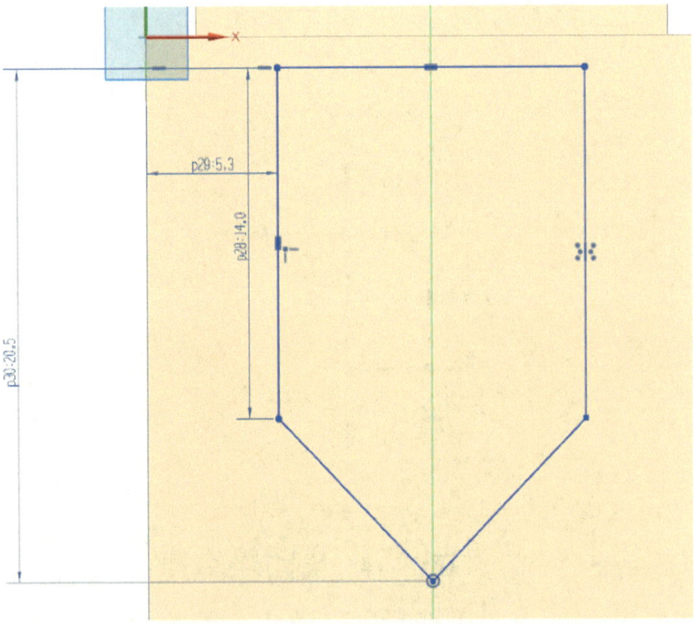

图 7–16　绘制轮廓

退出草图后使用【直线】 直线 命令绘制空间直线（围绕零件一周，绘制方法参照图 7-15 所示方法），如图 7-17 所示。

图 7-17　绘制空间直线

使用【移动对象】 移动对象 命令（快捷键为【Ctrl+T】）移动空间直线如图 7-18 所示，如果找不到该命令，可以使用软件界面右上角的【查找命令】 查找命令 来搜索。

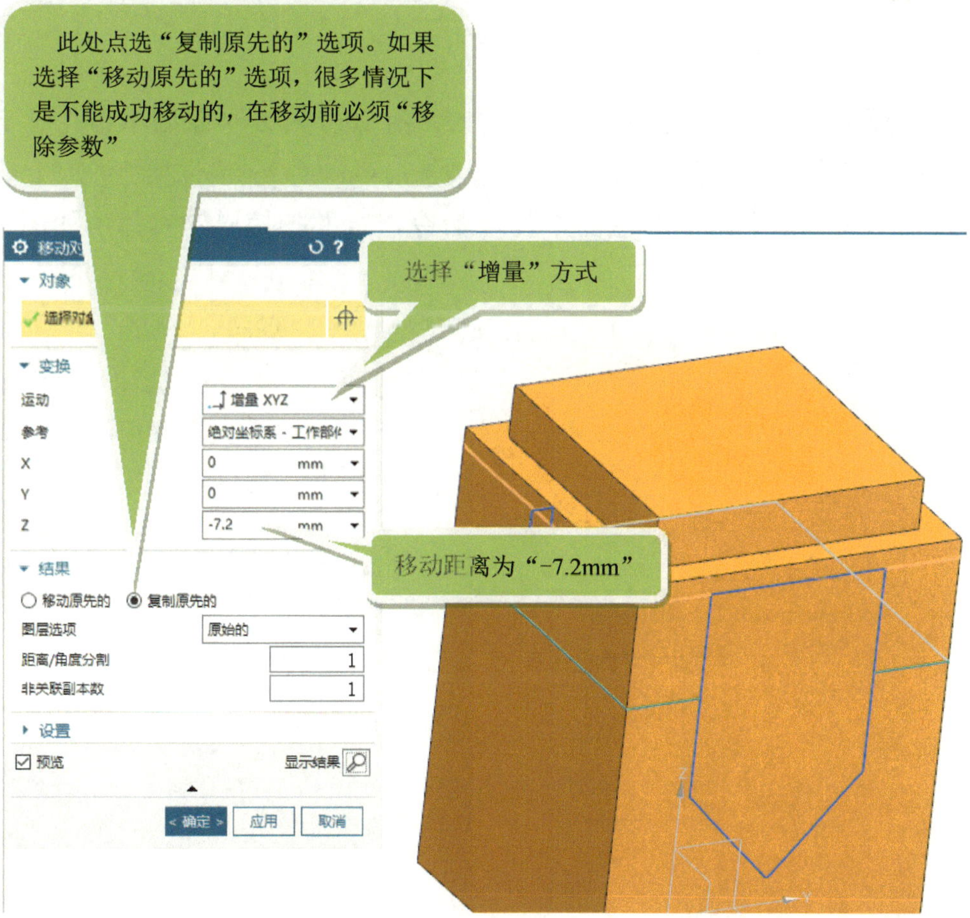

图 7-18　移动空间直线

（7）使用【曲面】选项卡【基本】组【更多】中的【沿引导线扫掠】 命令，扫掠出如图 7-19 所示结构。

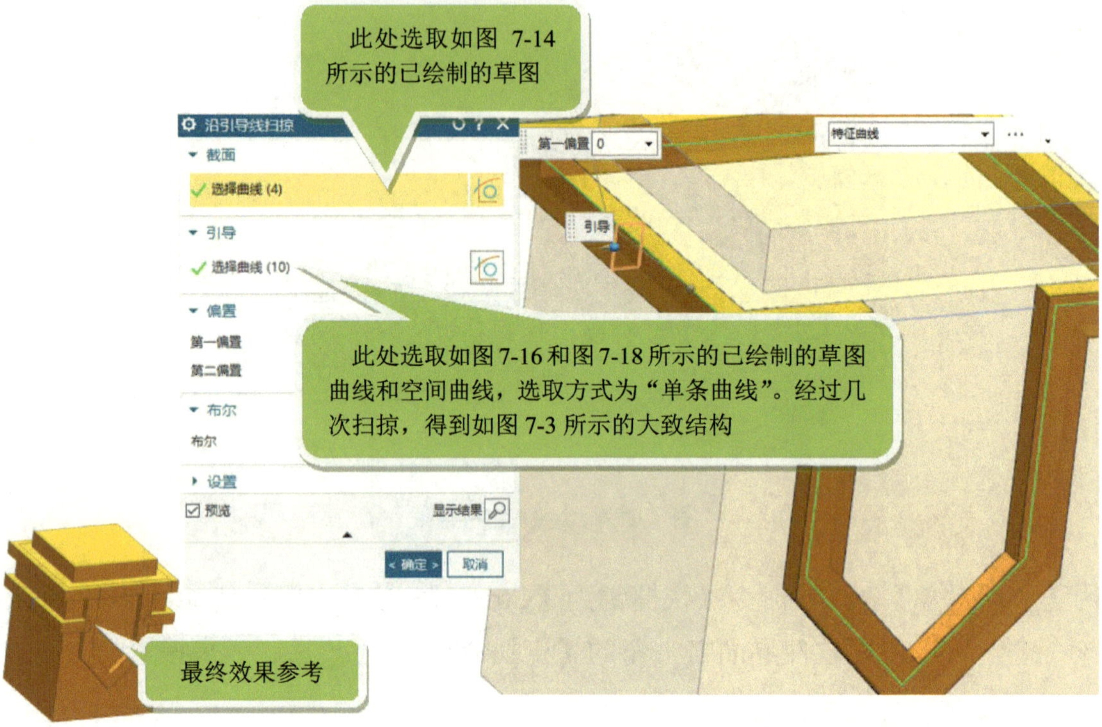

图 7-19　沿引导线扫掠

（8）在 *YZ* 平面内绘制草图：单击【草图】命令，选择 *YZ* 平面后单击【确定】按钮，绘制如图 7-20 所示草图。使用【沿引导线扫掠】 命令绘制如图 7-21 所示图形。使用【主页】选项卡【基本】组中的【合并】 命令，合并扫掠出的实体，如图 7-22 所示。

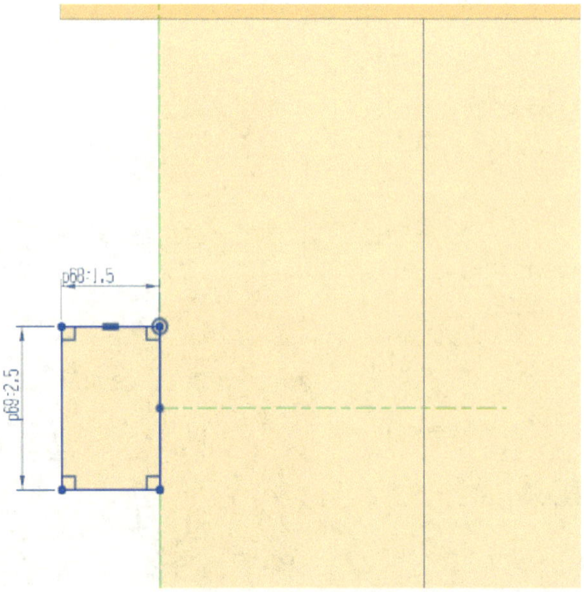

图 7-20　绘制草图

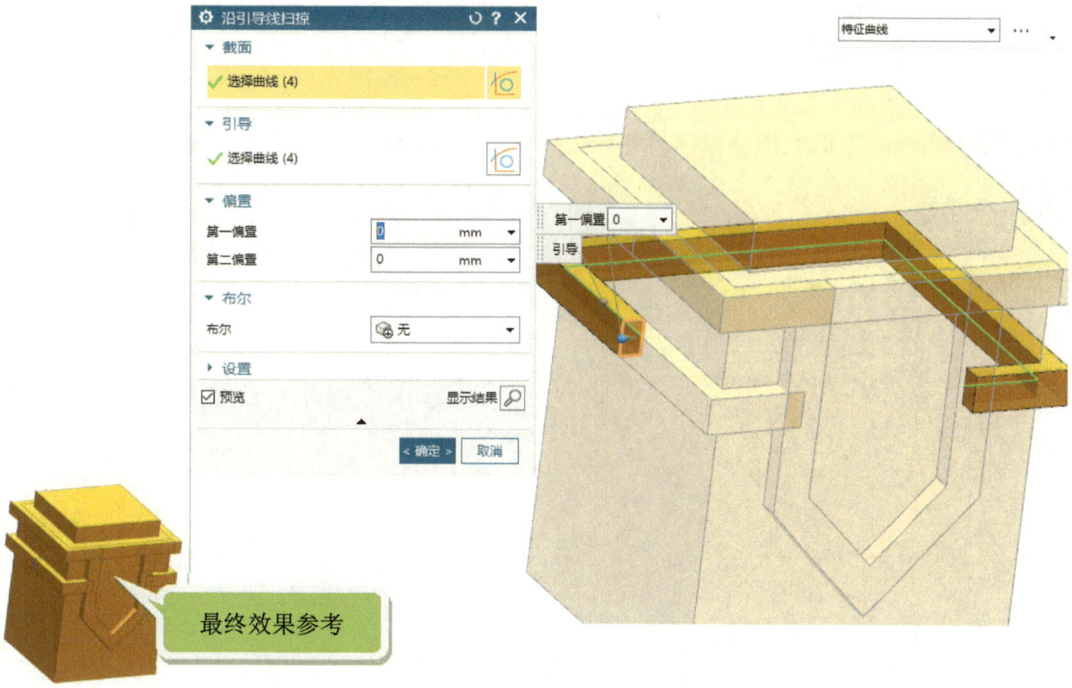

图 7–21　沿引导线扫掠

图 7–22　合并

（9）单击【草图】命令，选择 *YZ* 平面后单击【确定】按钮，在 *YZ* 平面内绘制如图 7-23 所示草图。使用【沿引导线扫掠】 沿引导线扫掠 命令绘制如图 7-24 图形（绘制时截面线使用“相连曲线”否则会全部选中刚才绘制的草图。引导线被实体遮挡，可以使用快捷键【Ctrl+B】隐藏一部分实体进行绘制）。

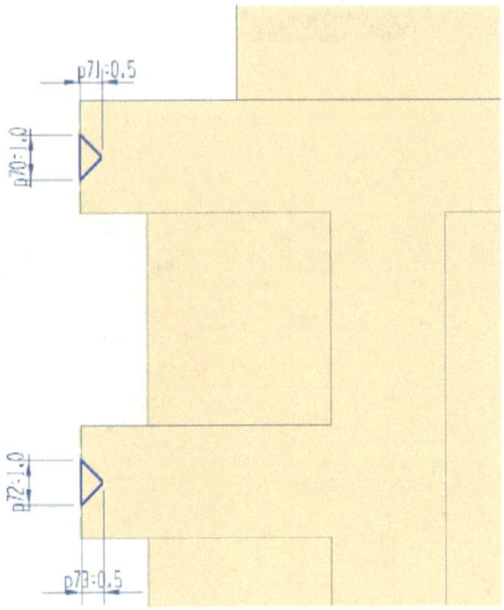

图 7-23 绘制草图

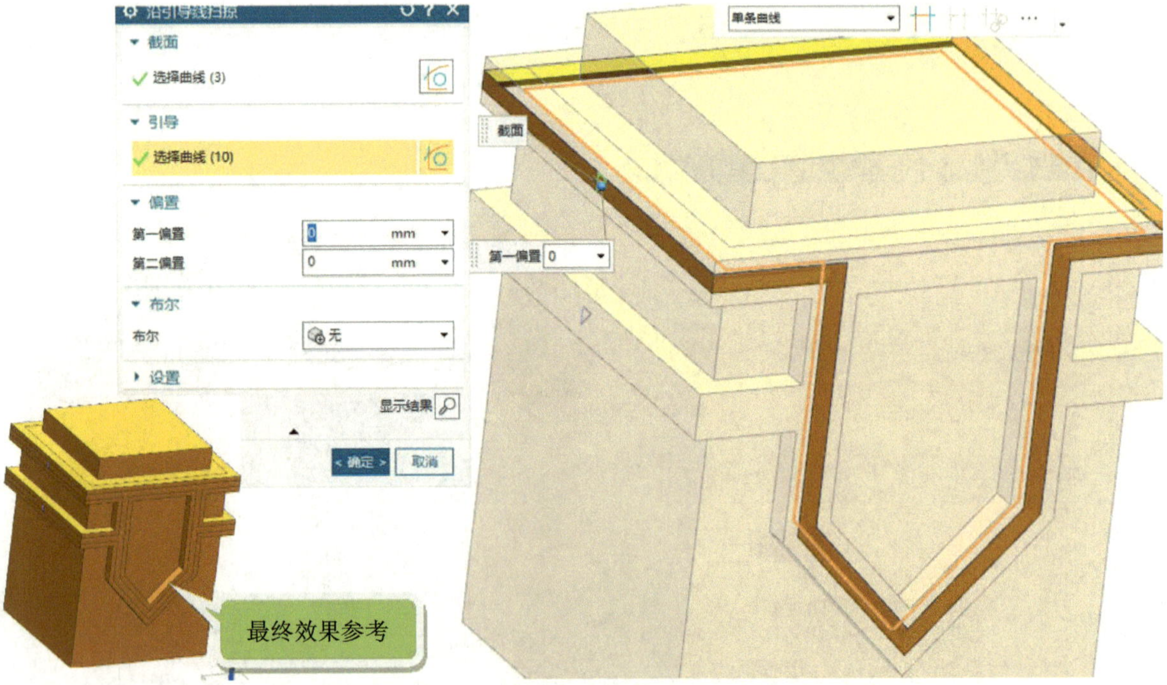

图 7-24 沿引导线扫掠

使用【主页】选项卡【基本】组中的【合并】命令，合并图 7-24 所示的已绘制的实体，使用快捷键【Ctrl+Shift+K】显示刚才隐藏的部分。使用【主页】选项卡【基本】组中的【减去】命令，使图 7-22 和图 7-24 所示两部分进行相减，最后合并所有实体部分（使用【主页】选项卡【基本】组中的【合并】命令，目标体选择任意一个实体，工具体选择其余实体），结果如图 7-25 所示。

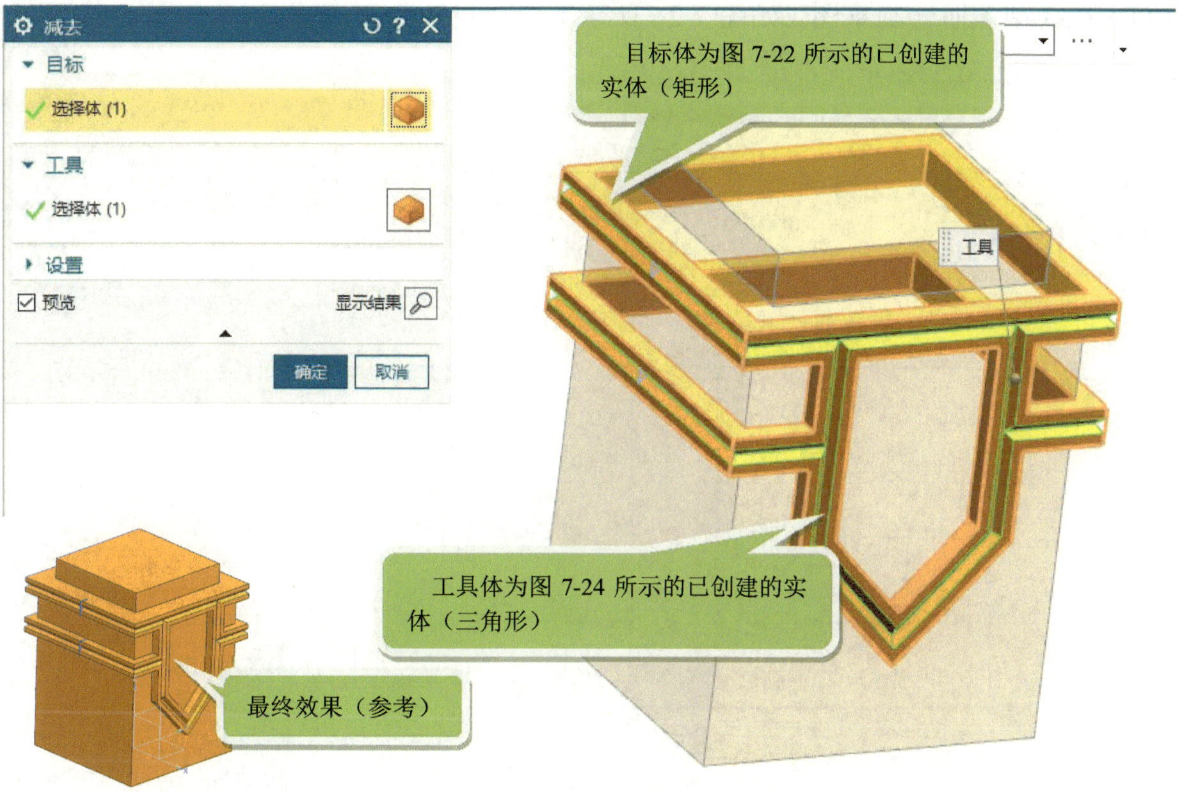

图 7-25 减去及合并

（10）使用【主页】选项卡【基本】组中的【倒斜角】命令，倒斜角距离为 0.7mm，如图 7-26 所示（为了模型美观，可以使用快捷键【Ctrl+W】隐藏非实体部分）。

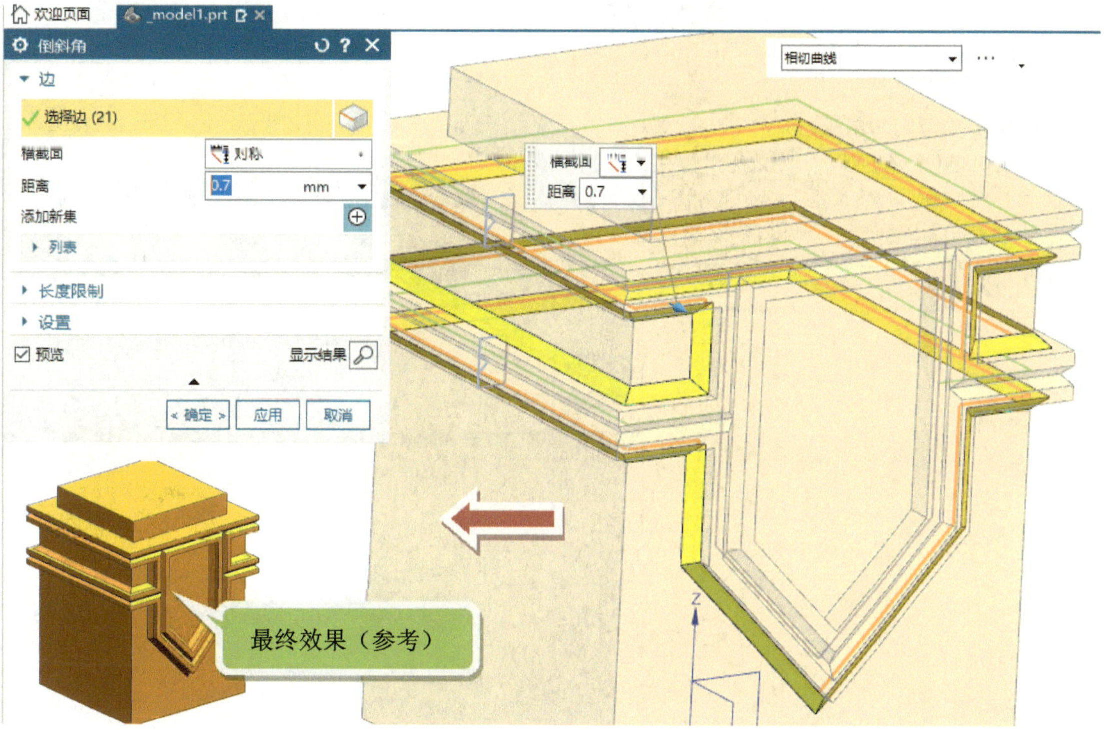

图 7-26 倒斜角

（11）在模型侧面绘制草图（如图 7-26 所示箭头所指平面），草图尺寸如图 7-27 所示。在草图基础上，端点处创建草图，如图 7-28 所示。

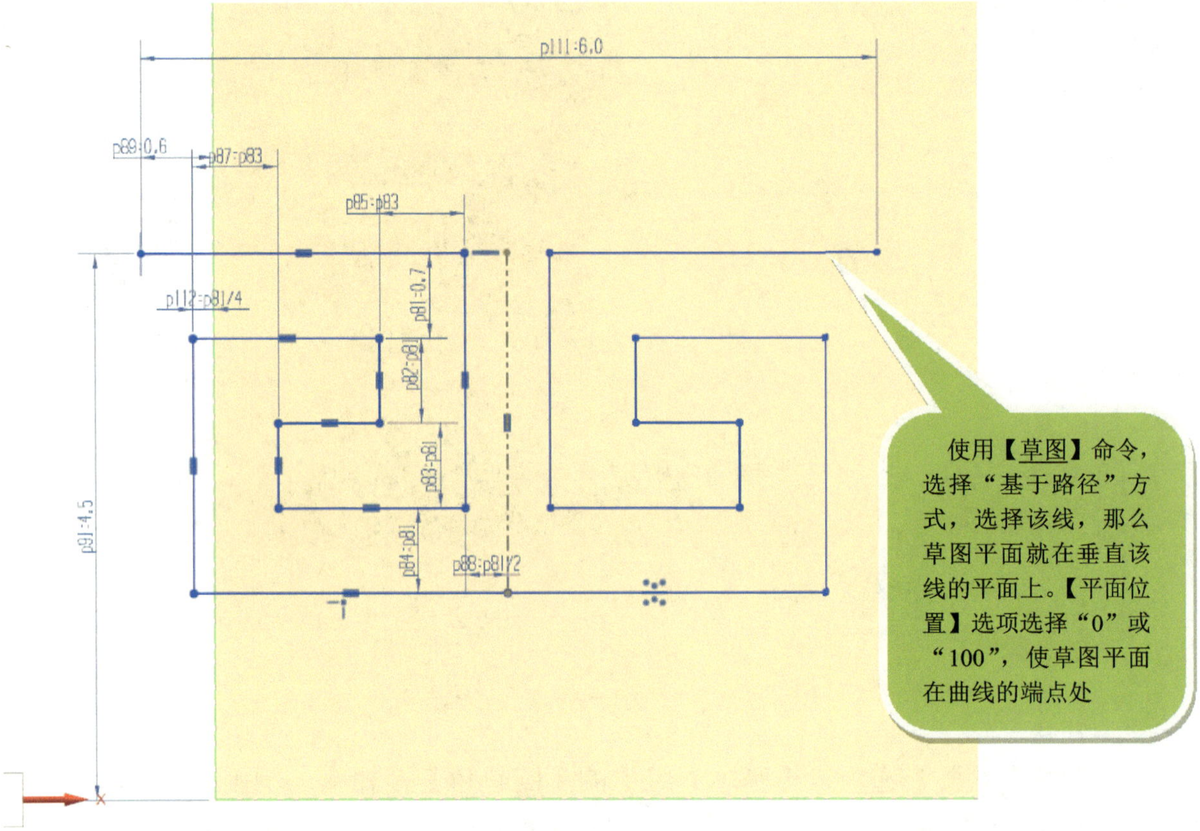

图 7-27　绘制草图

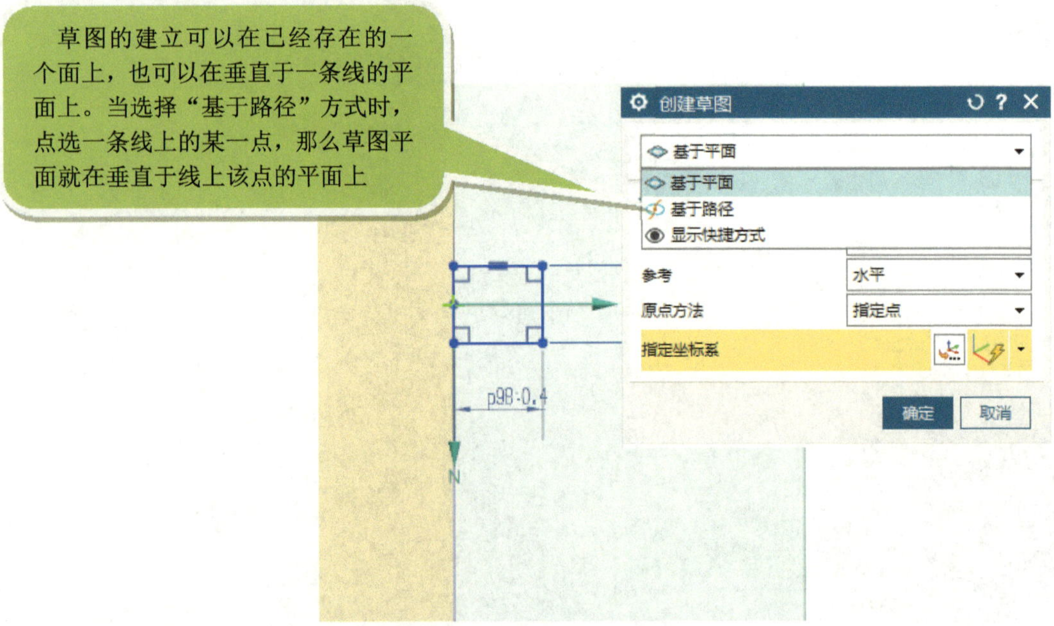

图 7-28　创建草图

使用【沿引导线扫掠】沿引导线扫掠命令处理以上两个草图，如图 7-29 所示。

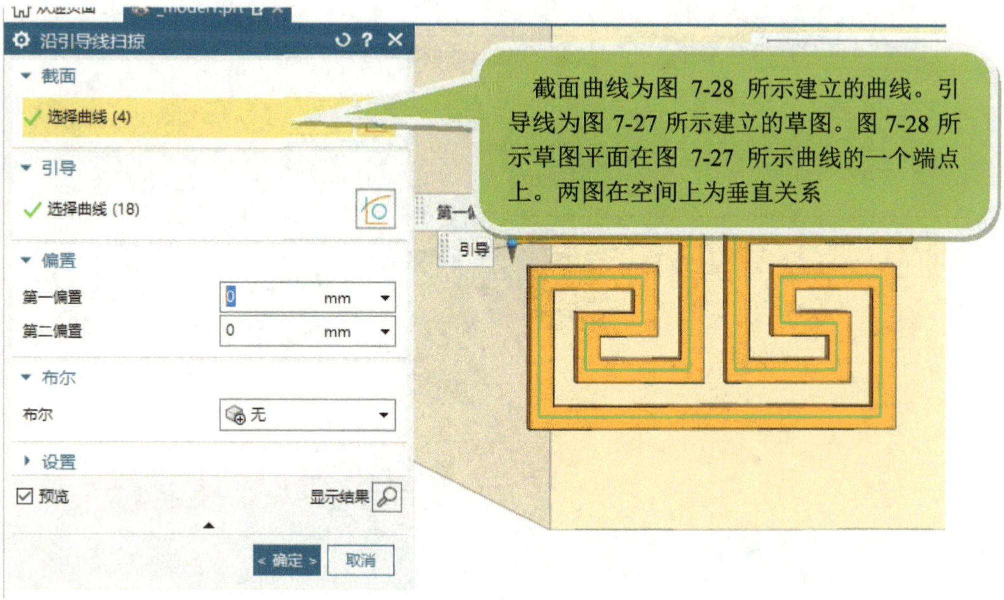

图 7-29　沿引导线扫掠

使用【主页】选项卡【基本特征】组中的【阵列特征】阵列特征命令，阵列如图 7-29 所示建立的模型，如图 7-30 所示。

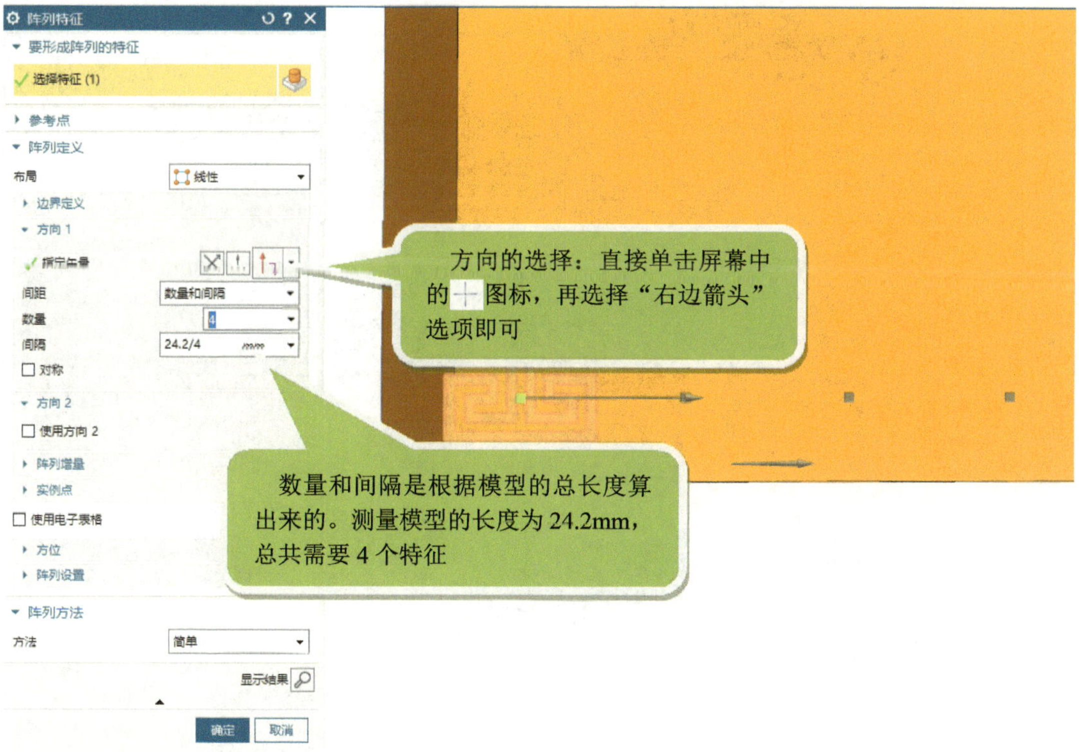

图 7-30　阵列特征

（12）合并扫掠与阵列出的模型，模型两头可使用【主页】选项卡【同步建模】中的【移动】命令向内移动 0.2mm，结果如图 7-31 所示。

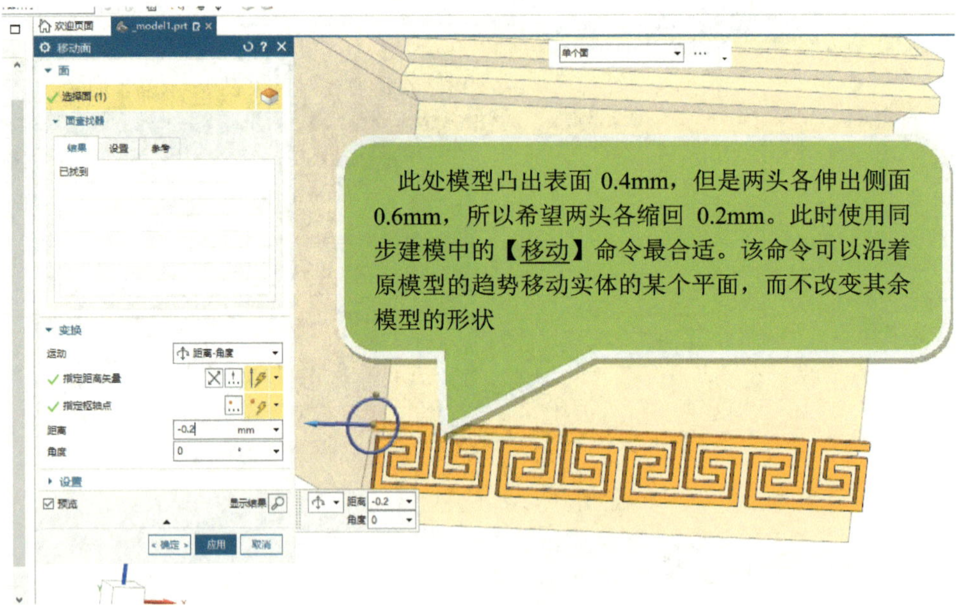

图 7-31　移动

使用【阵列特征】命令，阵列出剩下三个面的模型，设置如图 7-32 所示。阵列完成后使用【合并】命令合并阵列出的 4 个模型。

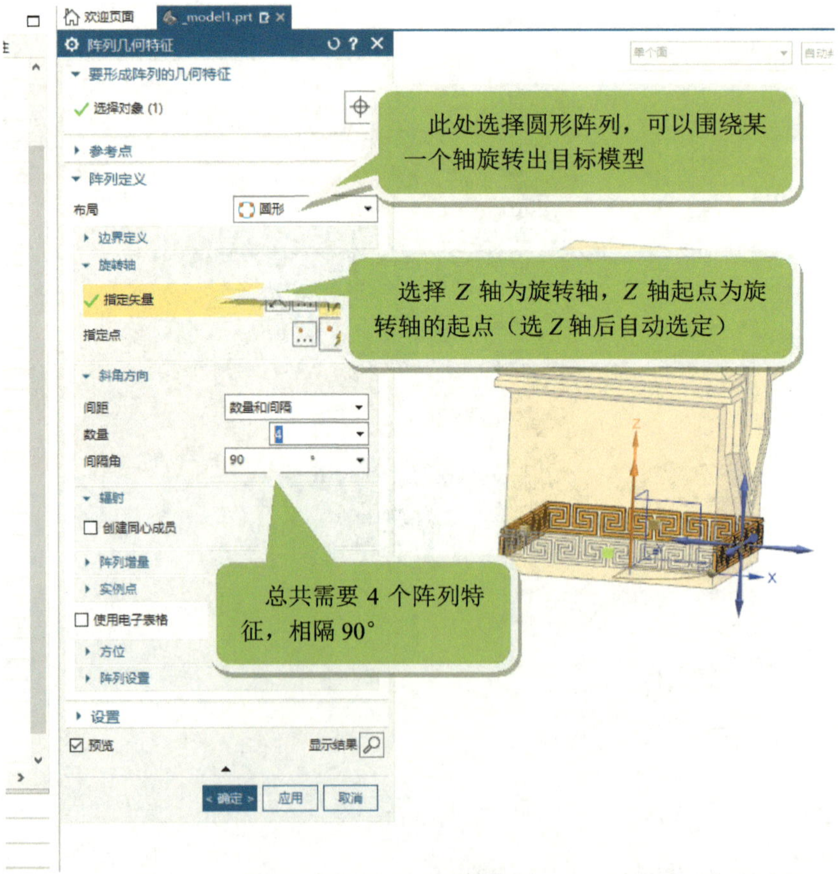

图 7-32　阵列特征、合并

使用【移动对象】 移动对象 命令，把上一步完成的花纹复制到另一个位置上，设置如图 7-33 所示。

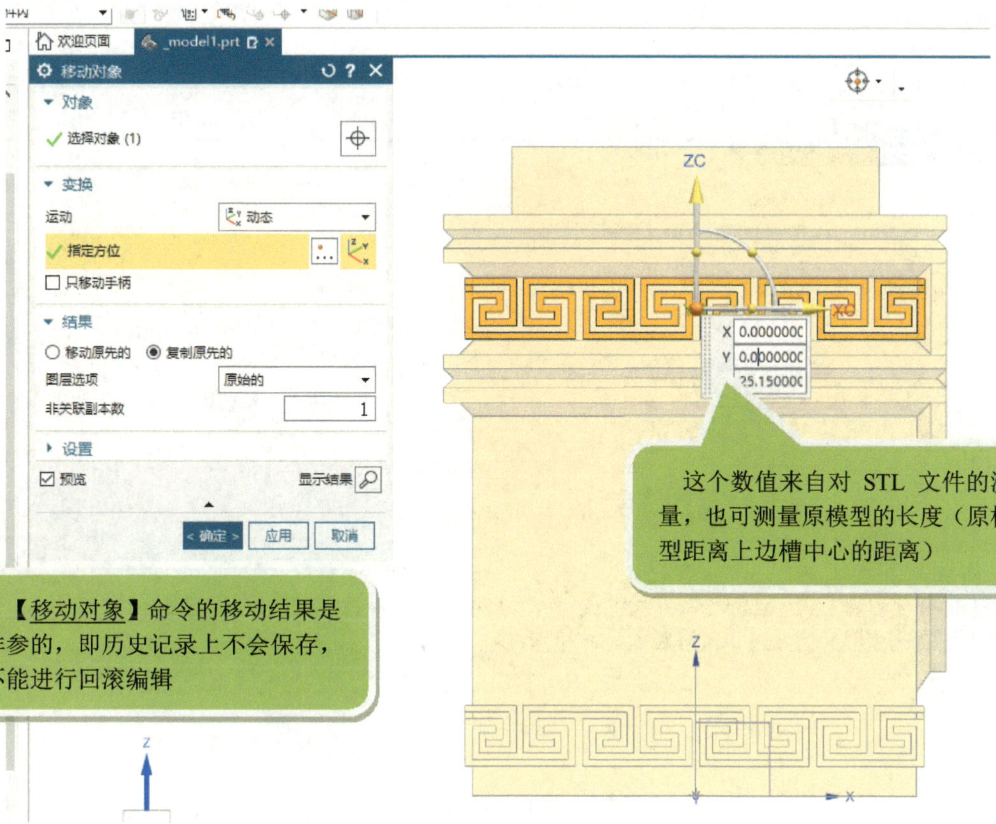

图 7-33　移动对象

使用【主页】选项卡【基本】组中的【拆分体】 拆分体 命令，拆分图 7-33 所建立的模型，如图 7-34 所示。

图 7-34　拆分体

使用【移除参数】 移除参数 命令（此命令如果找不到，使用【查找命令】功能进行搜索），对刚才拆分的部分模型进行移除参数，如图 7-35 所示，否则不能单独删除。删除不要的部分。

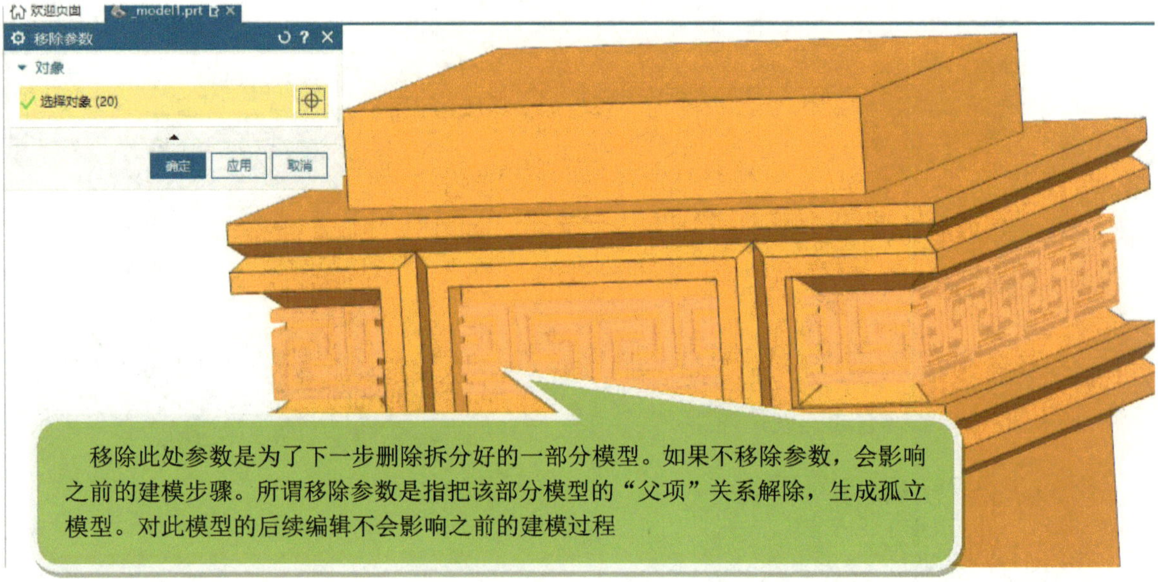

图 7–35 移除参数

最后，合并所有模型部分，最终结果如图 7-36 所示。到此为止，除文字部分的底座建模已完成。

图 7–36 合并

（13）在 *XZ* 平面内创建草图：单击【草图】命令，选择 *XZ* 平面后单击【确定】按钮，绘制尺寸如图 7-37 所示的草图。

（14）退出草图后，使用【拉伸】命令拉伸图 7-37 所示草图轮廓，厚度为 0.5mm。然后使用【倒斜角】命令将拉伸出的实体倒斜角 0.3mm，如图 7-38 所示。

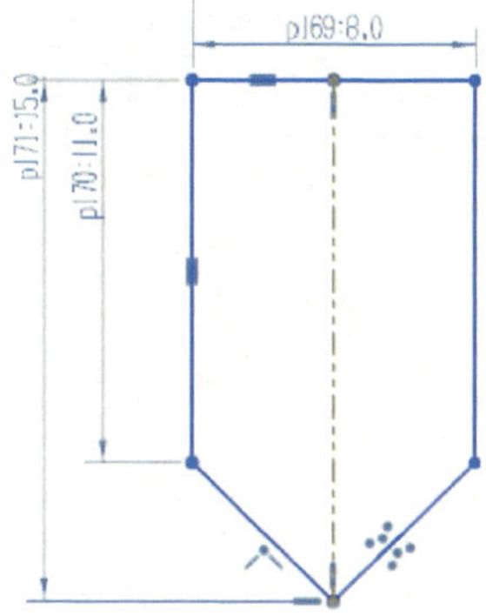

图 7-37　绘制草图

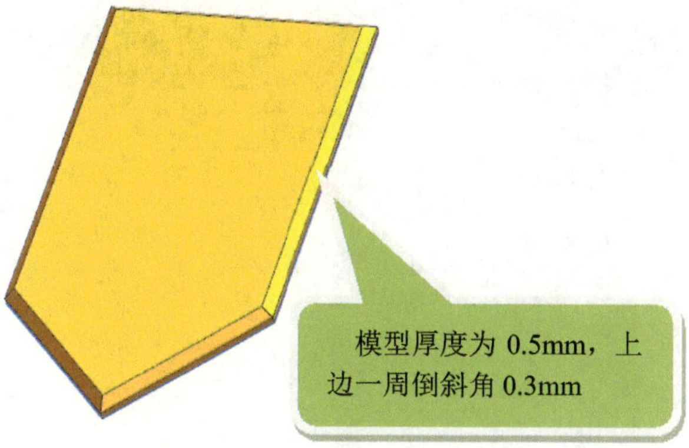

图 7-38　拉伸及倒斜角

（15）使用【移动对象】移动对象命令（快捷键为【Ctrl+T】），“阵列”刚才绘制的实体，如图 7-39 所示。

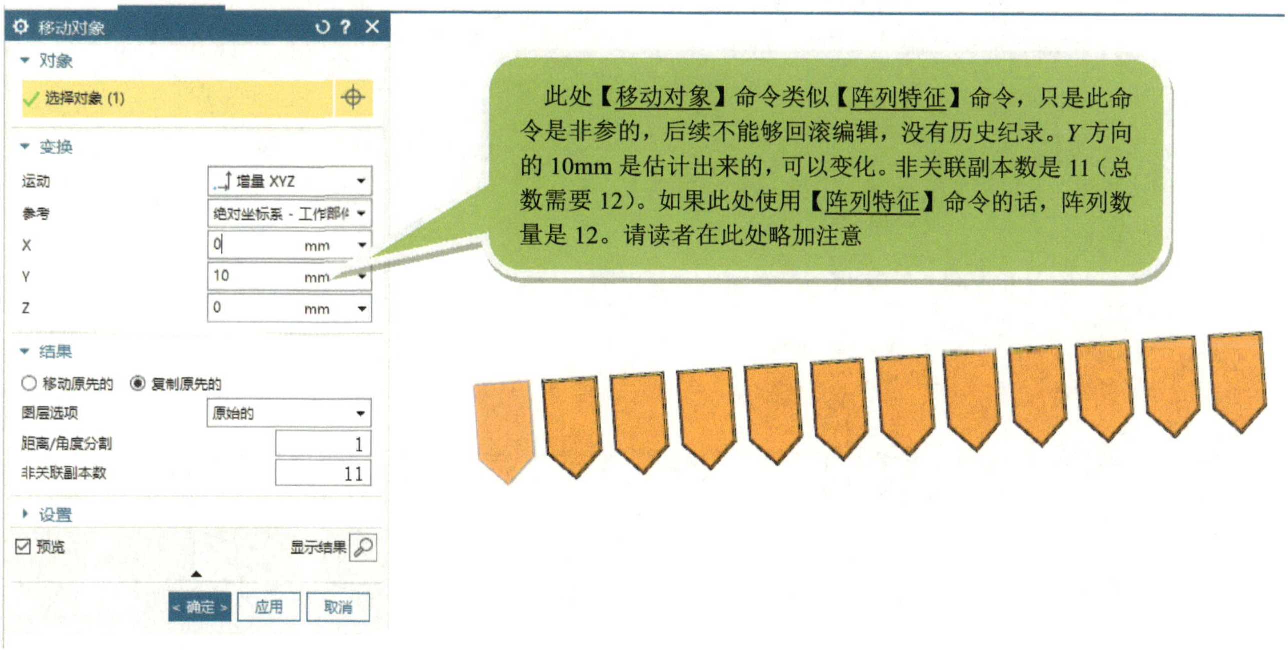

图 7-39　移动对象

（16）使用【曲线】功能区【基本】组中的【文本】文本命令，按照图 7-40 所示设置相关参数。分别在 12 个模型上写好字。最终结果如图 7-41 所示。

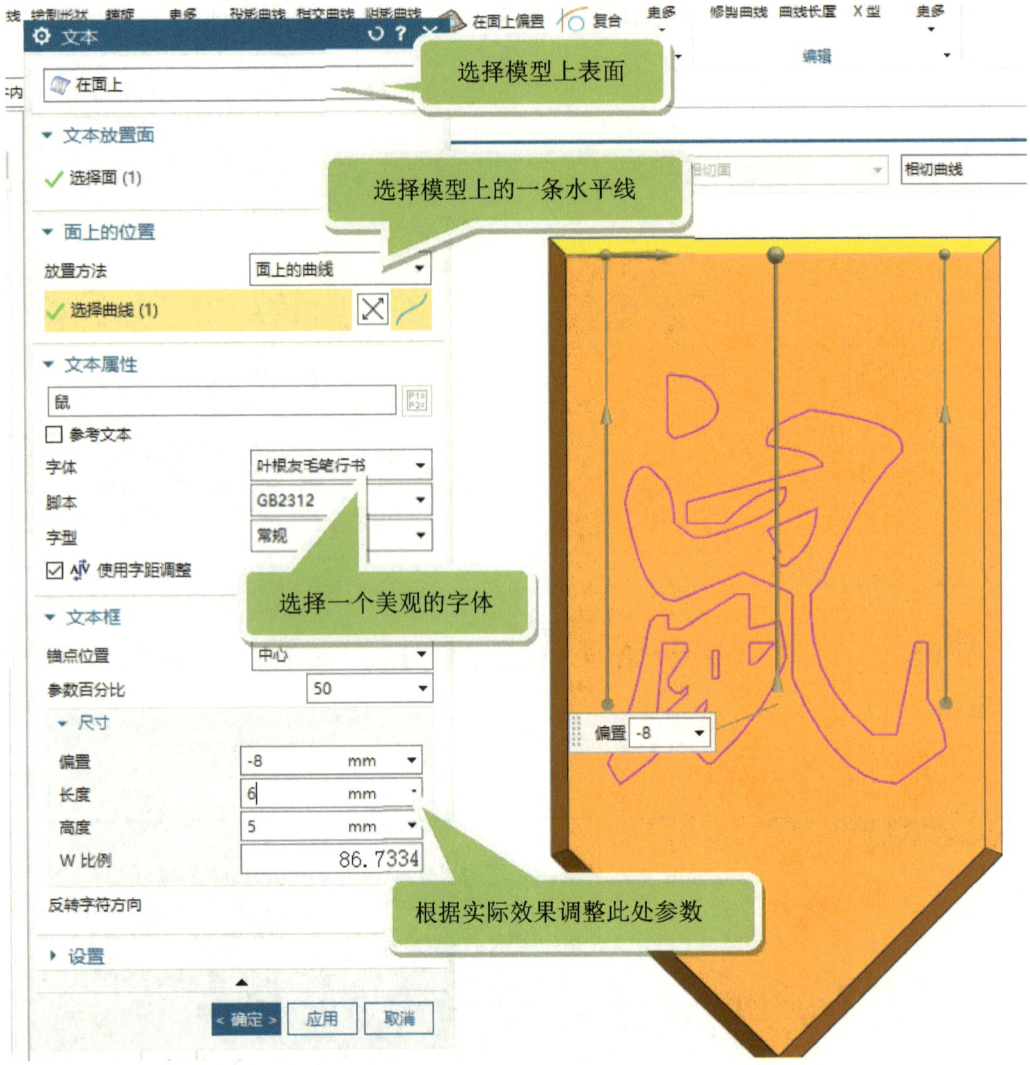

图 7-40　绘制文字

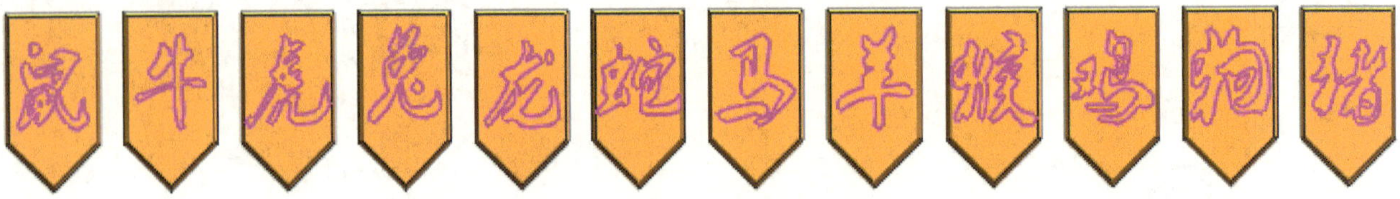

图 7-41　绘制十二生肖文字

（17）拉伸曲线，设置与结果如图 7-42 所示。

（18）将做好的模型导出 STL 文件（单击【文件】→【导出】→【STL】菜单命令），然后就可以做打印准备了，如图 7-43 所示。

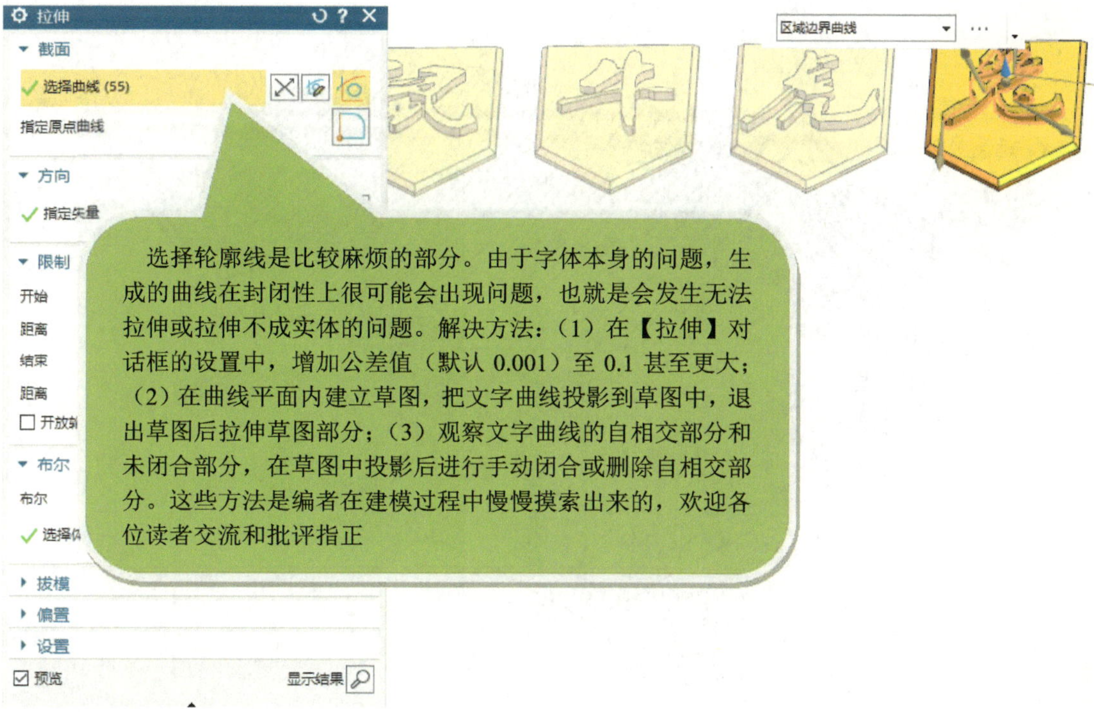

图 7–42　拉伸文字

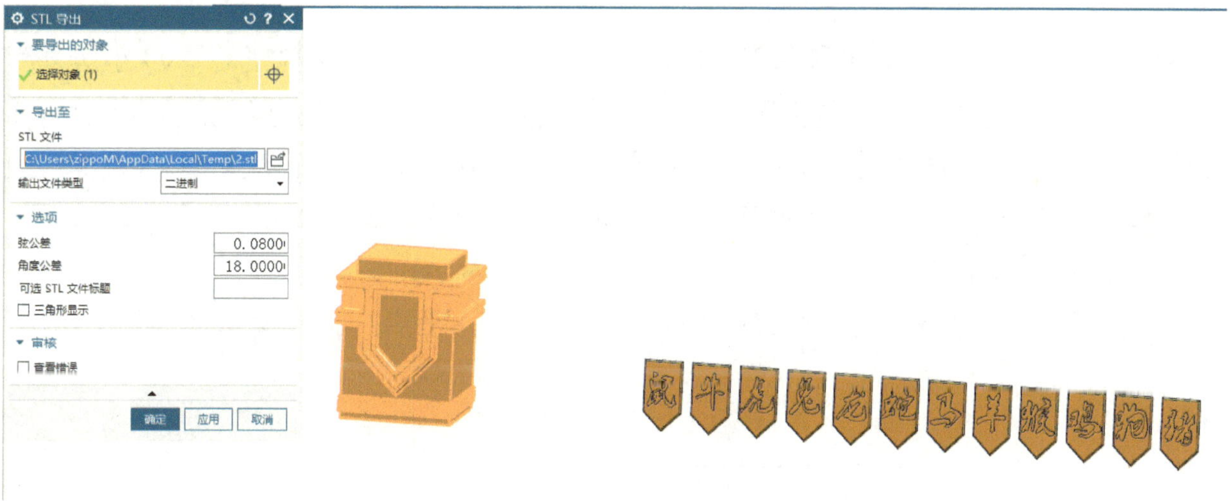

图 7–43　导出 STL 模型

任务二　中式房屋建模

1. 任务内容

使用 Siemens NX 1926 软件完成如图 7-44 所示的模型，该模型的来源为 SU 软件建模，由于建模者建立的是效果图，故模型上存在很多问题，不适用于 3D 打印，故本任务进行重新建模。

图 7-44　SU 古建模型

2. 任务实施

本任务学习如图 7-44 所示模型的制作，主要使用【草图】、【拉伸】、【沿引导线扫掠】、【扫掠】、【偏置】、【移动对象】、【移除参数】、【阵列特征】、【镜像特征】、【倒斜角】、【减去】、【合并】、【基准平面】、【测量】等命令（本任务所提到【**】内的命令，均可通过【查找命令】（软件右上角的命令搜索框）来找到；本任务默认尺寸单位为 mm）。

（1）打开软件，新建模型。在 *XY* 平面上创建草图，草图尺寸及约束如图 7-45 所示。

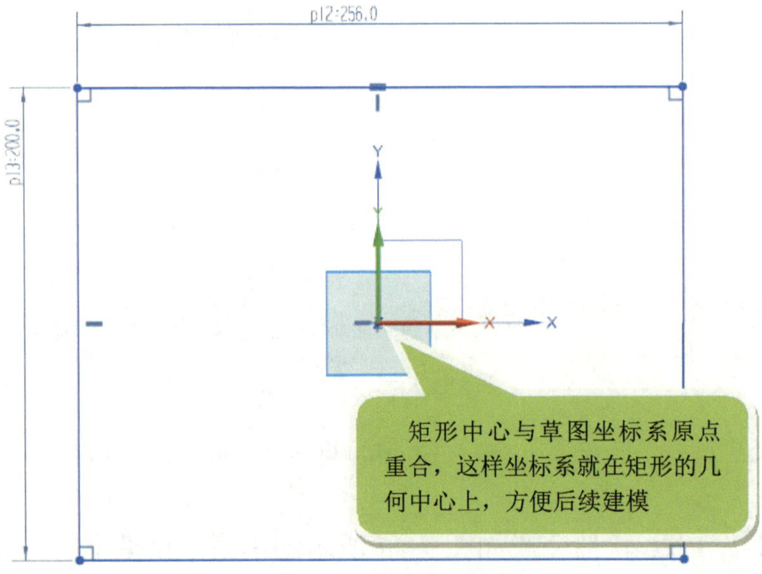

图 7-45　绘制草图

（2）拉伸草图，高度为 10mm，作为房屋模型的底座。在底座上表面绘制草图，如图 7-46 所示。

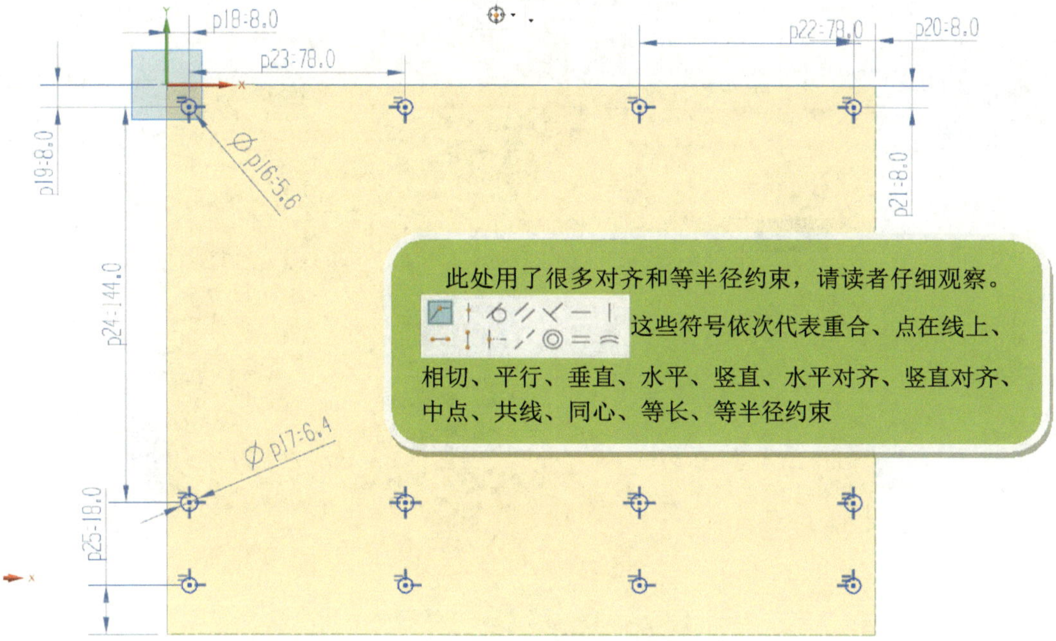

图 7–46　绘制草图

（3）拉伸草图，三排柱子高度分别为 69mm、84mm、69mm，结果如图 7-47 所示。注意布尔运算选择“无”。

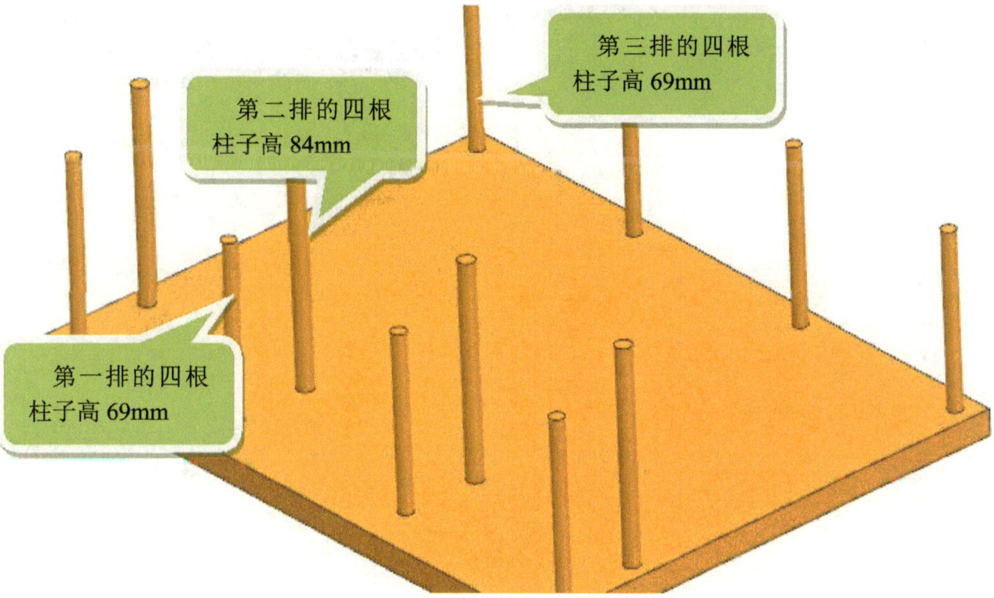

图 7–47　拉伸草图

（4）使用【主页】选项卡【构造】组中的【基准平面】命令，单击两个圆柱上任意三个圆心确定出一个基准平面，如图 7-48 所示。

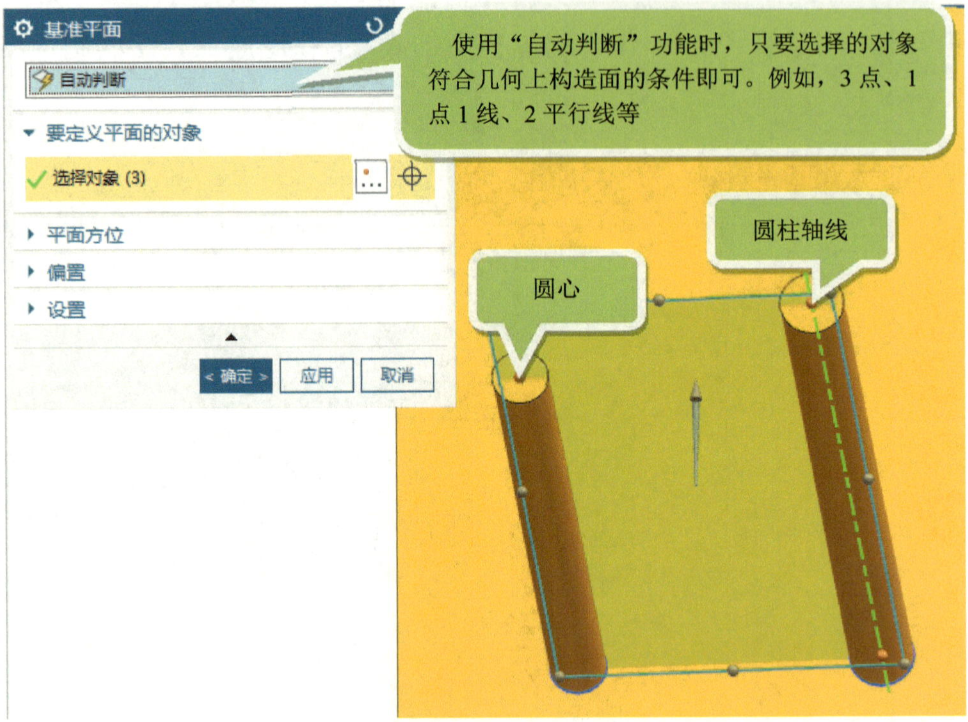

图 7-48　确定基准平面

（5）在新建的基准平面上绘制草图，退出草图后拉伸草图，如图 7-49 所示。

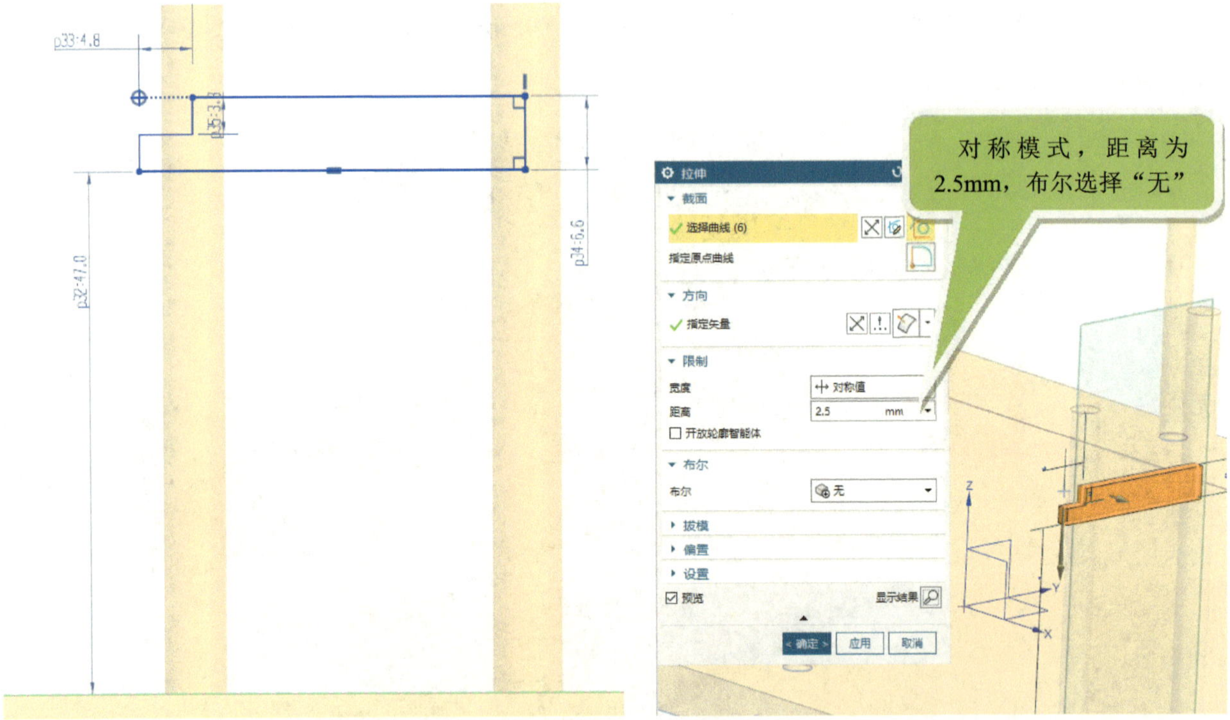

图 7-49　拉伸草图

（6）使用【移动对象】 移动对象 命令（快捷键为【Ctrl+T】），复制上一步生成的实体。利用地基的两个侧面建立基准平面，使用【主页】选项卡【基本组】中的【镜像特征】 镜像特征 命令，镜像刚才创建的模型，如图 7-50 所示。

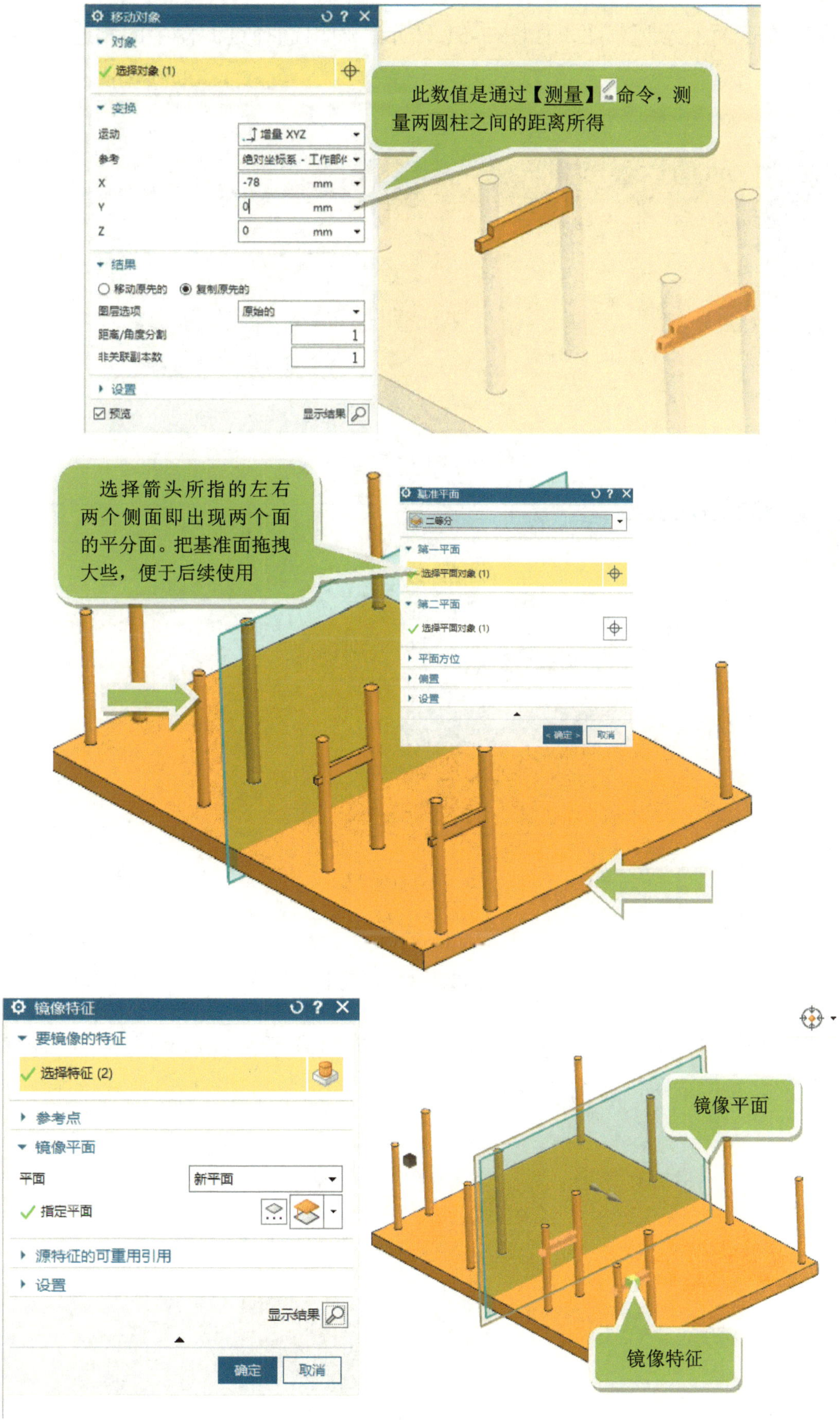

图 7-50　移动对象、镜像特征

（7）在基准平面上绘制草图，如图 7-51 所示。使用选择过滤器中的相连曲线拉伸草图，如图 7-52 所示。

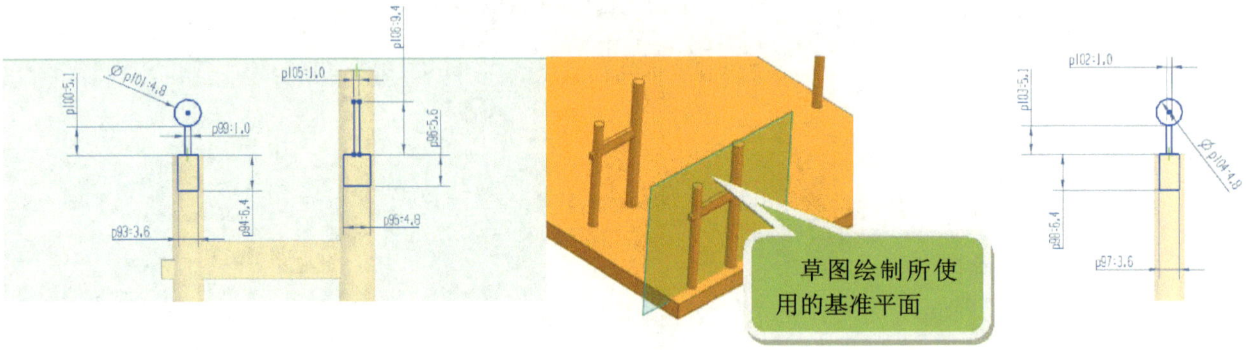

图 7-51　绘制草图

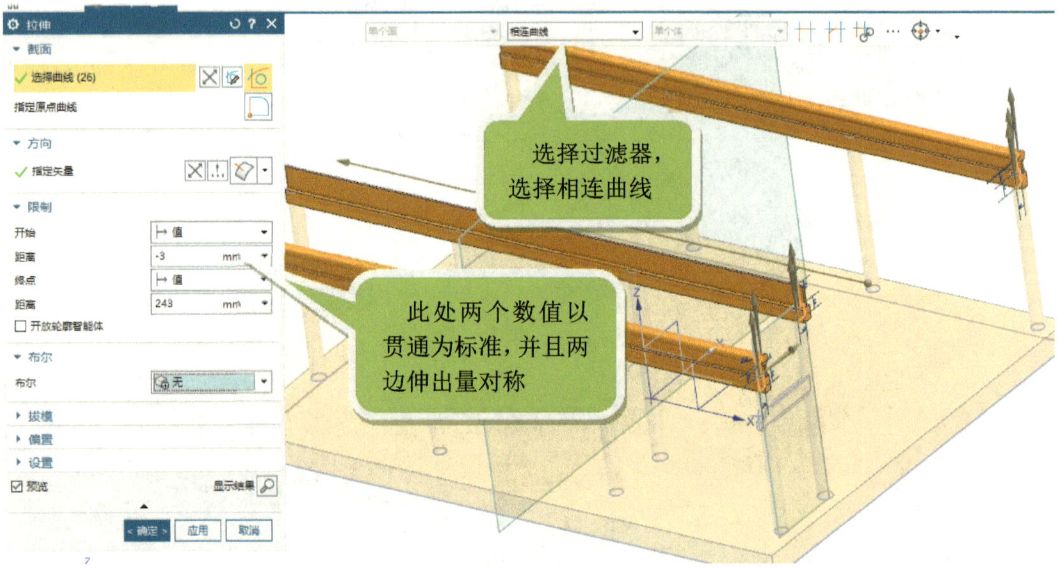

图 7-52　拉伸草图

（8）通过第一排柱子中心创建基准平面，如图 7-53 所示。在基准平面上绘制草图，尺寸如图 7-54 所示。拉伸草图，如图 7-55 所示。

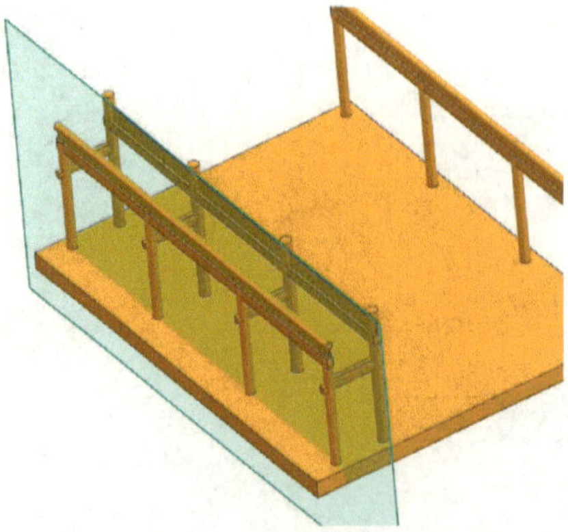

图 7-53　创建基准平面

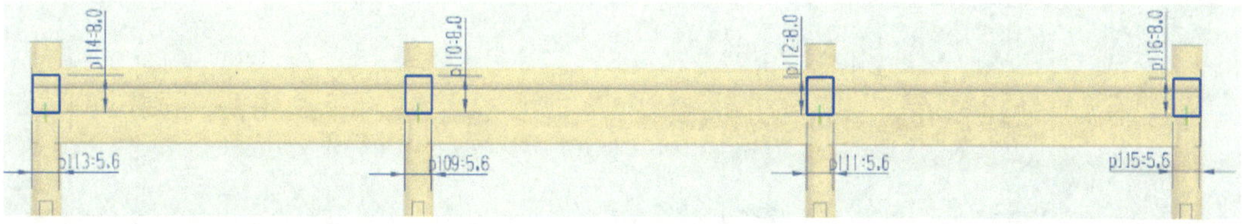

图 7–54　绘制草图

图 7–55　拉伸

（9）以侧面地基为草图平面（如图 7-55 所示箭头所指平面）绘制草图，如图 7-56 所示。此处尺寸比较多，读者可根据大致形状自由发挥。

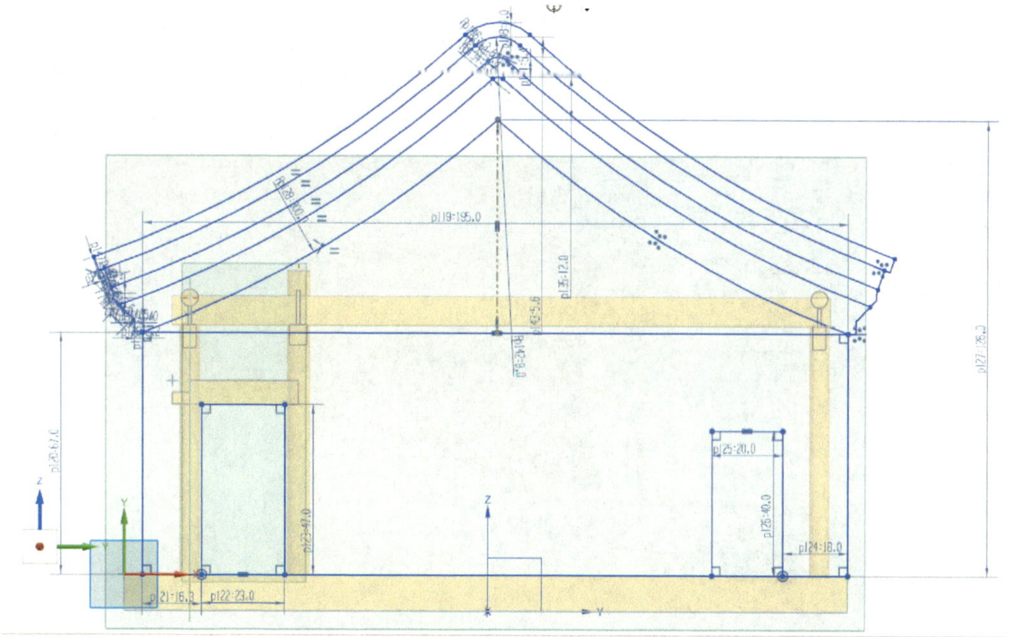

图 7–56　绘制草图

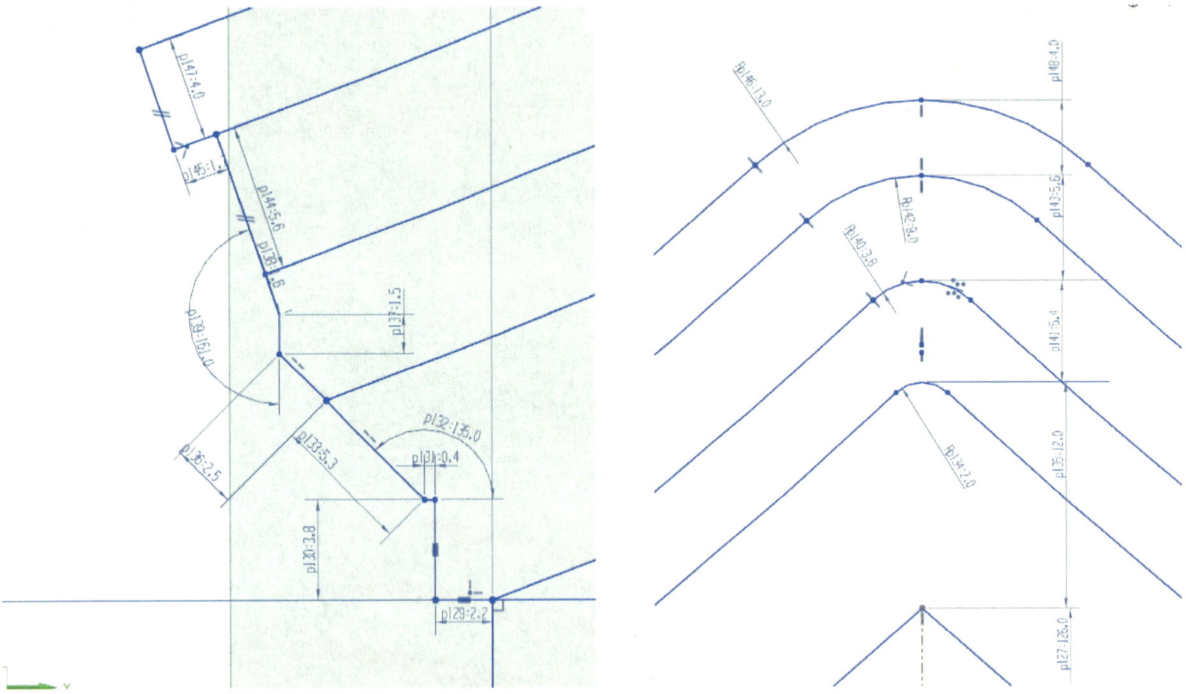

图 7-56 绘制草图（续）

（10）根据原模型的墙厚拉伸出墙体部分特征，如图 7-57 所示。在截面曲线选择的过程中，可以灵活使用过滤器（根据实际情况选择“单条曲线”“相连曲线”等）。

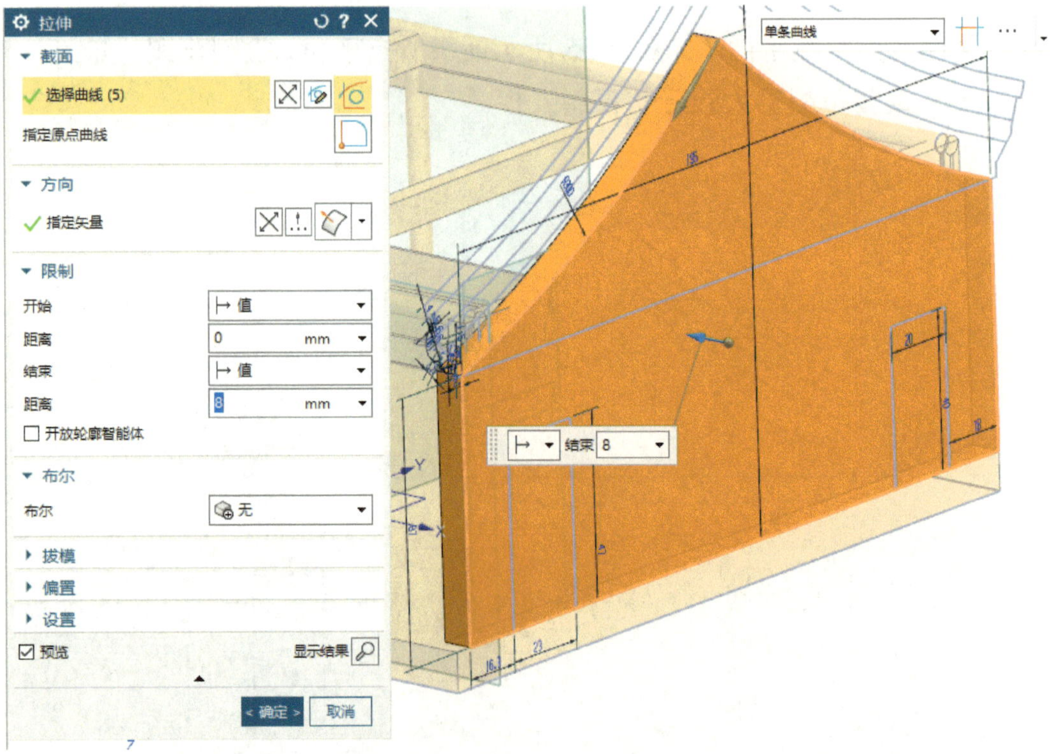

图 7-57 拉伸

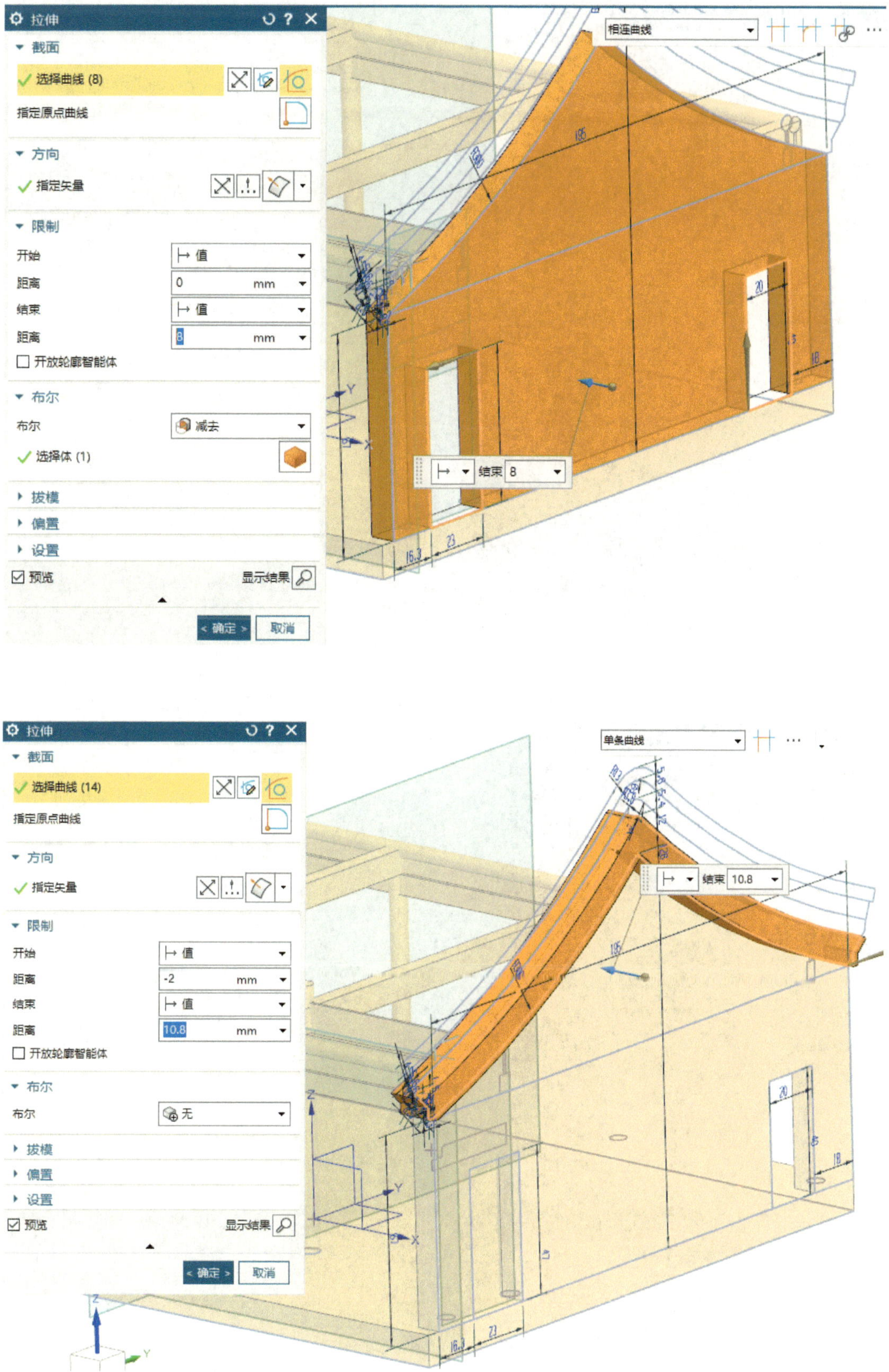
拉伸
截面
选择曲线 (8)
指定原点曲线
方向
指定矢量
限制
开始
值
距离
0
mm
结束
值
距离
8
mm
开放轮廓智能体
布尔
布尔
减去
选择体 (1)
拔模
偏置
设置
预览
显示结果
确定
取消
相连曲线
结束 8
拉伸
截面
选择曲线 (14)
指定原点曲线
方向
指定矢量
限制
开始
值
距离
-2
mm
结束
值
距离
10.8
mm
开放轮廓智能体
布尔
布尔
无
拔模
偏置
设置
预览
显示结果
确定
取消
单条曲线
结束 10.8

图 7–57　拉伸（续）

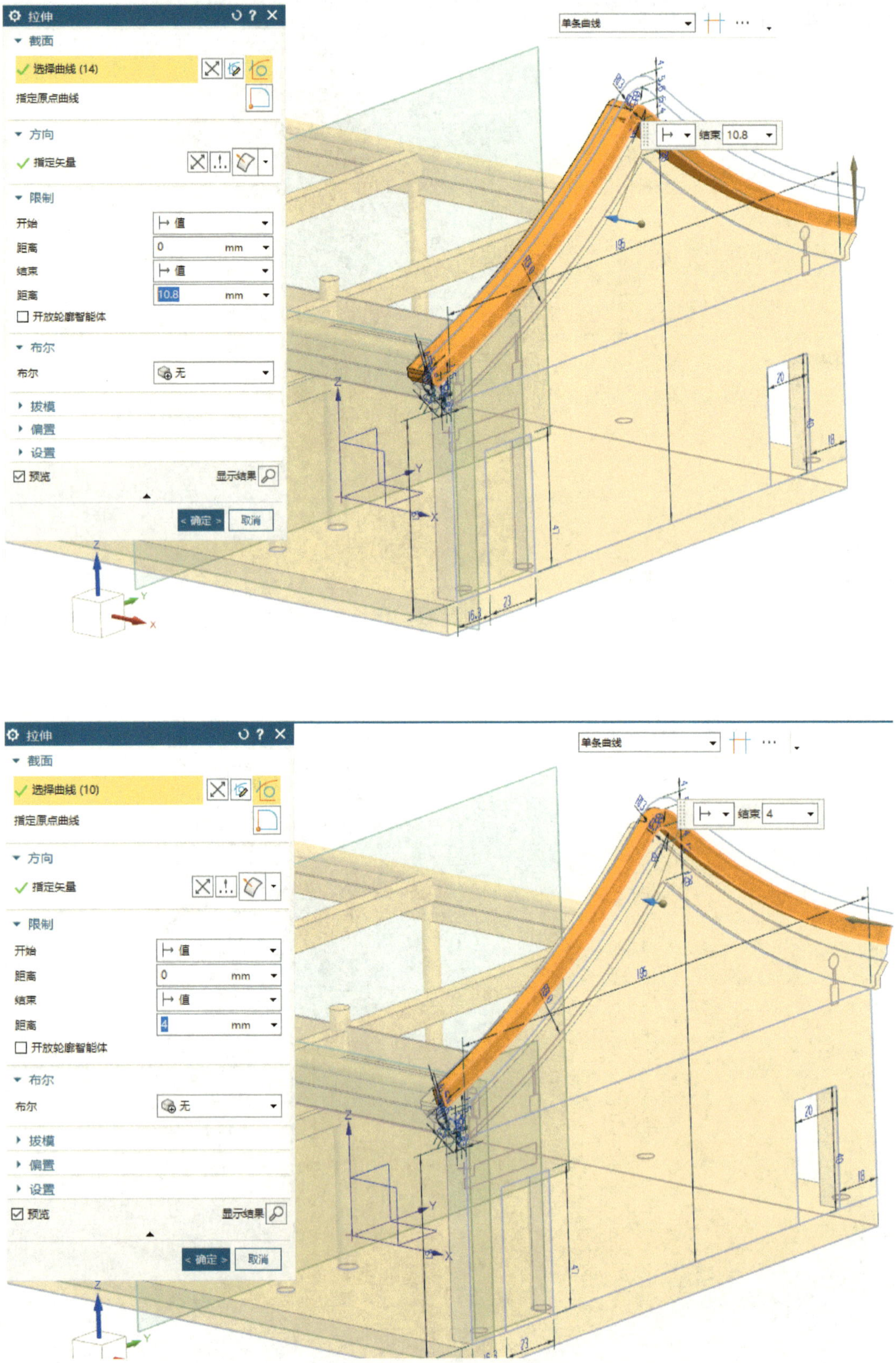

图 7-57 拉伸（续）

（11）使用【镜像特征】镜像特征 命令镜像东面墙至西边，如图 7-58 所示。

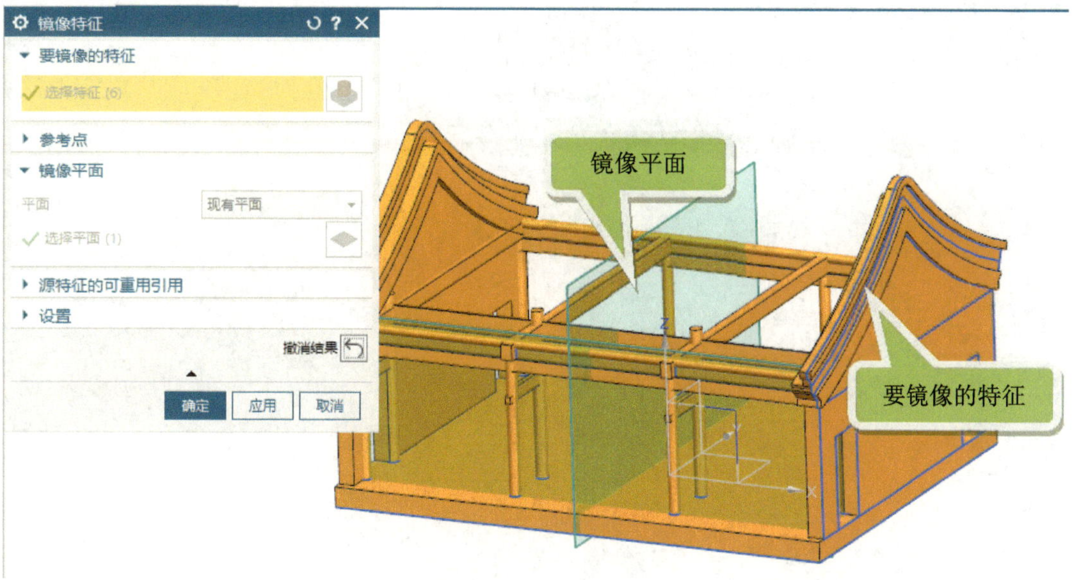

图 7-58　镜像特征

（12）使用同步建模中的【移动】命令，将屋顶铺满，如图 7-59 所示。

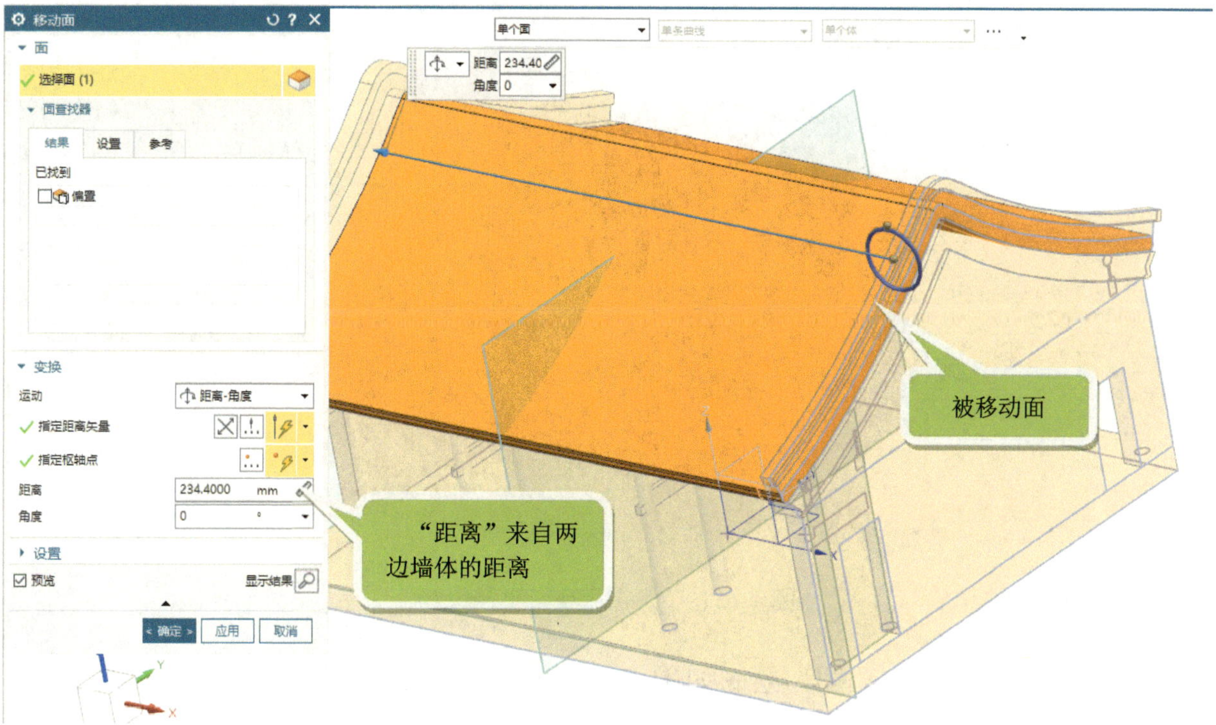

图 7-59　移动

（13）绘制草图，并利用【拉伸】命令半个屋顶部分填满，便于打印，如图 7-60 所示。

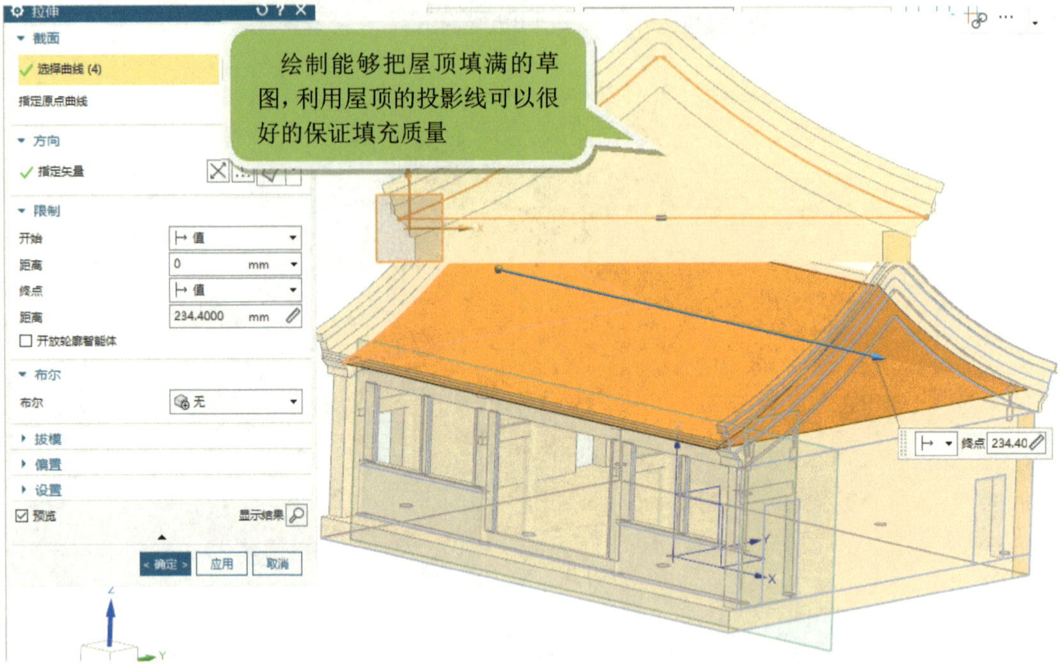

图 7-60　拉伸

（14）使用【草图】命令在底座后立面建立草图，绘制后墙草图并拉伸，如图 7-61 所示。

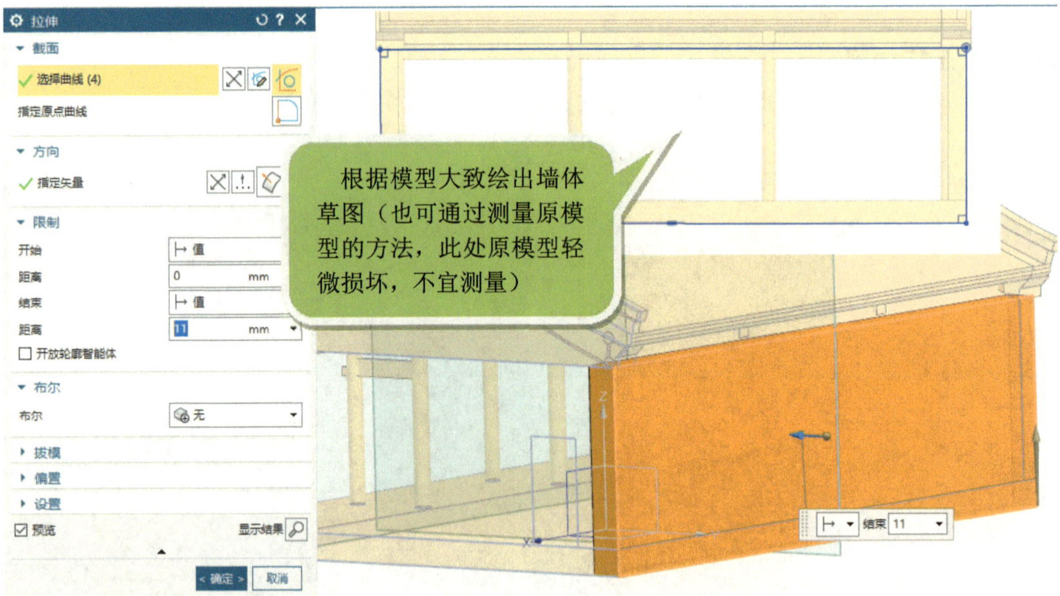

图 7-61　绘制后墙草图并拉伸

（15）在底座上面建立草图，绘制如图 7-62 所示图形。分别拉伸高度为 24mm，6mm，24mm，如图 7-63 所示。

（16）在图 7-63 所示中箭头所指平面创建草图，绘制草图如图 7-64 所示。随后拉伸草图，高度为 2mm，如图 7-65 所示，窗台建模完毕。

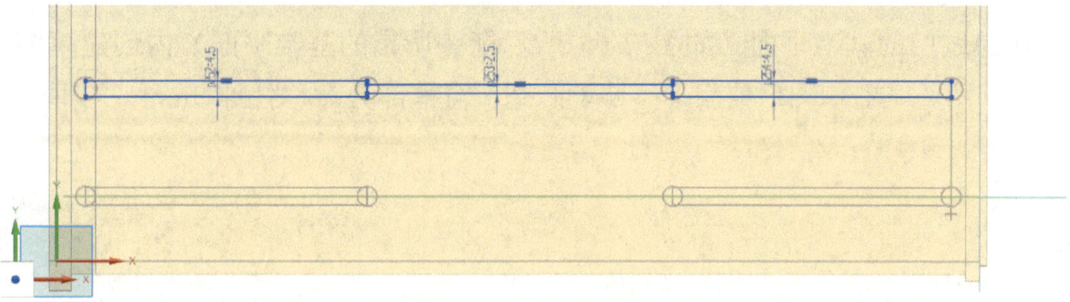

图 7-62　绘制草图

图 7-63　拉伸

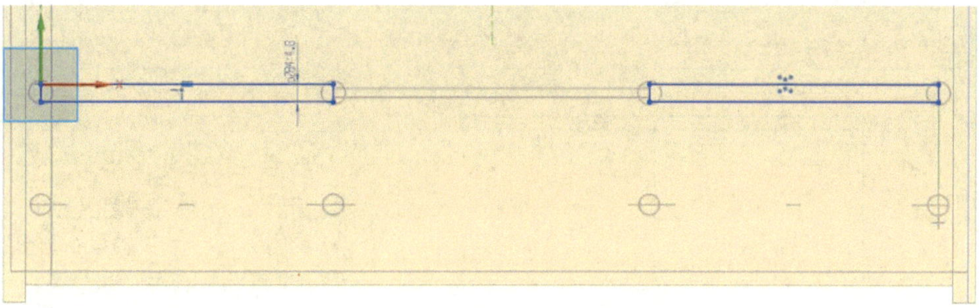

图 7-64　绘制草图

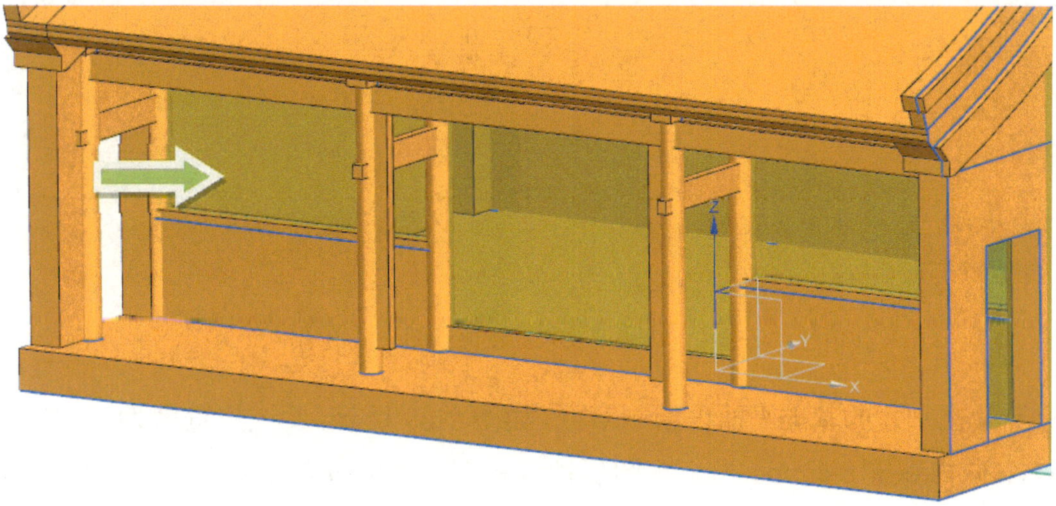

图 7-65　拉伸

（17）在通过门的基准平面（如图 7-65 所示箭头所指的基准平面）内创建草图，绘制如图 7-66 所示草图。退出草图后使用【拉伸】命令，窗框部分对称拉伸 3mm，门框部分对称拉伸 2.5mm。

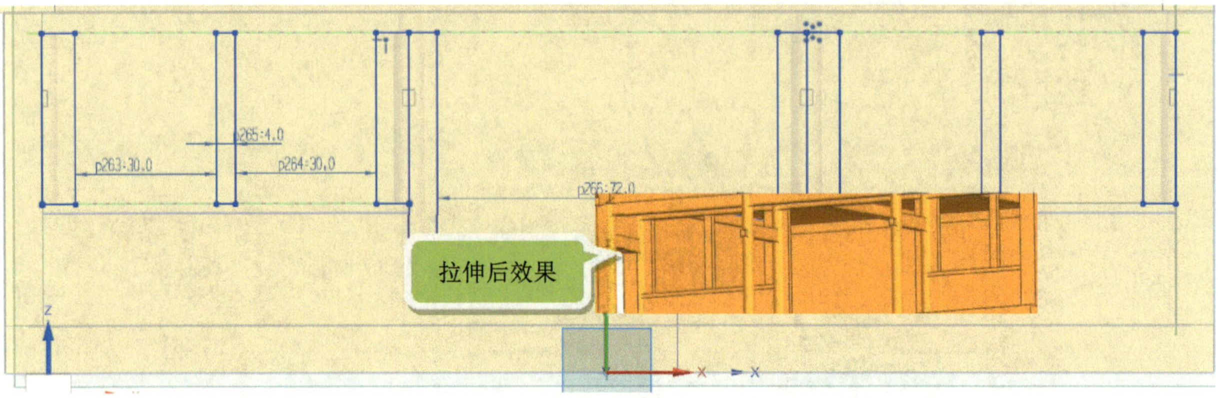

图 7-66　绘制草图

（18）再次在刚才的基准平面（如图 7-65 所示箭头所指的基准平面）内绘制草图，如图 7-67 所示，两条矩形之间距离为 1mm。对称拉伸 3mm，外边框倒斜角 0.4mm，如图 7-68 所示。

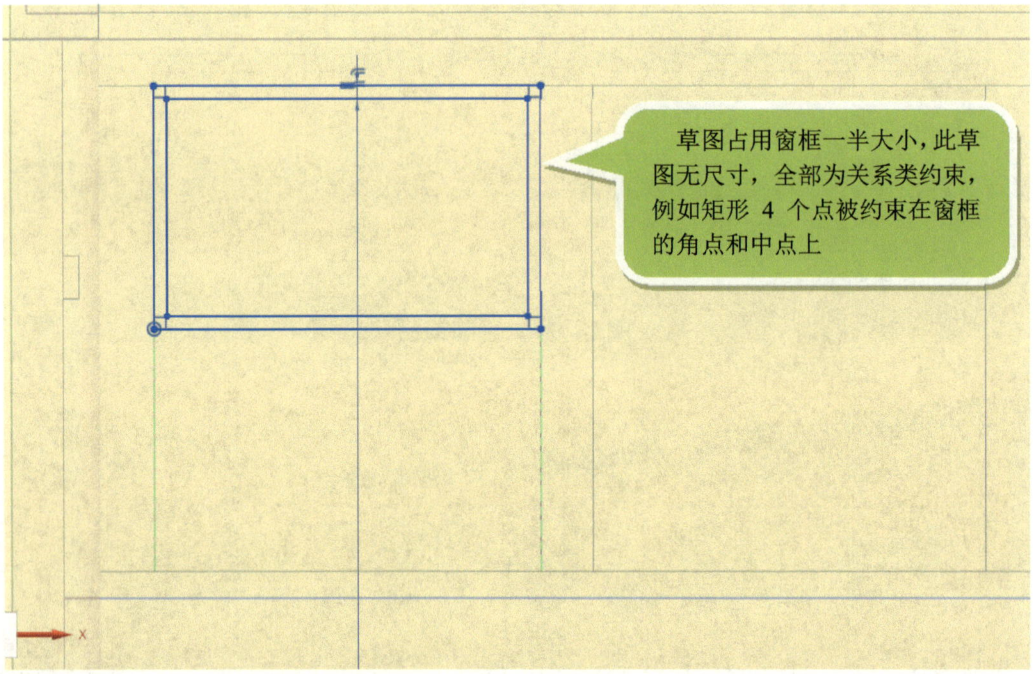

图 7-67　绘制草图

（19）继续在刚才的基准平面内绘制草图，如图 7-69 所示，此矩形宽度为窗框宽度的 1/7，高度为 1/4，向内偏置 0.4mm。退出草图后拉伸厚度为 2.6mm（与窗框有一点高度差，打印后有一定的层次感）。

图 7-68　拉伸、倒斜角

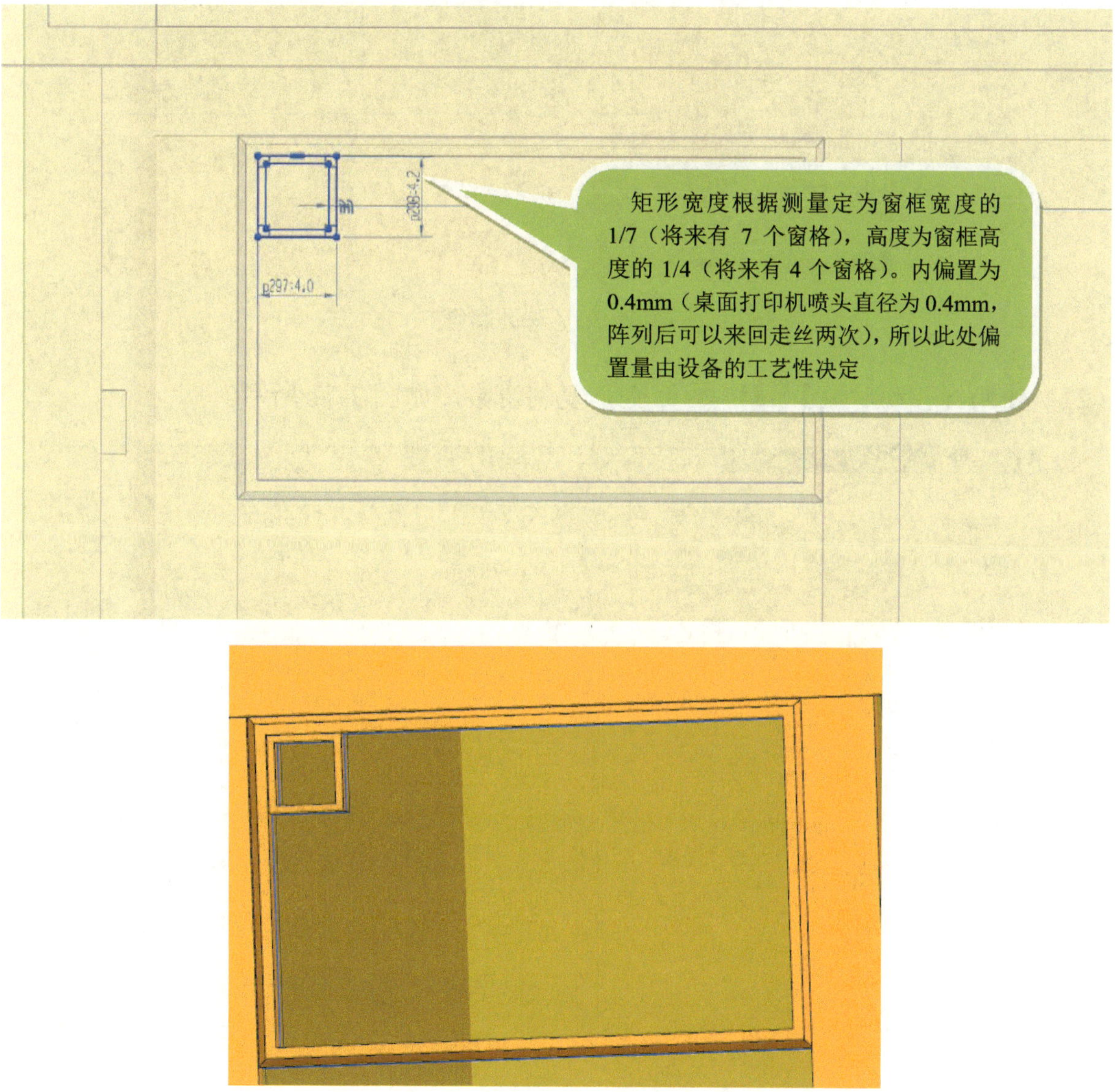

图 7-69　绘制草图、拉伸

（20）使用【阵列特征】阵列特征命令阵列小窗格，参数如图 7-70 所示。为了后续步骤选取方便，阵列后先将小窗格之间合并（使用【合并】命令）。

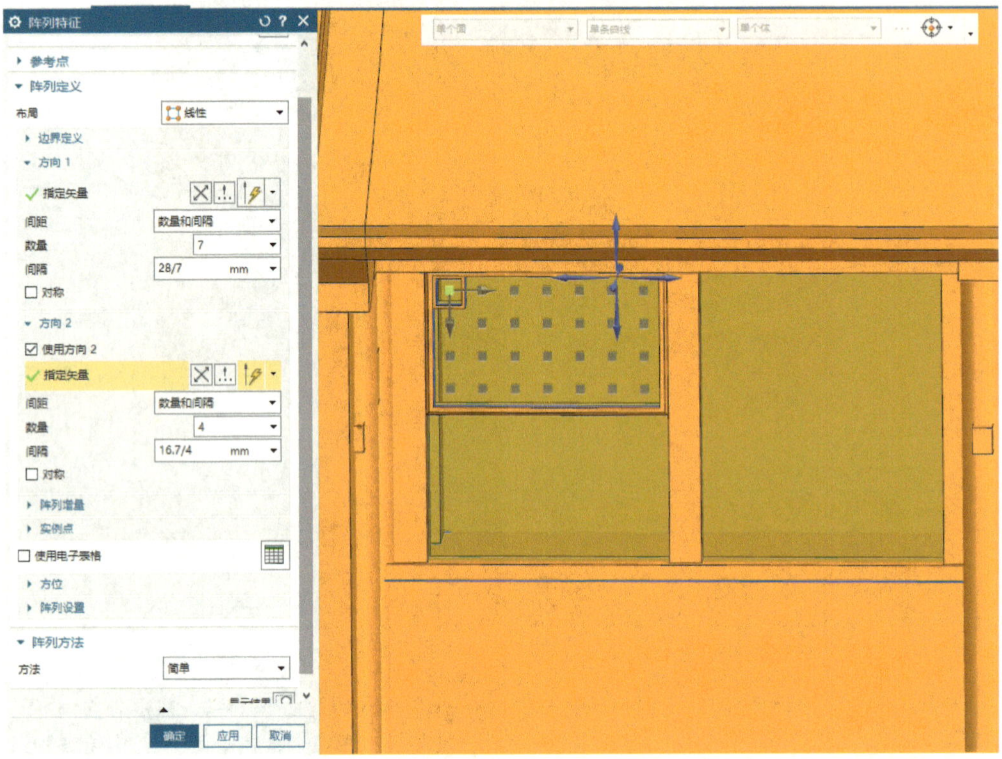

图 7-70　阵列特征

（21）使用【移动对象】移动对象命令，复制窗格，如图 7-71 所示。

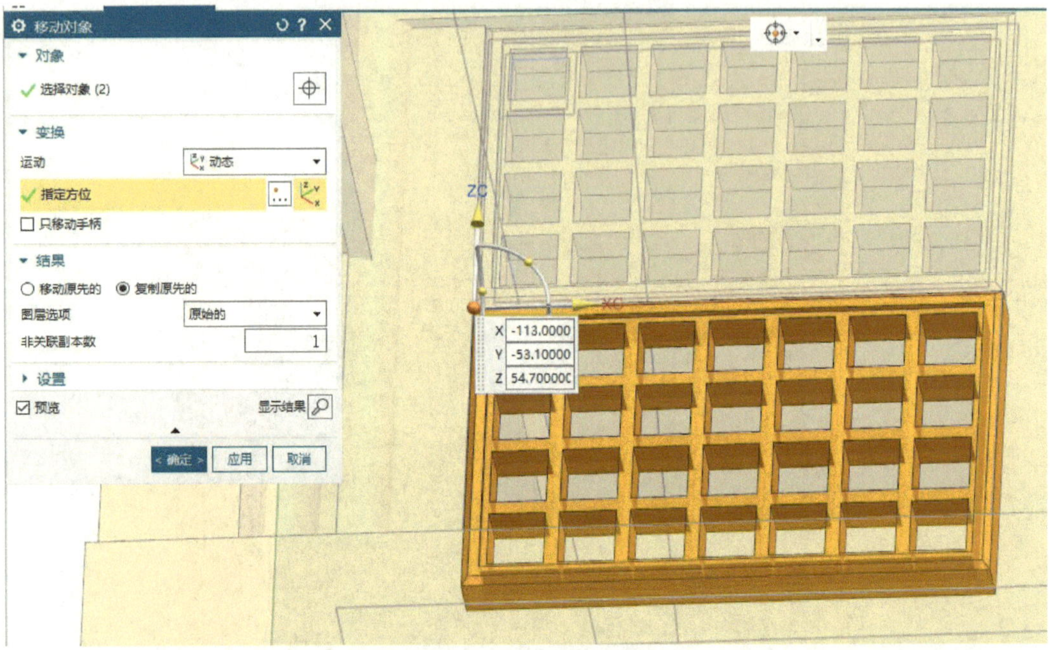

图 7-71　移动对象

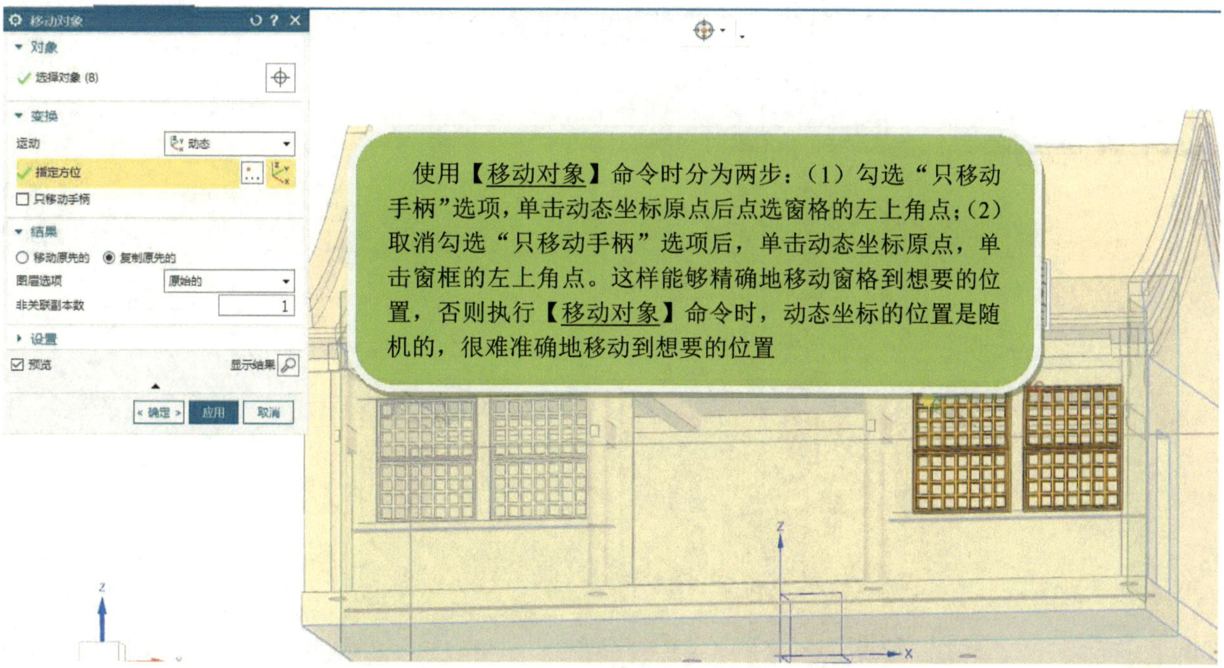

图 7–71　移动对象（续）

（22）在刚才的基准平面（如图 7-65 所示箭头所指的基准平面）上绘制草图，如图 7-72 所示。拉伸 2.5mm，薄处 1.5mm，倒斜角 0.4mm。

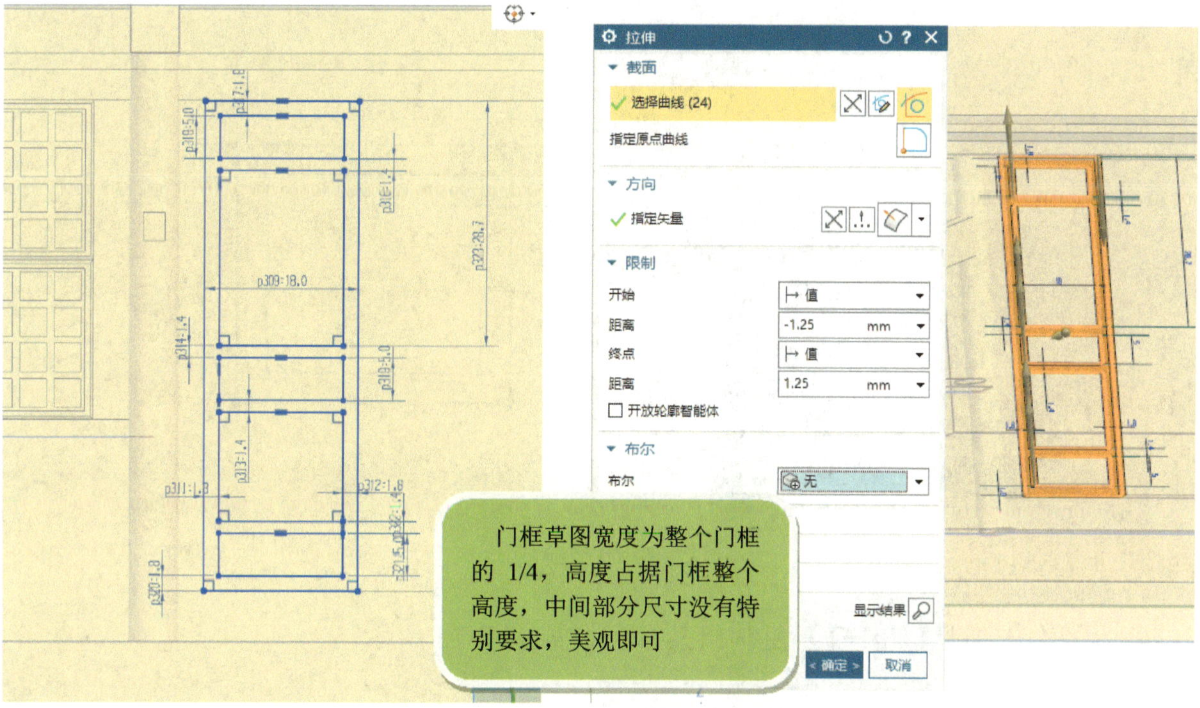

图 7–72　绘制草图、拉伸

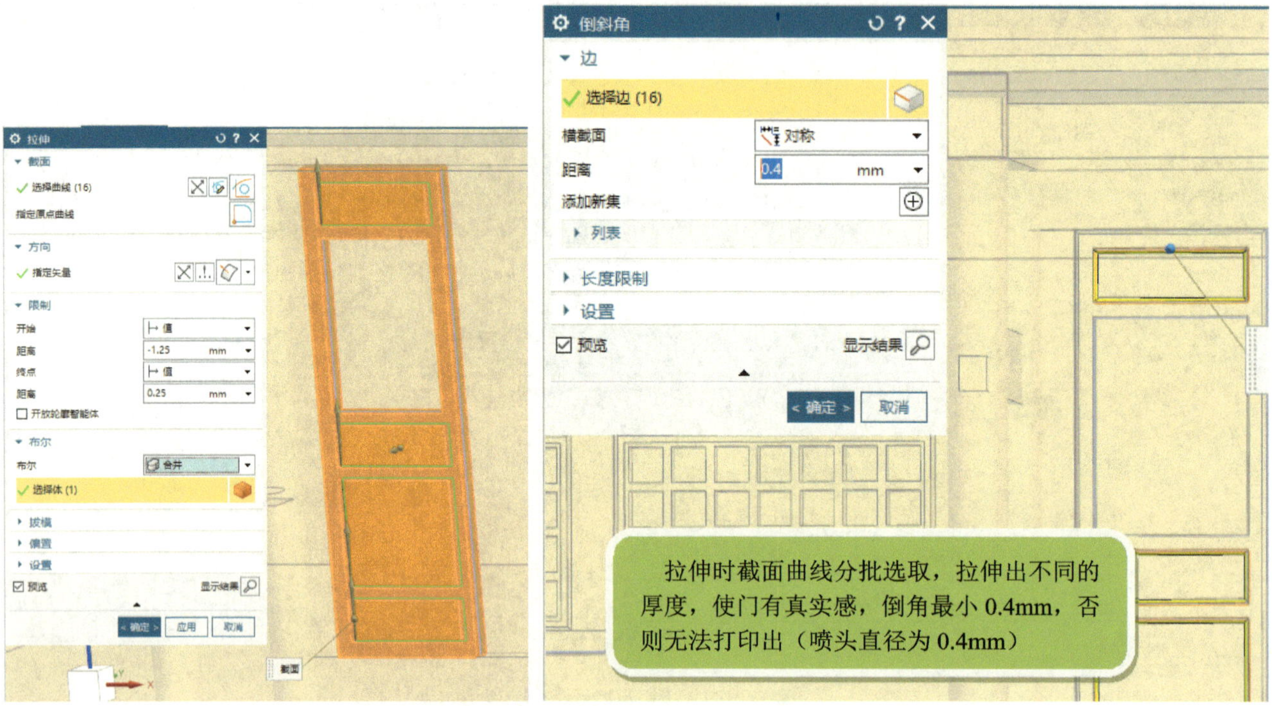

图 7–72　绘制草图、拉伸（续）

（23）在门的后面建立草图，绘制草图如图 7-73 所示。拉伸 2mm，然后阵列，参数如图 7-74 所示。合并窗格（方便后续复制）。

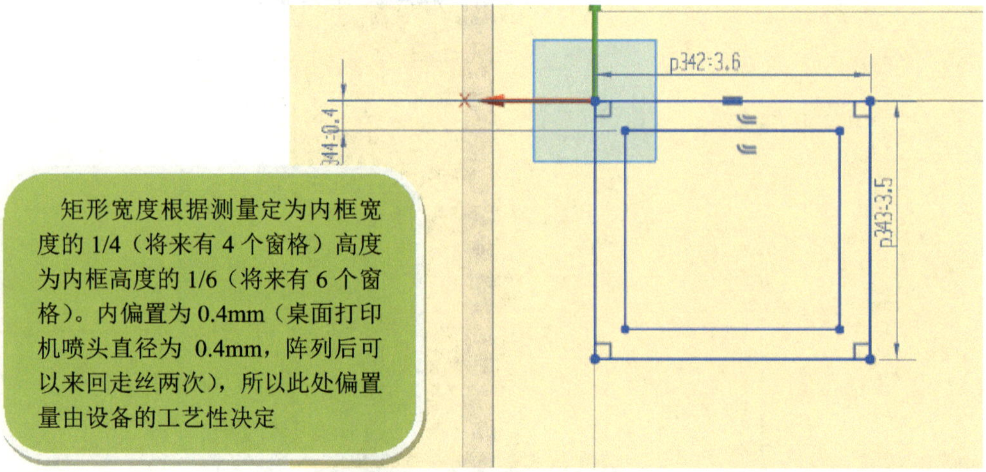

图 7–73　绘制

（24）使用快捷键【Ctrl+T】复制出其余门，如图 7-75 所示。

图 7–74　阵列特征

使用【移动对象】命令时分为两步：(1) 勾选“只移动手柄”选项，单击动态坐标原点后点选窗格的左上角点；(2) 取消勾选“只移动手柄”选项后单击动态坐标原点，单击窗框的左上角点。这样能够精确地移动窗格到想要的位置，否则执行【移动对象】命令时，动态坐标的位置是随机的，很难准确地移动到想要的位置

图 7–75　移动对象

（25）在图 7-76 所示平面内创建草图（红色平面），绘制草图如图 7-77 所示。

图 7–76　基准平面

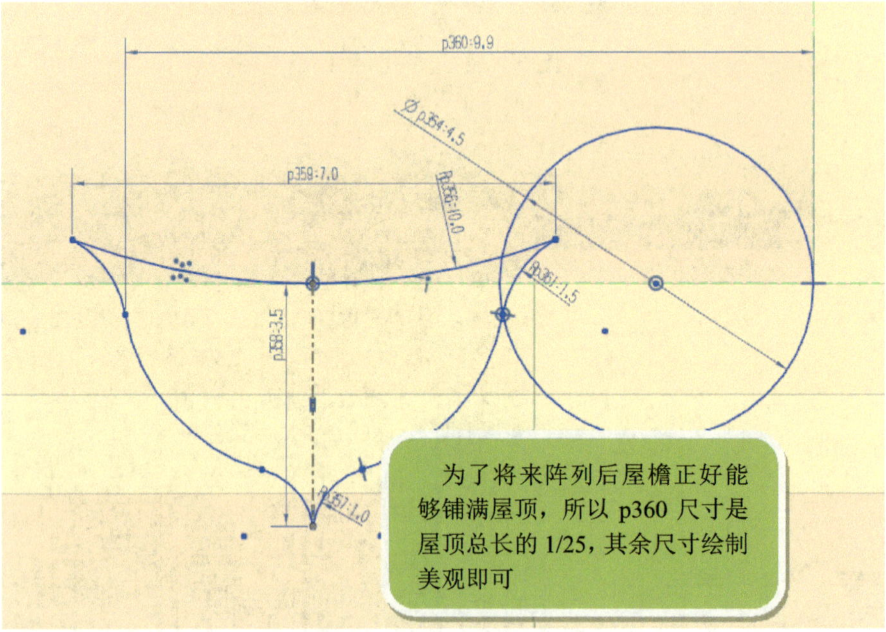

图 7–77　绘制草图

（26）使用【曲面】选项卡【基本】组中【扫掠】命令，截面曲线选择圆，引导线使用屋顶的边缘线，如图 7-78 所示。把扫掠体两端进行延伸，如图 7-79 所示。同样方法扫掠出另一部分。使用【移动】命令移动刚才扫掠出的两端，如图 7-80 所示。

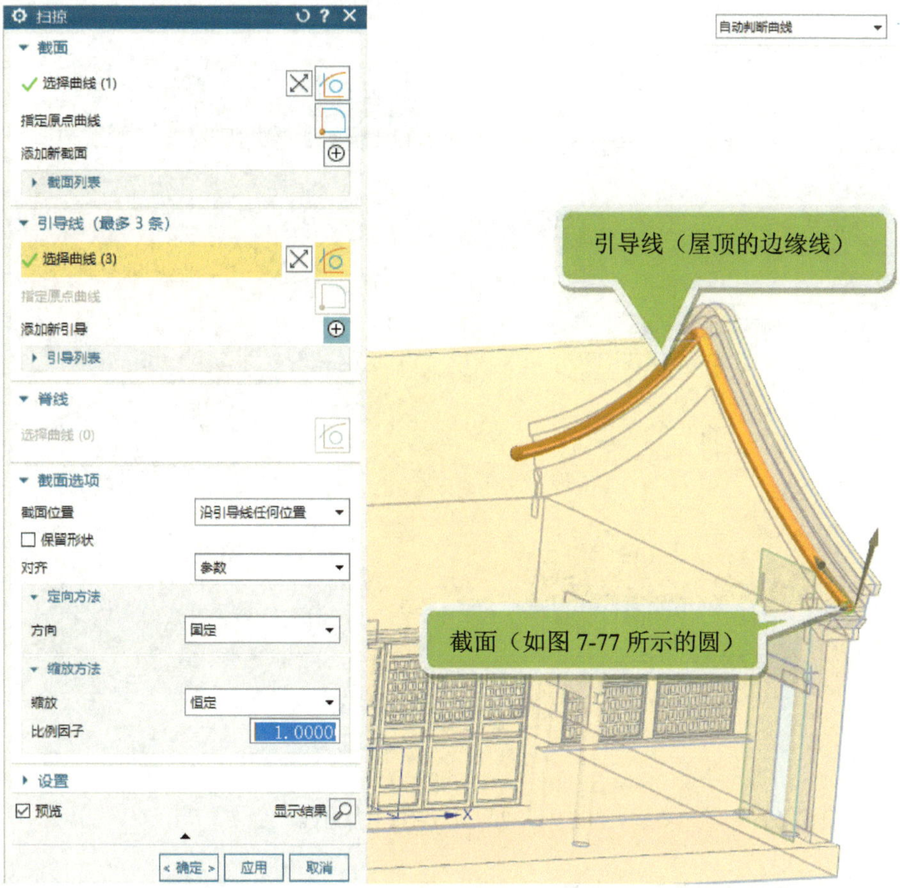

图 7-78　扫掠

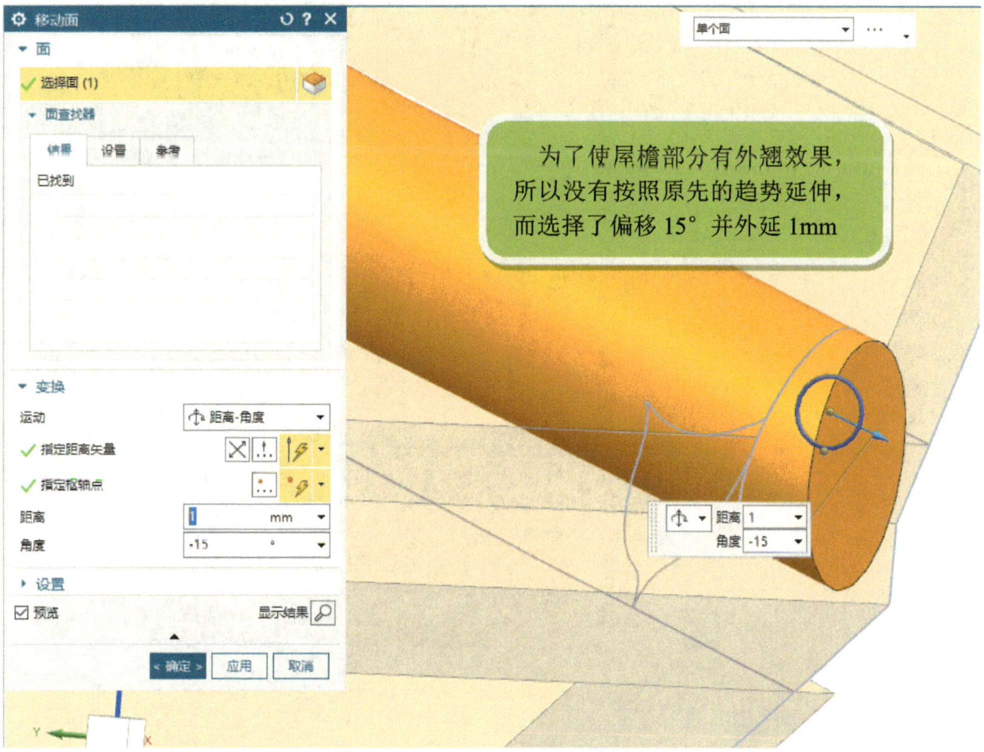

图 7-79　移动

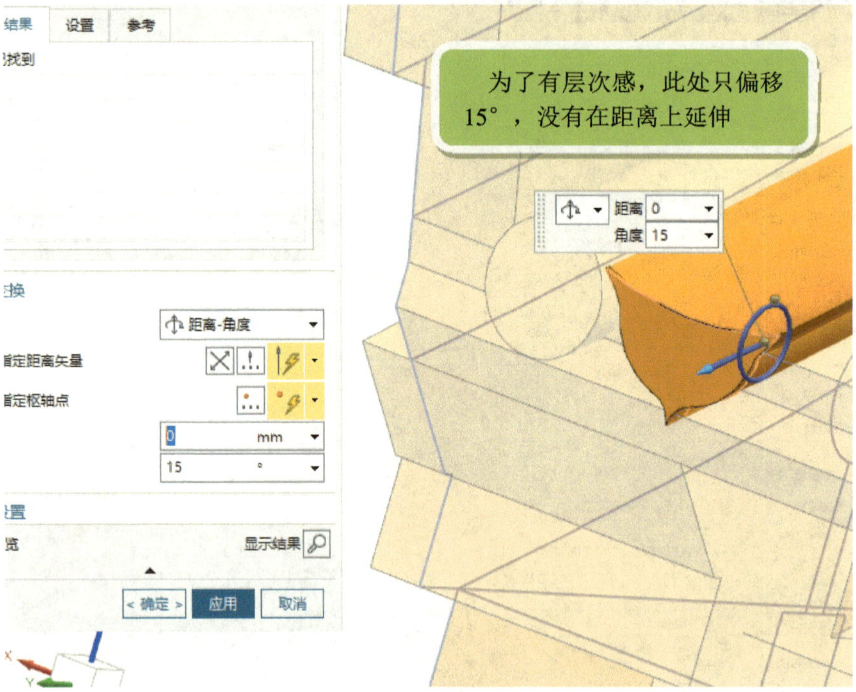

图 7-80　移动

（27）阵列屋顶部分（消除参数后），如图 7-81 所示。

图 7-81　阵列特征

（28）最终模型如图 7-82 所示，打印前合并需要合并的部分（根据打印机工作区域的尺寸），导出 STL 或 OBJ 格式文件即可。

图 7-82　完成建模

【课后练习】

三维扫描的重要意义在于能够将实物的立体信息转换为计算机能直接处理的数字信号，为实物数字化提供了相当方便快捷的手段。我国历史悠久，文物众多，保护文物是我们的历史责任，三维扫描在文物数字化和文物保护上起到了重要作用，目前大同云冈石窟景区开启了“科技+”数字化文物保护新模式，已建成石窟寺保护、文物数字化研究两个省级科研基地，这也是三维扫描技术在文物保护中所起的重要作用。

使用扫描仪扫描下列物品（见图 7-83）。

图 7-83　扫描物品

项目八

三维建模应用二（3D One Plus）

任务一 认识 3D One Plus

三维设计是新一代数字化、虚拟化、智能化设计平台的基础。通俗地讲，三维设计即使用特定软件绘制三维的物体模型，使设计目标更加立体化、形象化。随着技术的发展和社会需求的不断拓展，三维设计技术已经广泛地应用到航空航天、机械设计、建筑工程、家具设计、室内装修等各个领域。

3D One Plus 是一款针对青少年开发的三维创意设计软件。智能简易的 3D 设计功能，让创意轻松实现。三维图形制作完成之后，可以直接在软件中连接 3D 打印机进行打印，方便、快捷。

1. 3D One Plus 软件的界面布局

3D One Plus 软件的设计界面非常简洁，如图 8-1 所示，其中包括菜单栏、标题栏、命令工具栏、工作区、视图导航器、活动工具栏、模型引用与云盘存储。

（1）菜单栏的主要功能有文件新建、打开、导入、保存、导出等。

（2）标题栏显示正在编辑的模型名称。

（3）命令工具栏内包含制作模型的各种命令。

（4）视图导航器可以调节观看工作区的角度。

（5）活动工具栏包括查看视图、渲染模式、显示/隐藏模型等功能。

（6）模型引用与云盘存储提供了本地和网络模型的预览和下载。

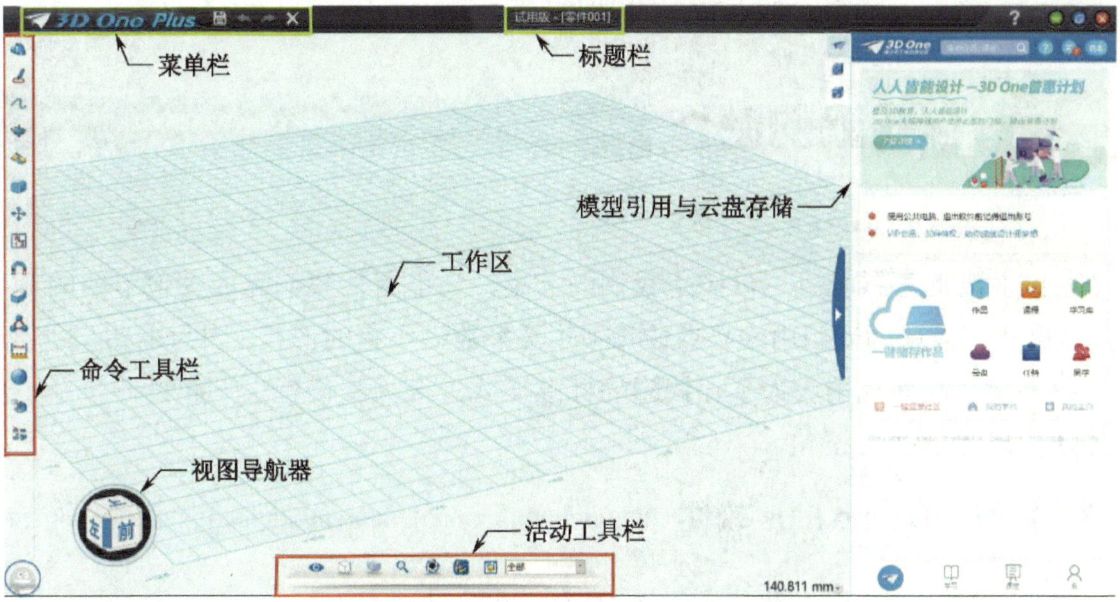

图 8-1　3D One Plus 软件界面

2. 3D One Plus 软件中鼠标的作用

鼠标左键：选择操作，按住左键同时拖动鼠标可移动造型。

鼠标中键：滚动鼠标中键可实现视图的放大与缩小，向下按动鼠标中键，可重复上一指令。

鼠标右键：按住鼠标右键并拖动鼠标可切换视角。

3. 3D One Plus 软件命令工具栏介绍

3D One Plus 软件命令工具栏见表 8-1。

表 8-1　3D One Plus 软件命令工具栏

图　标	名　称	功　能
	基本实体	可以直接使用的六面体、球、柱体等
	草图绘制	手工绘制草图的工具，有直线、圆、矩形、圆弧等
	空间曲线描绘	绘制空间曲线，有直线、圆弧、螺纹线等
	曲面	曲面造型及修补
	特征造型	拉伸、旋转、扫掠等造型操作
	特殊功能	对造型进行高级操作，抽壳、扭曲等
	基本编辑	对造型进行移动、镜像、阵列等操作
	插入基准面	根据草图需求插入相应的基准面
	自动吸附	吸铁石，把两个造型吸附在一起
	组合编辑	把两个造型进行加、减、交的操作
	组	完成组的建立、部分炸开及全部炸开等功能
	距离测量	测量造型大小
	颜色	对材质进行渲染美化

任务二 存钱罐的制作

一个别致美观的存钱罐既可以装点我们的书桌，还能督促我们养成勤俭节约的好习惯。一般，存钱罐都被设计为专门用来存放硬币，并且多数为小猪的形状。因为小猪，体胖身圆，有招财纳福之意，故其几乎成为了存钱罐的标准样式。今天我们就来一起设计一个小猪存钱罐。本任默认尺寸单位为 mm。

1. 打开 3D One Plus 软件

（1）双击“3D One Plus”图标，打开 3D One Plus 设计软件。

（2）单击顶部工具栏的【保存】命令，选择一个保存位置，文件名命名为“小猪存钱罐”。

2. 身体的绘制

（1）单击【基本实体】→【椭球体】命令，以（0，0，0）为中心绘制一个长度方向尺寸为 100，宽度方向尺寸为 90，高度方向尺寸为 80 的椭球体，如图 8-2 所示。

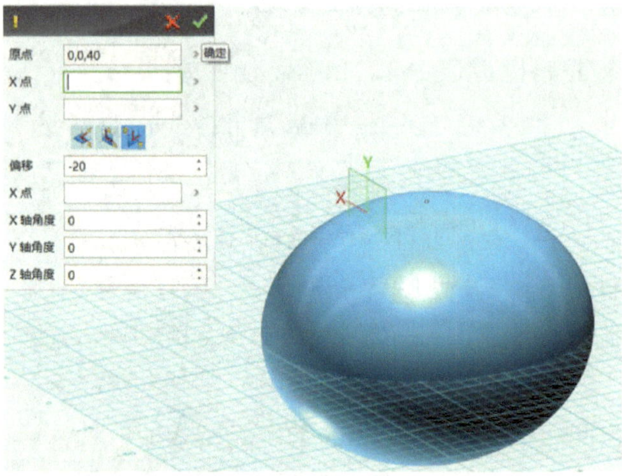

图 8-2 创建椭球体

（2）单击【特殊功能】→【抽壳】命令，造型选择椭球体，厚度为-2.5，单击确定按钮完成抽壳。

3. 耳朵的绘制

（1）单击【插入基准面】→【3 点插入基准面】→【对齐到 YZ 平面】命令，原点为（0，0，40），偏移为-20，单击确定按钮完成。

（2）选择上一步创建的基准面绘制草图。单击【草图绘制】→【直线】命令，点 1 为（-15，0），点 2 为（-35，0），单击确定按钮完成直线的绘制。单击【草图绘制】→【通过点绘制曲线】命令，绘制耳朵轮廓如图 8-3 所示，完成后退出草图。

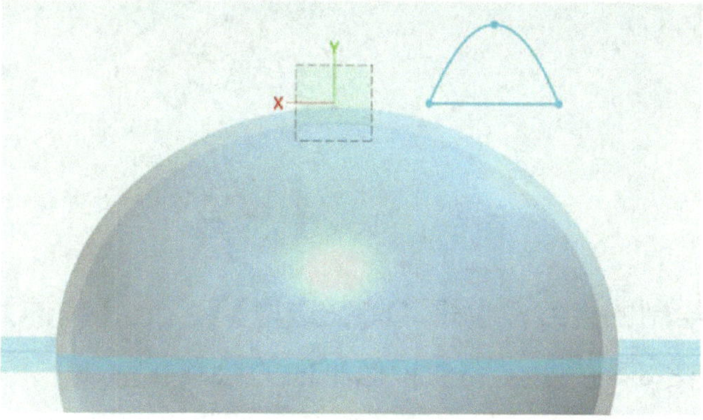

图 8-3　绘制耳朵轮廓

（3）选择刚绘制耳朵轮廓草图，单击【特征造型】→【拉伸】命令，拉伸类型为对称，拉伸长度为 3，如图 8-4 所示。

（4）单击【特征造型】→【圆角】命令，选择如图 8-5 所示的耳朵的两边，圆角半径为 3，完成圆角操作。

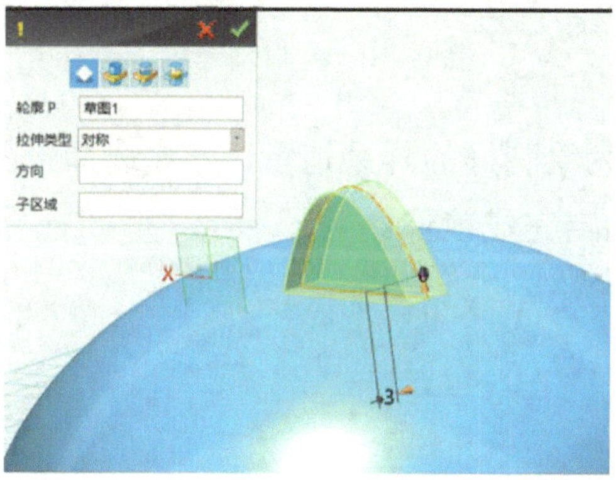

图 8-4　耳朵拉伸图

图 8-5　耳朵倒圆角

（5）单击【特殊功能】→【圆柱弯折】命令，造型为耳朵，基准面为耳朵的前平面 F3，角度为 25，完成圆柱弯折。

（6）单击【基本编辑】→【移动】→【动态移动】命令，拖动 *Z* 轴（黄色轴）-13；拖动绿色旋转轴，输入旋转角度-26；拖动红色旋转轴，输入旋转角度 25，如图 8-6 所示，完成移动。

（7）选择第一步创建的基准面新建草图，单击【草图绘制】→【直线】命令，点 1 为（0，0），点 2 为（0，30），如图 8-7 所示，完成直线绘制后退出草图。

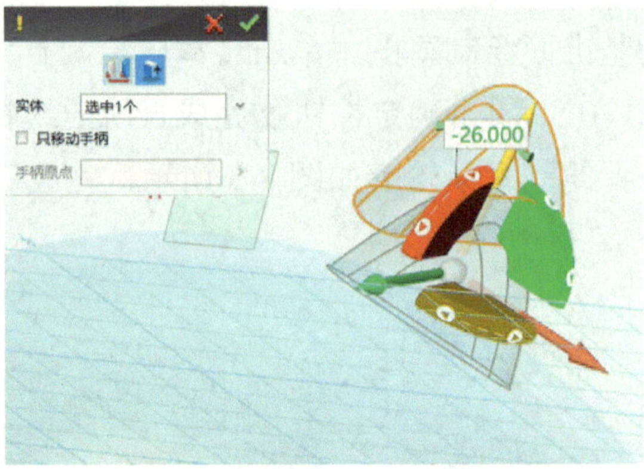

图 8-6　耳朵造型移动

（8）选择上一步中绘制的直线，单击【特征造型】→【拉伸】命令，拉伸类型为 1 边，拉伸长度为 10，如图 8-8 所示，完成镜像平面的绘制。

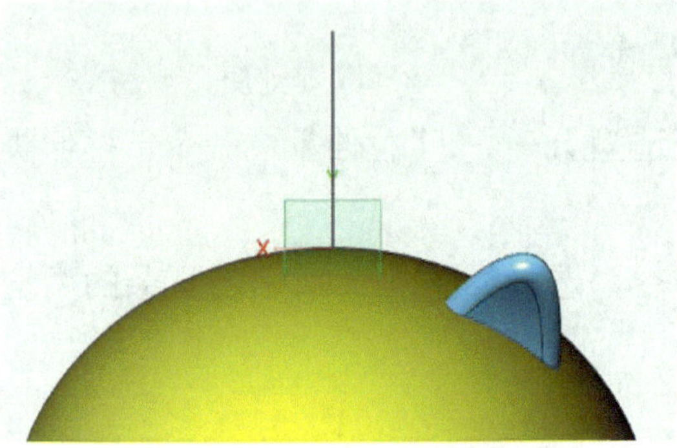

图 8-7　绘制镜像线

图 8-8　绘制镜像平面

（9）单击【基本编辑】→【镜像】命令，实体为绘制好的耳朵造型，方式选择平面，单击选择上一步中绘制的镜像平面，如图 8-9 所示，确定完成镜像。

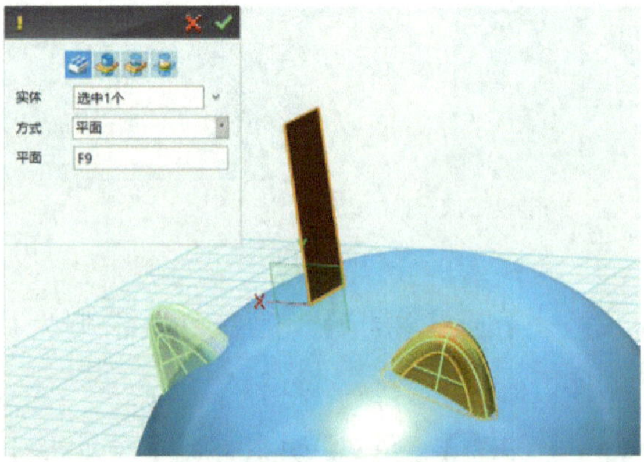

图 8-9　耳朵镜像

3. 鼻子及嘴部的绘制

（1）单击【插入基准面】→【3 点插入基准面】→【对齐到 YZ 平面】命令，原点为（-50，0，0），确定完成基准面的创建。

（2）选择新建的基准面创建草图，单击【草图绘制】→【椭圆】命令，绘制一个长轴为 30，短轴为 25 的椭圆，如图 8-10 所示，完成后退出草图。

（3）单击【特征造型】→【拉伸】命令，选择刚绘制的椭圆，拉伸类型为 2 边，起始点-2，结束点 7，布尔运算为加运算，完成拉伸。

（4）单击【特征造型】→【圆角】命令，边线为鼻子的轮廓线，圆角半径为 1，如图 8-11 所示，单击确定按钮。

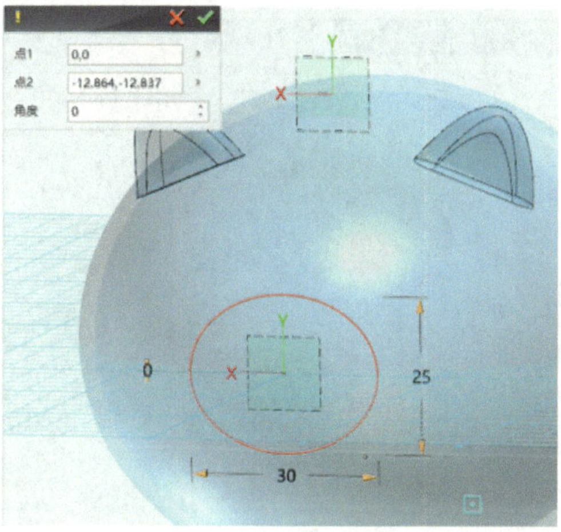

图 8-10　鼻子轮廓绘制

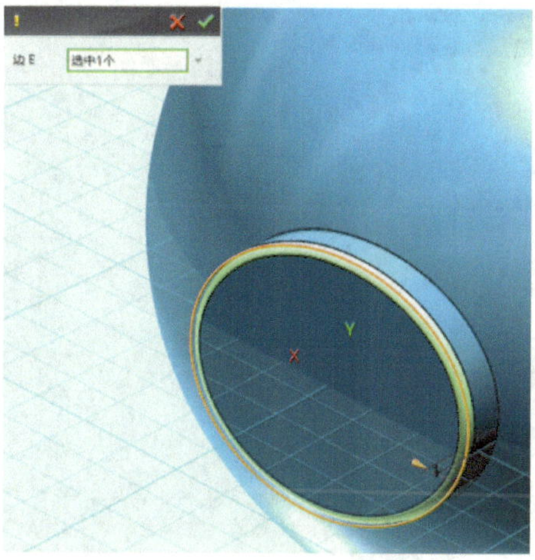

图 8-11　鼻子倒圆角

（5）单击【草图绘制】→【圆】命令，选择鼻子最前平面创建草图，分别以（-5，1.5）和（5，1.5）为圆心，1.5 为半径画两个圆，完成后退出草图。

（6）单击【特征造型】→【拉伸】命令，选择两圆，拉伸类型为 1 边，拉伸长度为-2，布尔运算为减运算，如图 8-12 所示，单击确定按钮完成拉伸。

（7）单击【草图绘制】→【参考几何平面】命令，选择鼻子最前平面为草图绘制平面，如图 8-13 所示轮廓线为参考曲线，单击确定按钮。

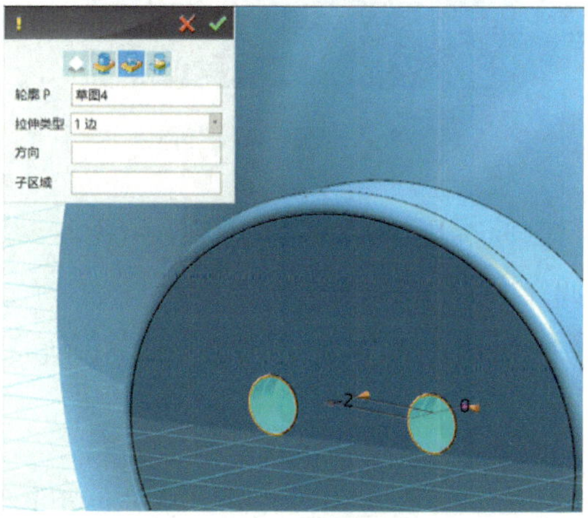

图 8-12　鼻孔部分造型

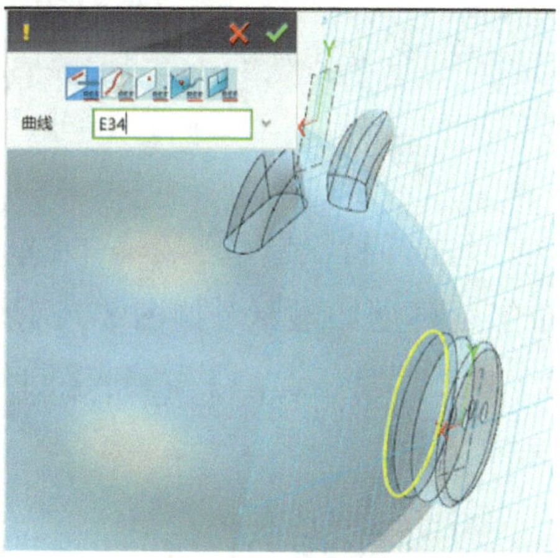

图 8-13　参考曲线绘制嘴部轮廓

（8）单击【草图绘制】→【直线】命令，点 1 为（0，0），点 2 为（0，-15）。单击

【草图编辑】→【偏移曲线】命令，曲线选择上一步绘制的直线，分别向两个方向偏移 4.5，如图 8-14 所示。

(9) 单击【草图绘制】→【圆弧】命令，分别以两偏移直线与椭圆交点为端点，4.5 为半径绘制圆弧，如图 8-15 所示。单击【草图编辑】→【偏移曲线】命令，选择刚绘制的圆弧，偏移距离为 1，如图 8-16 所示。单击【修剪】命令，删除不必要的线，完成后如图 8-17 所示。

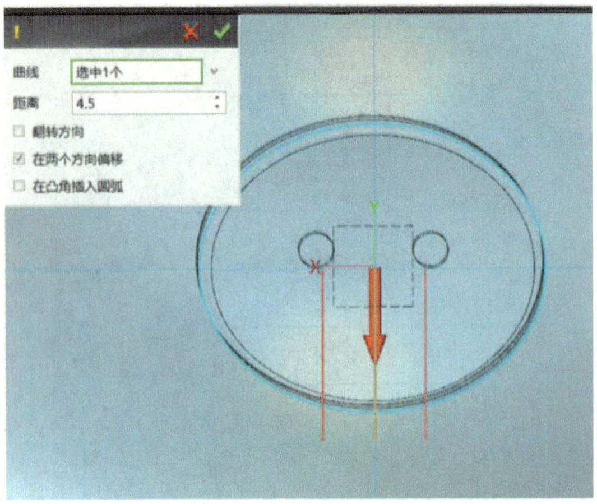

图 8-14 直线偏移

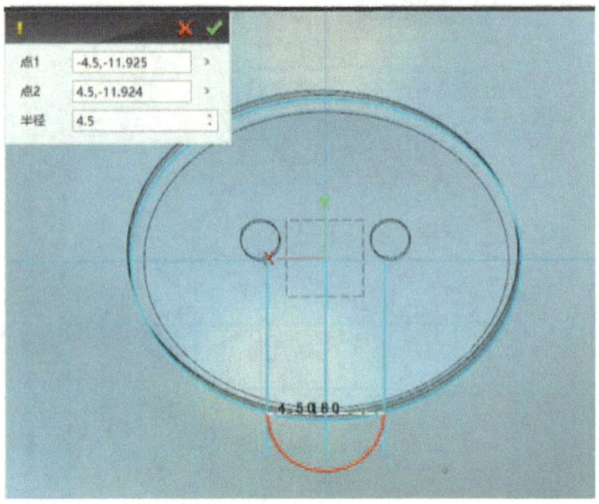

图 8-15 绘制圆弧

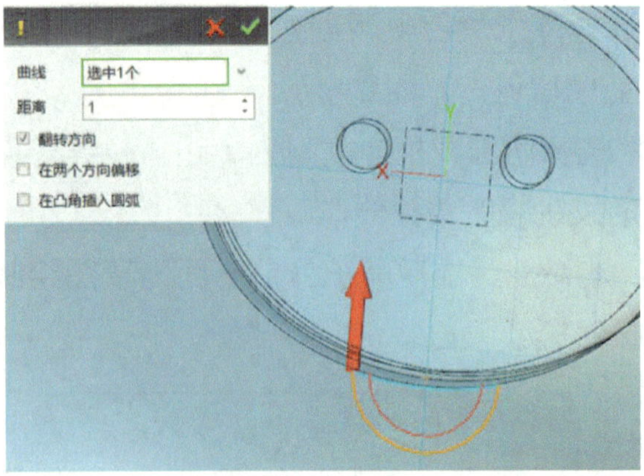

图 8-16 曲线偏移

图 8-17 完成嘴部轮廓

(10) 单击【特征造型】→【拉伸】命令，拉伸类型为 2 边，起始点-3.5，结束点-6.5，布尔运算为加运算，如图 8-18 所示，完成拉伸。

(11) 单击【特征造型】→【圆角】命令，选择嘴部两条边，半径为 0.5，如图 8-19 所示，完成圆角。

4. 眼睛的绘制

(1) 选择【基本实体】→【球体】命令，将球体放置在模型合适的位置，球体半径为 4，如图 8-20 所示。

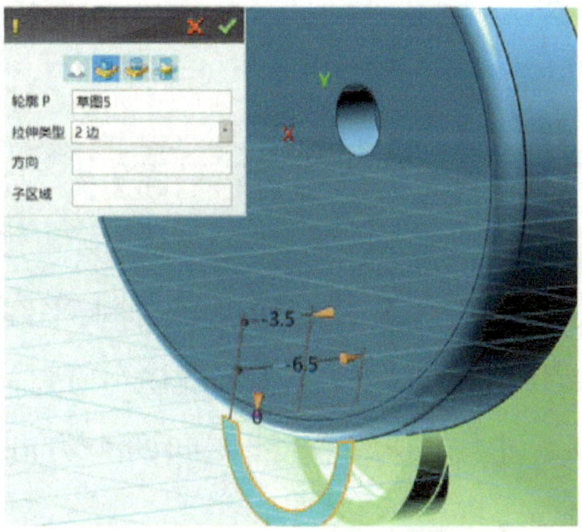

图 8-18　嘴部轮廓拉伸

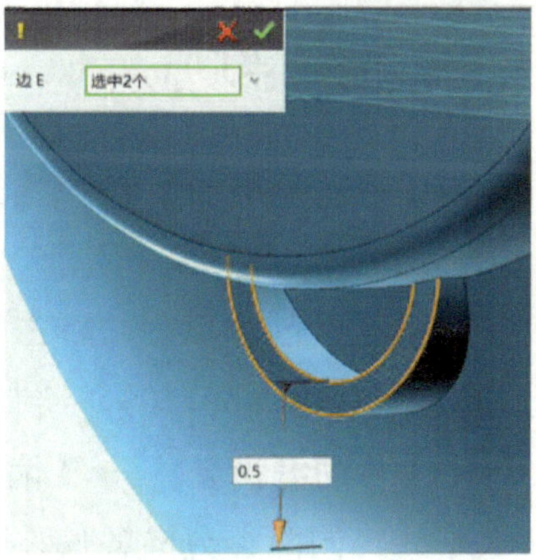

图 8-19　嘴部轮廓圆角

（2）选择模型顶部的 *YZ* 平面创建草图。单击【草图绘制】→【直线】命令，点 1 为（0，0），点 2 为（0，15），确定并退出。

（3）拉伸上一步所绘制的直线，拉伸类型为 1 边，拉伸长度为 10，如图 8-21 所示，完成拉伸。

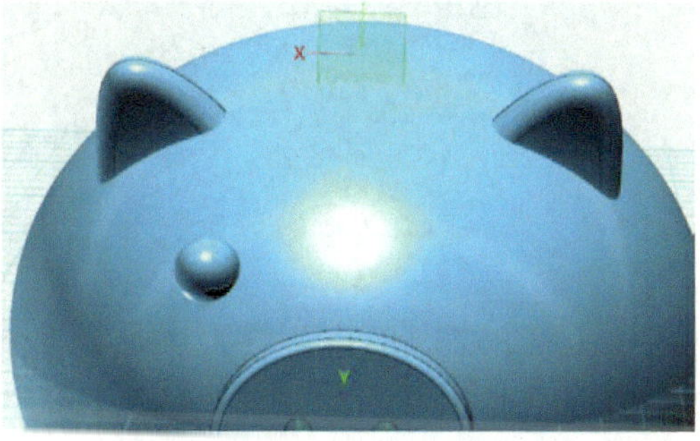

图 8-20　眼睛造型

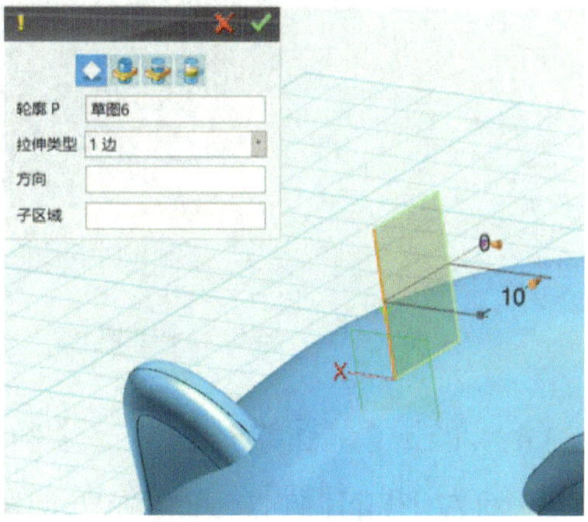

图 8-21　绘制镜像平面

（4）单击【基本编辑】→【镜像】命令，实体为眼睛，方式为平面，平面选择第（3）步绘制的镜像平面，如图 8-22 所示，完成镜像。

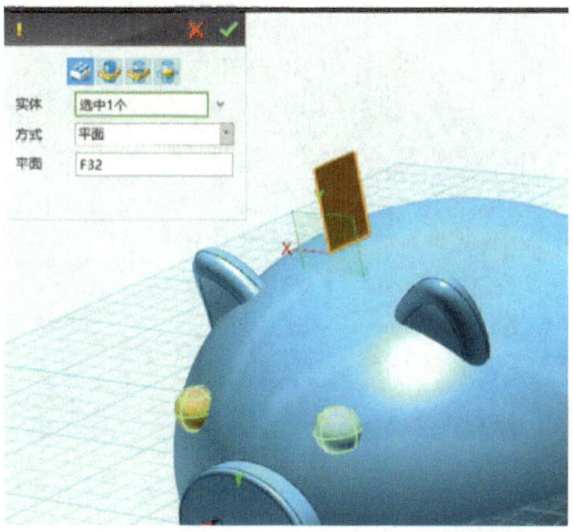

图 8-22　眼睛镜像

5. 腿部的绘制

（1）单击【插入基准面】→【3 点插入基准面】→【对齐到 XY 平面】命令，原点为（0，0，-50），如图 8-23 所示，单击确定按钮。

（2）在新基准面创建草图，单击【草图绘制】→【直线】命令，绘制水平线，点 1 为（-50，0），点 2 为（50，0），绘制竖直线，点 1 为（0，-40），点 2 为（0，40）。

（3）单击【草图编辑】→【偏移曲线】命令，曲线选择竖直线，向两个方向各偏移 25；选择水平线，向两个方向各偏移 20，如图 8-24 所示。

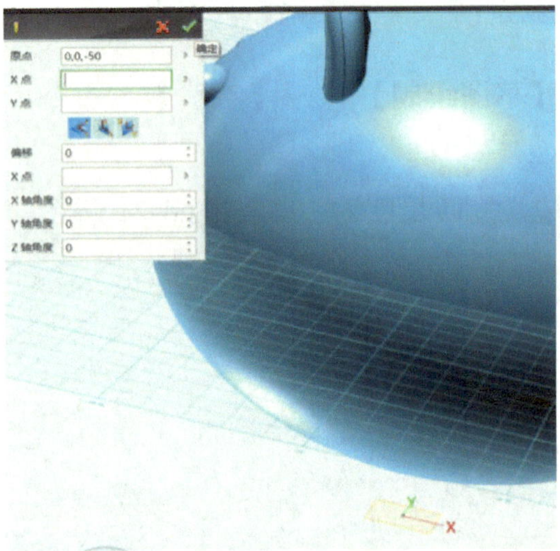

图 8-23　创建 *XY* 基准面

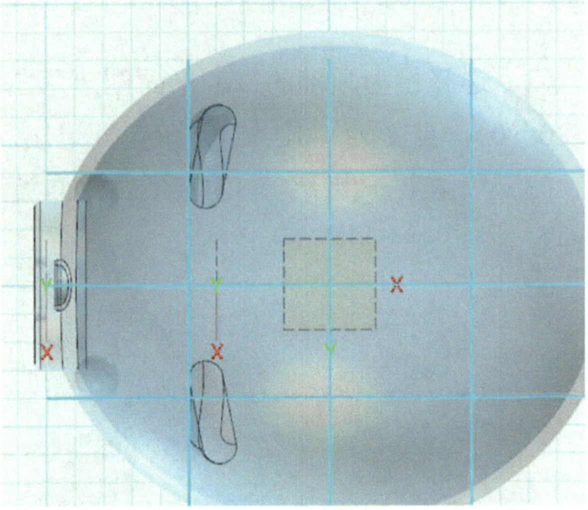

图 8-24　曲线偏移

（4）单击【草图绘制】→【椭圆】命令，以图 8-25 所示交点为中心，绘制长轴为 12，短轴为 10 的椭圆，并删除所有直线。

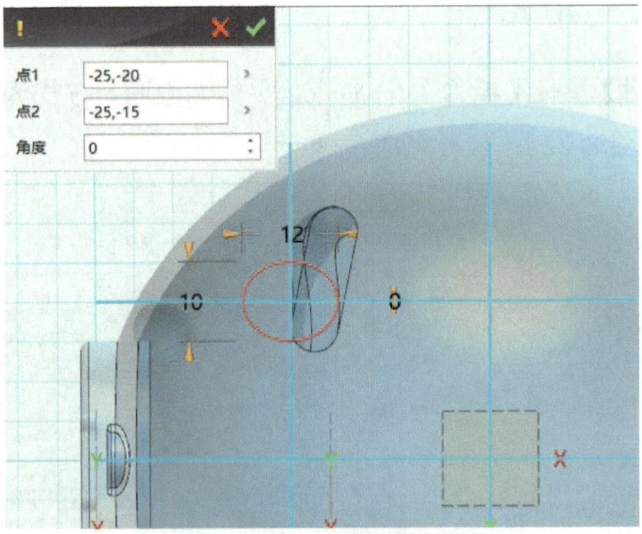

图 8-25　绘制腿部椭圆

（5）单击【插入基准面】→【3 点插入基准面】→【对齐到 XY 平面】命令，原点为（0，0，-40），单击确定按钮。

（6）选择新基准面创建草图。单击【草图绘制】→【参考几何平面】命令，曲线选择第（4）步绘制的椭圆，如图 8-26 所示。

（7）单击【基本编辑】→【缩放】命令，基点为（-25，-20），均匀放大 1.5 倍，确定完成放大，如图 8-27 所示。

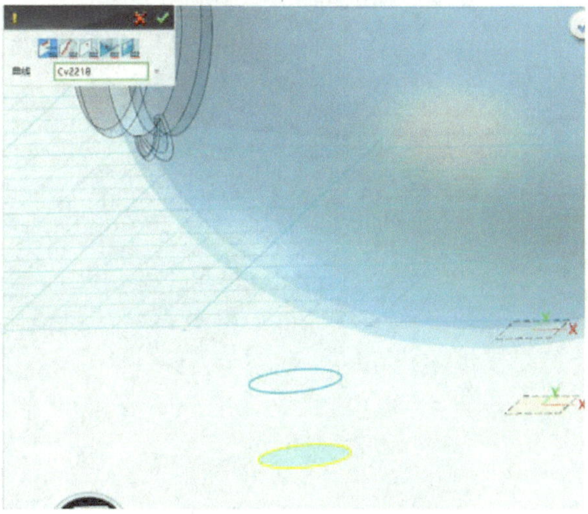

图 8-26　参考曲线绘制椭圆

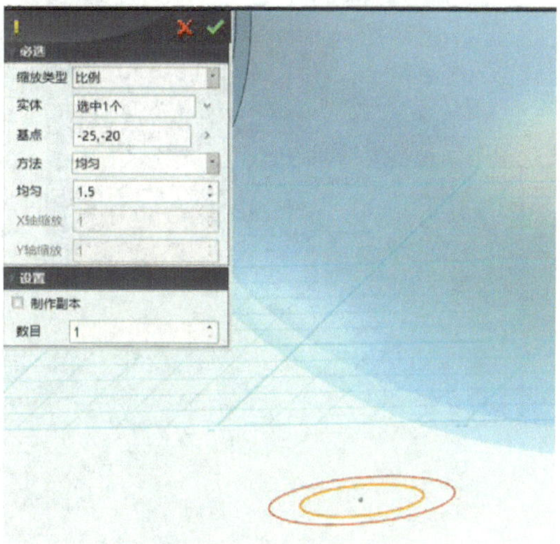

图 8-27　放大椭圆

（8）单击【插入基准面】→【3 点插入基准面】→【对齐到 XY 平面】命令，原点为（0，0，-60），单击确定按钮。

（9）选择新基准面创建草图。单击【草图绘制】→【参考几何平面】命令，曲线选择第（4）步绘制的椭圆，如图 8-28 所示。

（10）单击【基本编辑】→【缩放】命令，基点为（-25，-20），均匀缩小 0.8 倍，确定完成缩小，如图 8-29 所示。

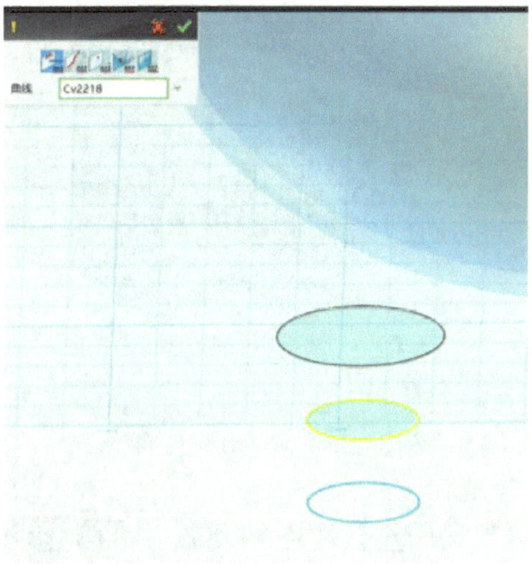

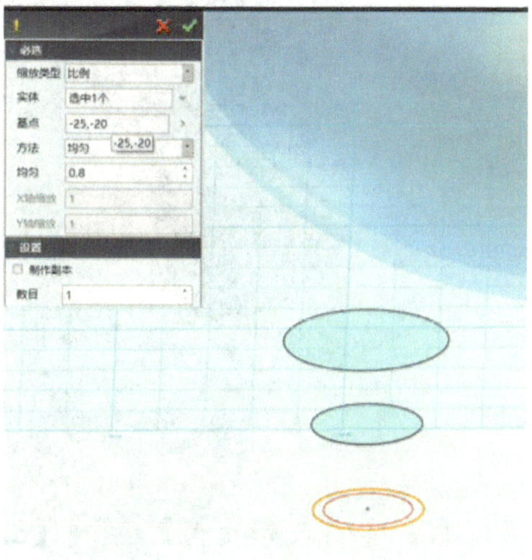

图 8-28 参考曲线绘制椭圆

图 8-29 缩小椭圆

（11）单击【特征造型】→【放样】命令，选择三个椭圆草图（注意箭头方向要一致），如图 8-30 所示，完成放样。

（12）单击【基本编辑】→【移动】→【动态移动】命令，拖动 Z 轴（黄色轴）距离为 19，如图 8-31 所示，完成移动。

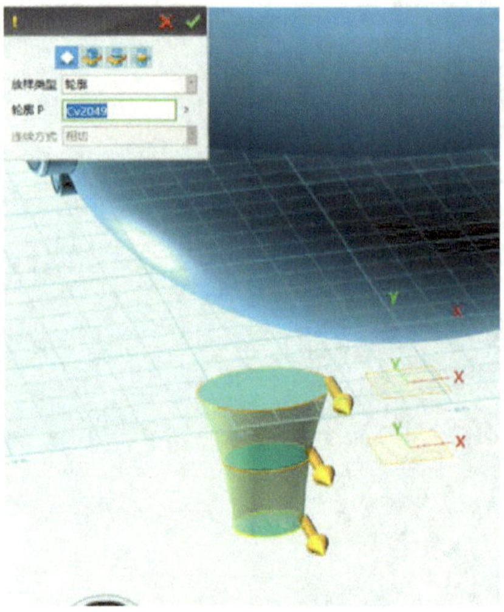

图 8-30 完成放样

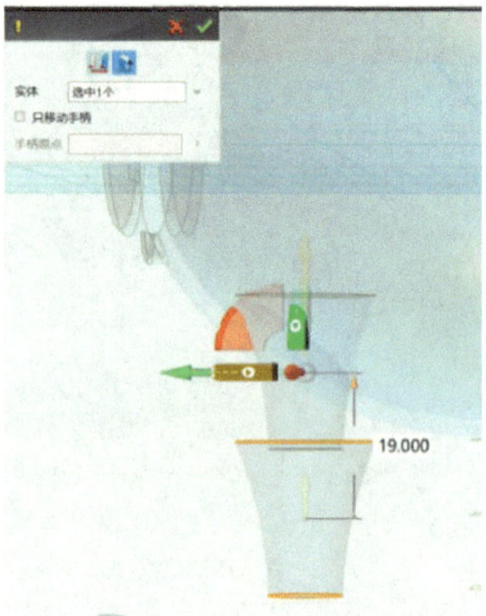

图 8-31 移动腿部

（13）单击【特征造型】→【圆角】命令，选择腿部曲线，半径为 1，如图 8-32 所示，完成圆角。

（14）单击【基本编辑】→【镜像】命令，实体为腿，平面为顶部所示镜像平面，如图 8-33 所示，完成镜像。

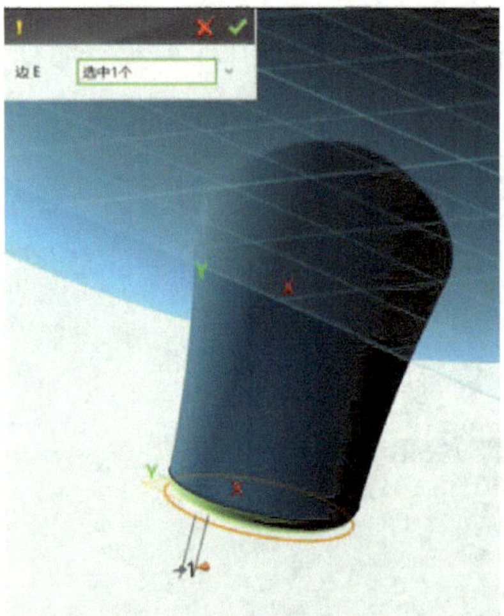

图 8-32 腿部圆角

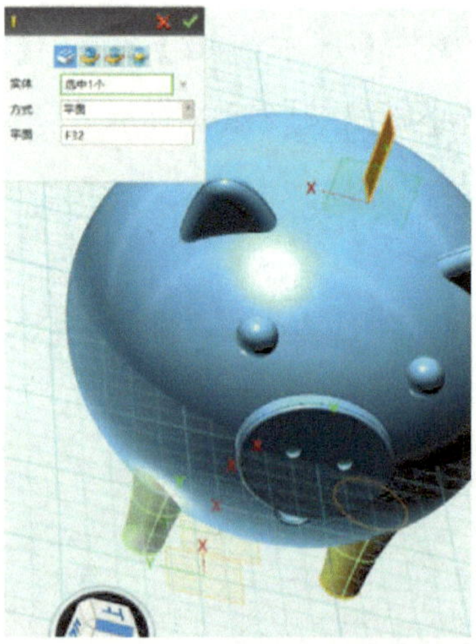

图 8-33 镜像腿部造型

（15）单击【插入基准面】→【3 点插入基准面】→【对齐到 XZ 平面】命令，原点为（0，0，40），单击确定按钮。

（16）选择新基准面创建草图。单击【草图绘制】→【直线】命令，点 1 为（0，0），点 2 为（0，20），如图 8-34 所示。

（17）单击【特征造型】→【拉伸】按钮，拉伸类型为对称，拉伸长度为 10，如图 8-35 所示，完成拉伸。

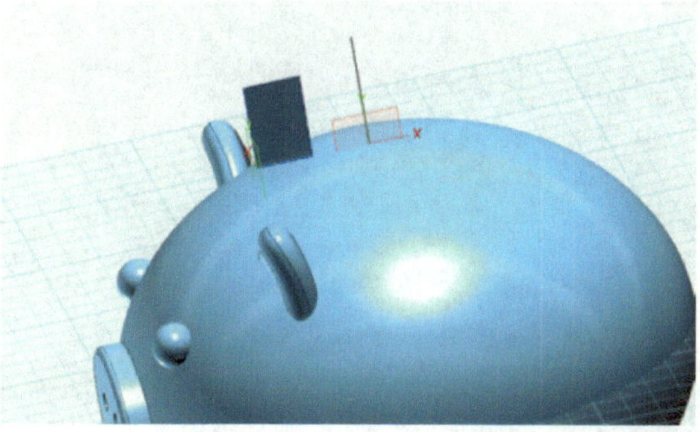
图 8-34　创建镜像平面草图

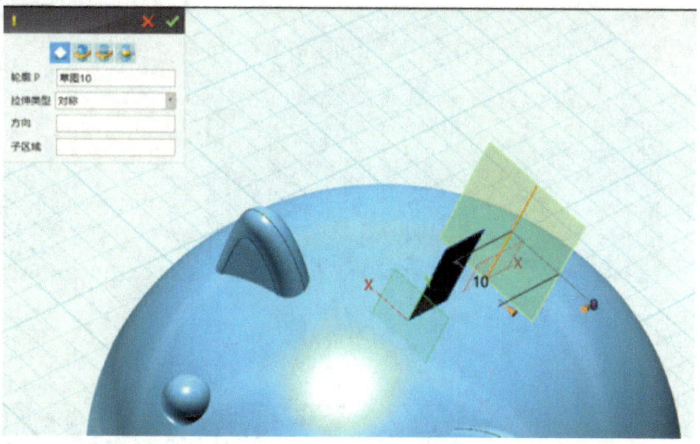
图 8-35　拉伸镜像平面

（18）单击【基本编辑】→【镜像】命令，实体为两前腿，镜像平面为上一步中完成的平面，确定完成镜像。删除不需要的平面。

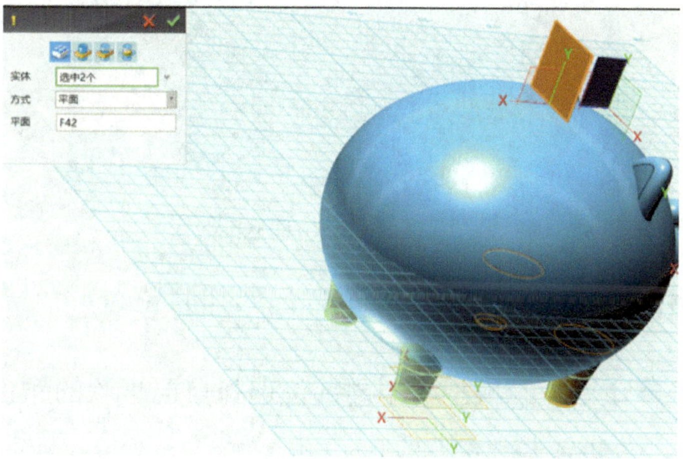
图 8-36　后两条腿的镜像

6. 投币口的绘制

（1）单击【插入基准面】→【3 点插入基准面】→【对齐到 XY 平面】命令，原点为（0，0，40），如图 8-37 所示，单击确定按钮。

（2）单击【草图绘制】→【直线】命令，点 1 为（12.5，0），点 2 为（-12.5，0）。单击【草图编辑】→【偏移曲线】命令，曲线选择刚绘制的直线，向两个方向分别偏移 2，删除中间直线，如图 8-38 所示，单击完成直线的绘制。

（3）单击【草图绘制】→【直线】命令，将直线两端口封住，完成草图。

（4）单击【特征造型】→【拉伸】命令，拉伸类型为 1 边，拉伸长度为-10，布尔运算为减运算，如图 8-39 所示，完成拉伸。

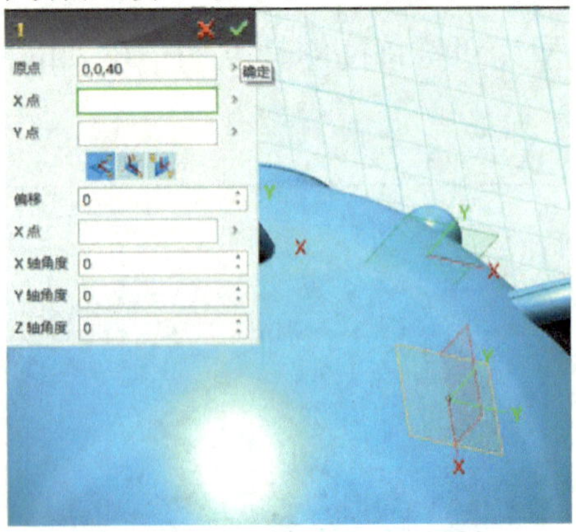

图 8-37　创建新基准面

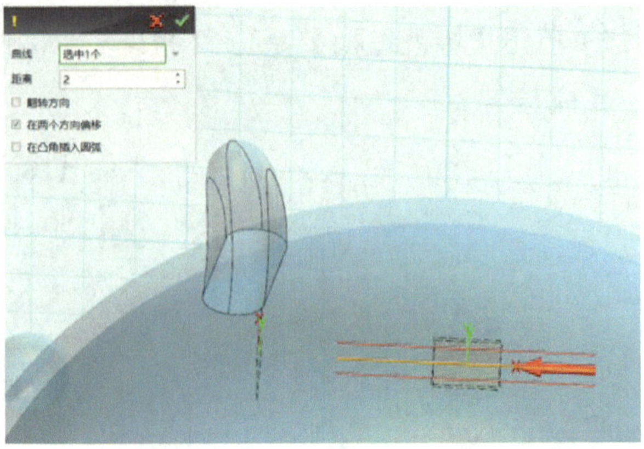

图 8-38　绘制投币口

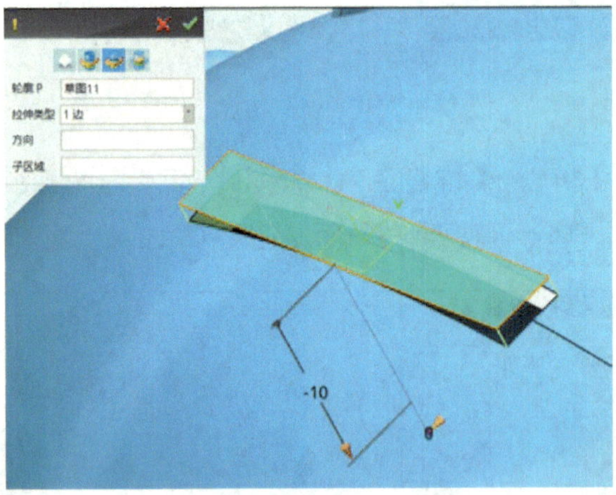

图 8-39　投币口拉伸

7. 着色及组合

（1）单击【着色】命令，给模型的不同部位选择自己喜欢的颜色，如图 8-40 所示。

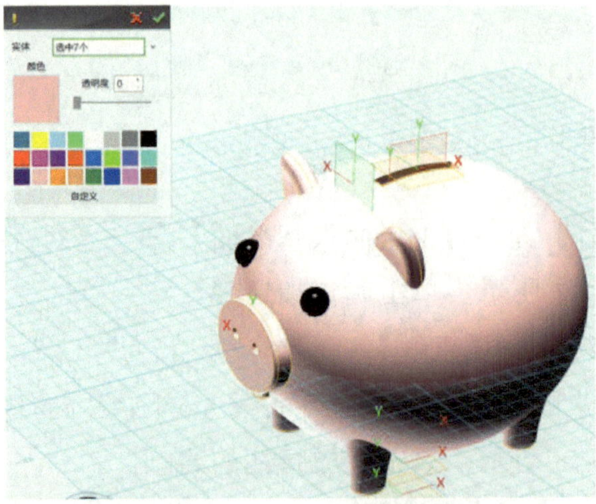

图 8-40　模型着色

（2）单击【组合】命令，基体为小猪的身体，合并体为其余各部分，布尔运算为加运算，如图 8-41 所示。

图 8-41　完成组合

任务三　四旋翼飞行器的绘制

四旋翼飞行器也称为四旋翼直升机，是一种有 4 个螺旋桨且螺旋桨呈十字形交叉的飞行器，它广泛应用于民用航拍和军事侦查中。

四旋翼飞行器的种类不多，本设计内容包括四旋翼飞行器及飞行器支架与防护罩（见图 8-42），可以通过桌面打印机快速打印，结合控制器、电机和螺旋桨，可完成简易飞行器的组装，通过遥控器，让我们畅游天空吧。

图 8-42　四旋翼飞行器及飞行器支架与防护罩

1. 打开 3D One Plus 软件

（1）双击“3D One Plus”图标，打开 3D One Plus 设计软件。

（2）单击顶部工具栏的【保存】命令，选择一个保存位置，文件名命名为“四旋翼飞行器”。

2. 机身的绘制

1）基体绘制

（1）单击【草图绘制】→【矩形】命令，然后单击水平基准面作为草图绘制平面，进入草图绘制环境。

（2）单击【查看视图】→【自动对齐视图】命令，方便作图使用。使用【矩形】命令绘制长度和宽度均为 26.3 的矩形，如图 8-43 所示。

（3）单击【草图编辑】→【偏移曲线】命令，曲线选择正方形的四条边，偏移距离为-1.5，如图 8-44 所示，单击确定按钮完成曲线偏移。

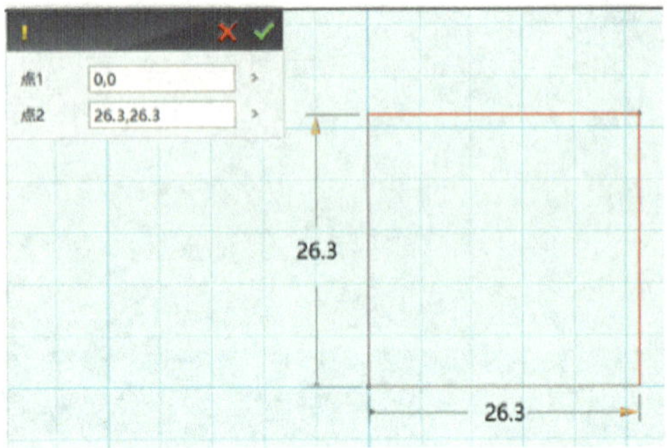

图 8-43　基体矩形

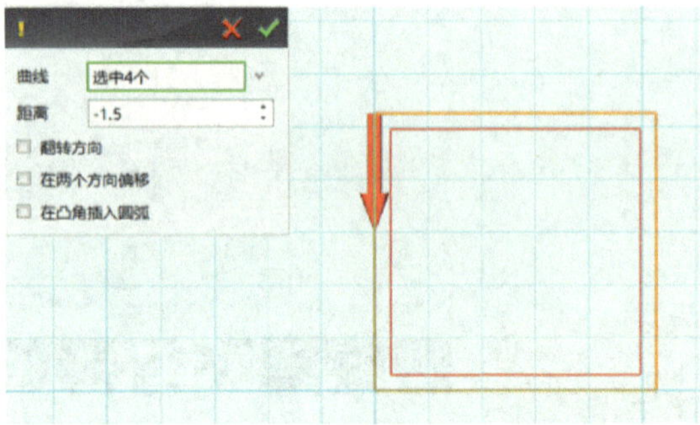

图 8-44　轮廓偏移

（4）单击【草图绘制】→【矩形】命令，点 1 为（1.5，1.5），点 2 为（4.5，4.5），如图 8-45 所示，绘制长和宽均为 3 的矩形。

（5）单击【基本编辑】→【阵列】命令，阵列类型调整为圆形阵列，基体为小正方形两边，圆心位置选择矩形中心点，如图 8-46 所示，阵列数目为 4，间距角度设为 90°，单击确定按钮完成阵列。

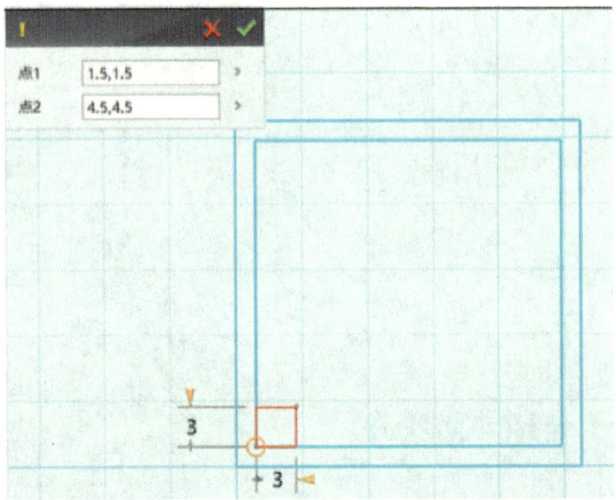

图 8-45　矩形绘制

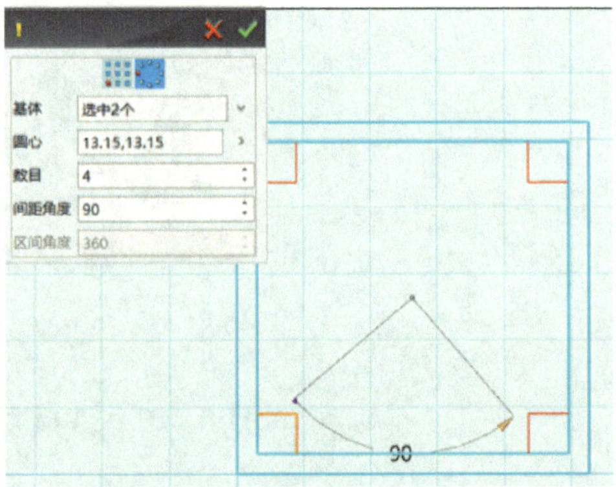

图 8-46　矩形阵列

（6）单击【草图编辑】→【修剪】命令，将多余的边线删除，如图 8-47 所示。

（7）单击【草图编辑】→【偏移曲线】命令，参数设置如图 8-48 所示，偏移距离为-3，单击确定按钮完成偏移。

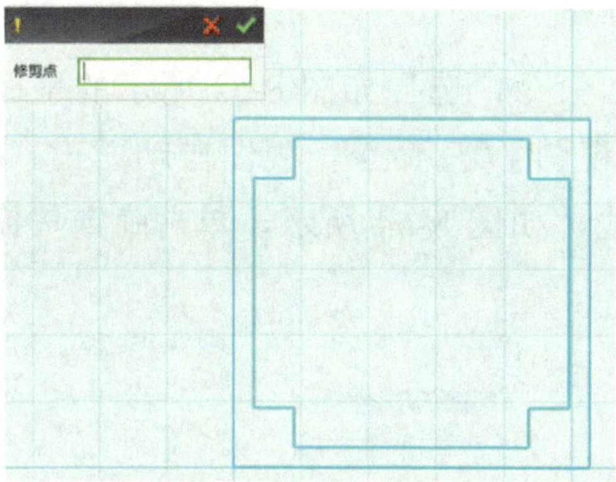

图 8–47　修剪轮廓

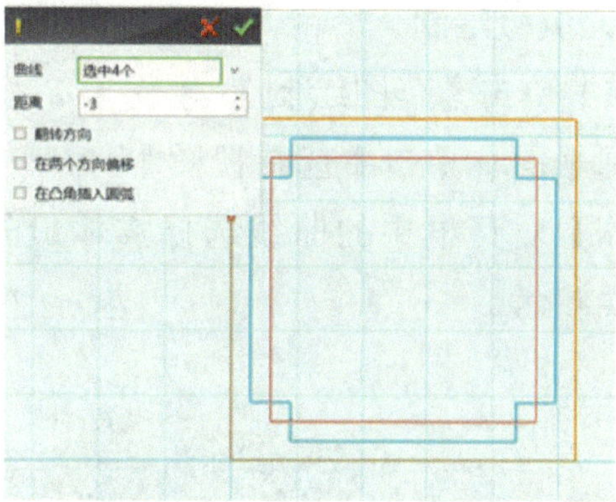

图 8–48　确定圆心位置

（8）单击【草图绘制】→【圆形】命令，圆心设置在上一步绘制的矩形的四个角点上，圆的半径设为 0.5，如图 8-49 所示。

（9）将图 8-48 所示的边线删除，如图 8-50 所示。

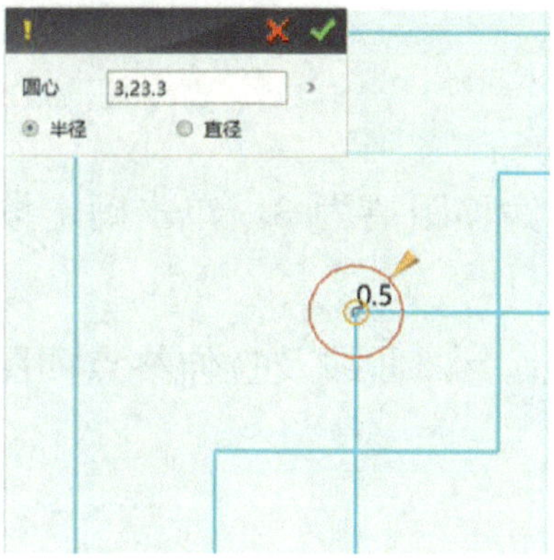

图 8–49　绘制圆

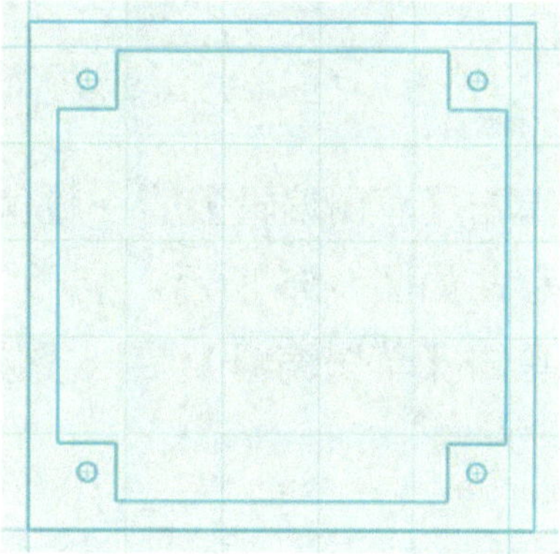

图 8–50　删除多余线

（10）单击【草图编辑】→【链状倒角】命令，参数设置如图 8-51 所示，倒角距离设为 2，单击确定按钮完成偏移。退出草图。

（11）单击【特征造型】→【拉伸】命令，拉伸类型为 1 边，拉伸距离设为 5.5，如图 8-52 所示，单击确定按钮完成拉伸。

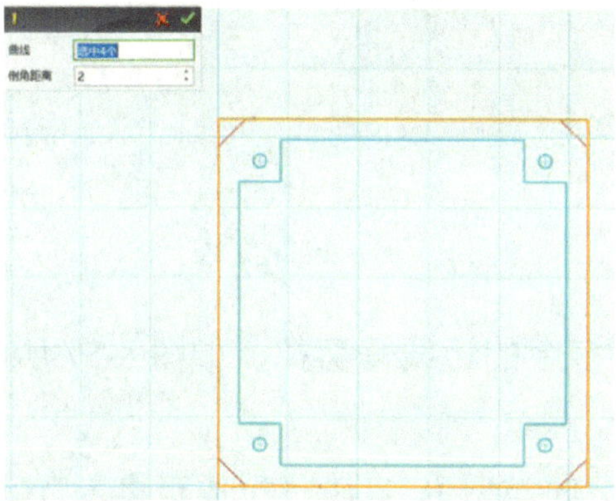

图 8–51　链状倒角

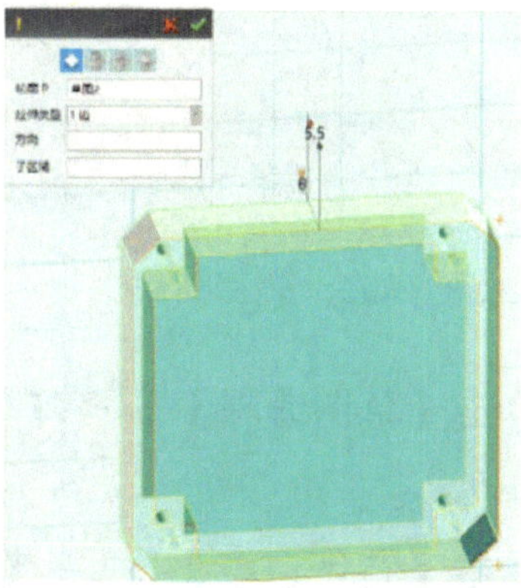

图 8–52　完成拉伸

2）侧板绘制

（1）单击【草图绘制】→【参考几何体】命令，选择如图 8-53 所示的平面为草图绘制平面。单击【查看视图】→【自动对齐视图】命令，视图自动摆正。【参考几何体】对话框中的曲线选择实体最外侧周边曲线，如图 8-54 所示，单击确定按钮完成曲线参考。

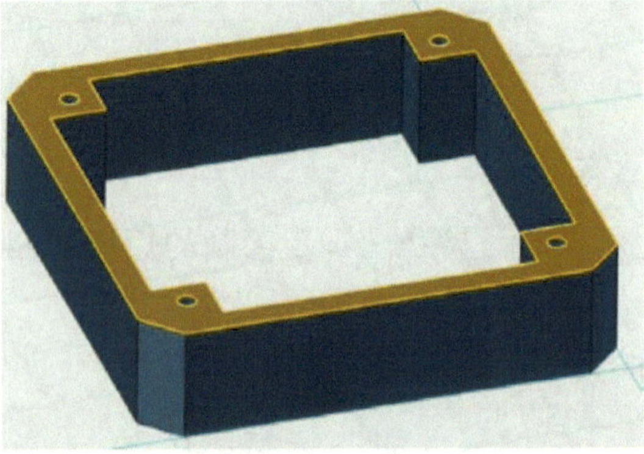

图 8–53　选择绘制平面

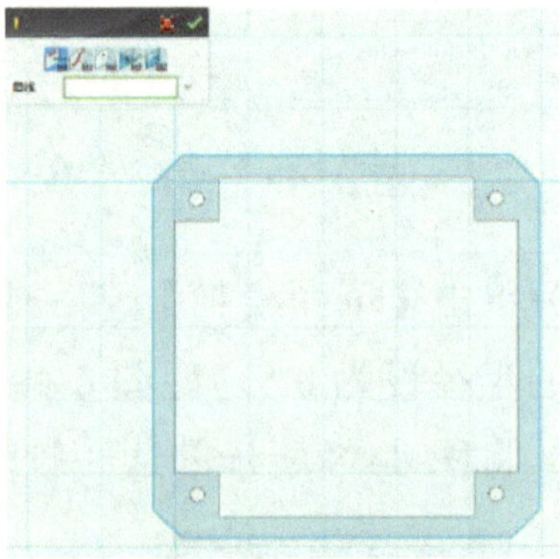

图 8–54　参考曲线

（2）单击【草图编辑】→【偏移曲线】命令，偏移距离为 3，单击确定按钮，完成曲线偏移，如图 8-55 所示。

（3）单击【草图编辑】→【修剪/延伸曲线】命令，曲线及拉伸终点如图 8-56 所示。

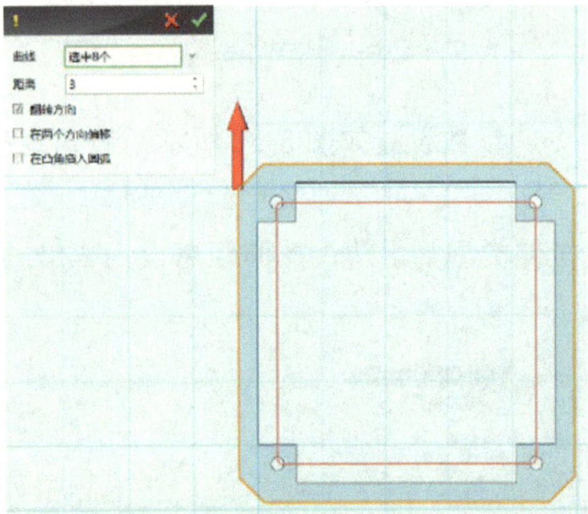

图 8–55　偏移曲线

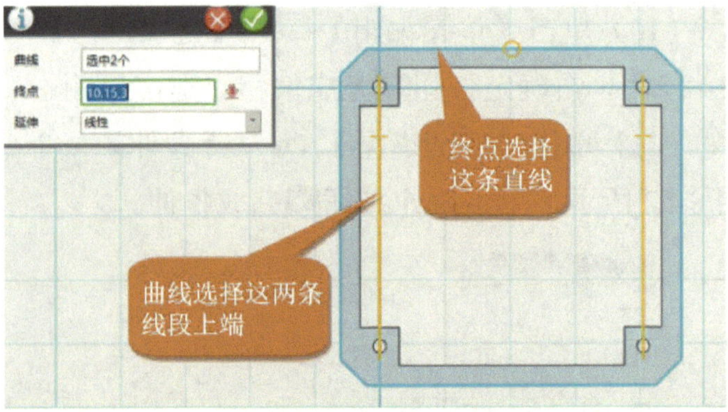

图 8–56　拉伸直线

（4）单击【草图编辑】→【修剪】命令，将多余的边线修剪掉，如图 8-57 所示，退出草图。

（5）单击【特征造型】→【拉伸】命令，拉伸类型为 1 边，拉伸距离为 10，布尔运算为加运算，单击确定按钮完成拉伸，如图 8-58 所示。

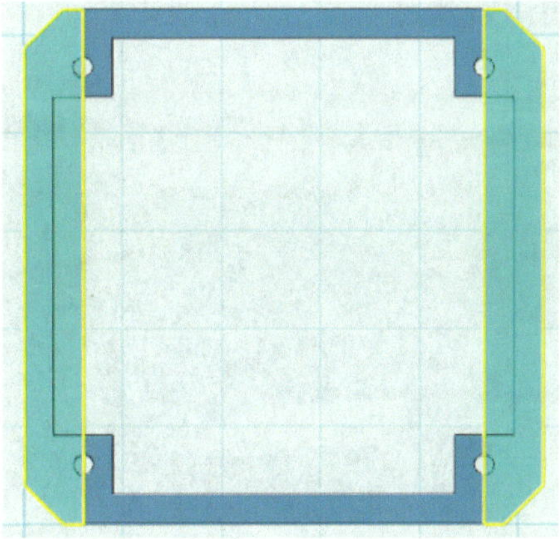

图 8-57　完成草图

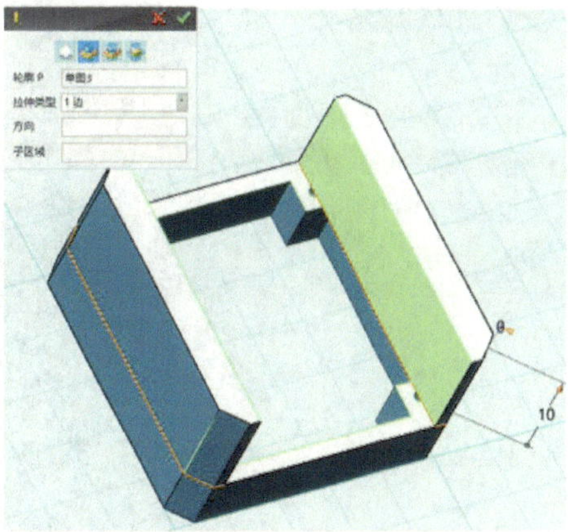

图 8-58　草图拉伸

3）支架绘制

（1）单击【草图绘制】→【参考几何体】命令，选择如图 8-59 所示平面为草图绘制平面。单击【查看视图】→【自动对齐视图】命令，将视图摆正。【参考几何体】对话框中的曲线选择实体周边曲线，如图 8-60 所示。单击确定按钮完成曲线参考。

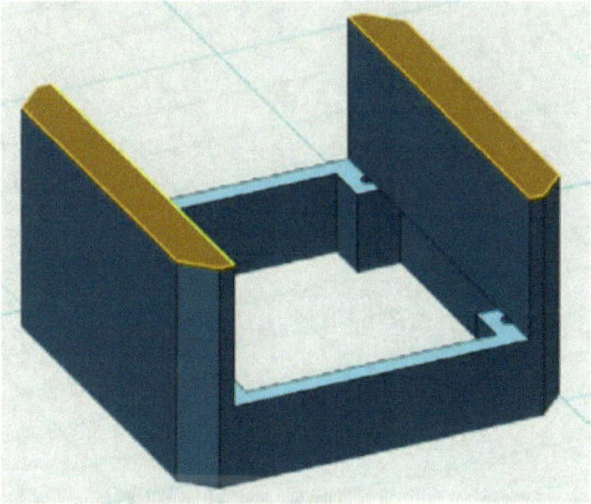

图 8-59　选择绘图平面

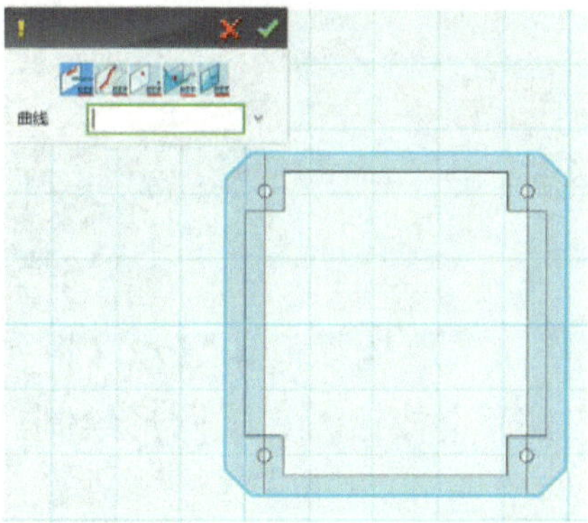

图 8-60　参考曲线

（2）单击【草图编辑】→【偏移曲线】命令，偏移距离为 1.5，如图 8-61 所示，单击确定按钮完成曲线偏移，退出草图。

（3）单击【特征造型】→【拉伸】命令，拉伸类型为 1 边，拉伸距离为 2.8，布尔运算为加运算，如图 8-62 所示，单击确定按钮完成拉伸。

4）机翼绘制

（1）单击【草图绘制】→【直线】命令，单击网格平面作为草图绘制平面。单击【查看视图】→【自动对齐视图】命令，视图自动摆正。点 1 位置如图 8-63 所示，参数如图 8-64 所示。直线长度为 49.2，单击确定按钮完成直线绘制。

（2）单击【草图绘制】→【圆形】命令，圆心为上步绘制直线外侧端点，半径设为 3.5，如图 8-65 所示，单击确定按钮完成圆形绘制。

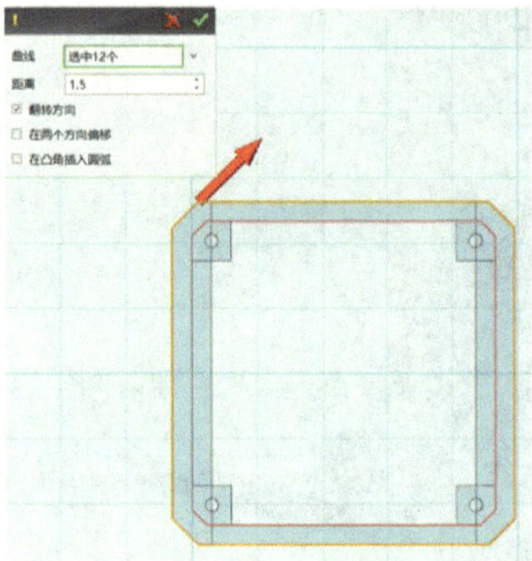

图 8-61 偏移曲线

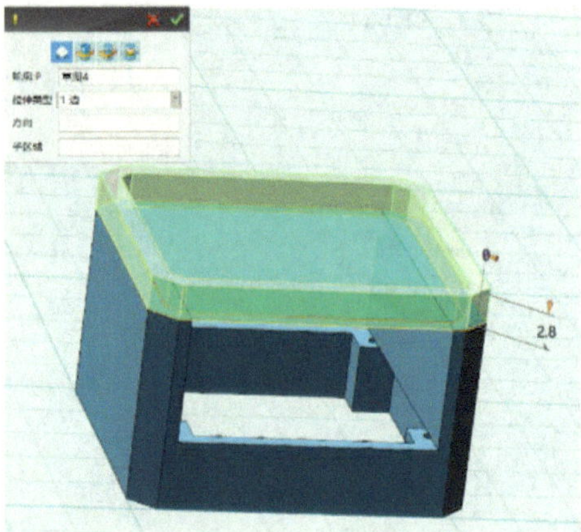

图 8-62 曲线拉伸

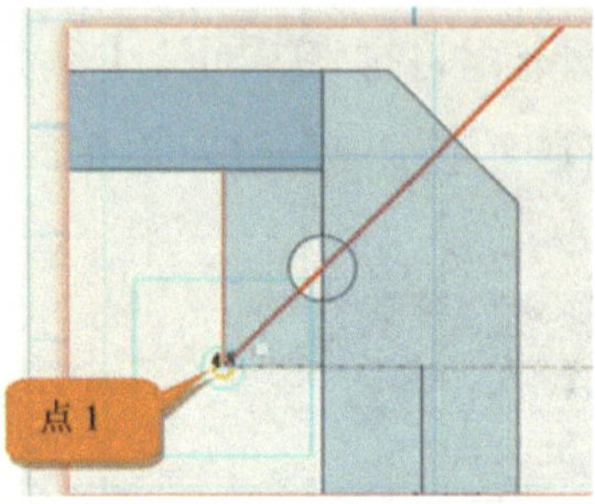

图 8-63 点 1 位置

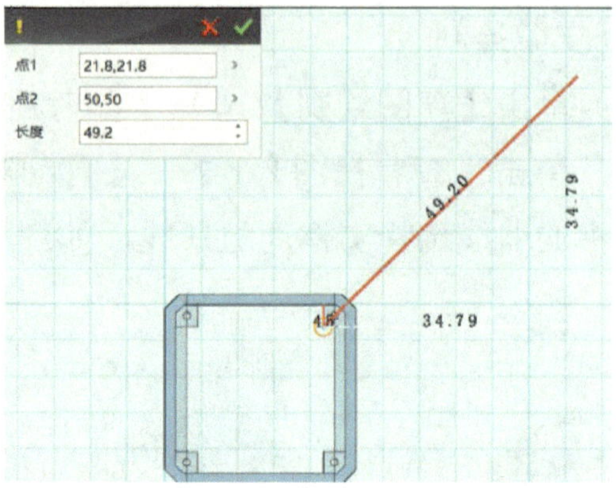

图 8-64 绘制直线

（3）单击【草图绘制】→【圆形】命令，圆心为直线端点，半径设为 5，如图 8-66 所示，单击确定按钮完成圆形绘制。

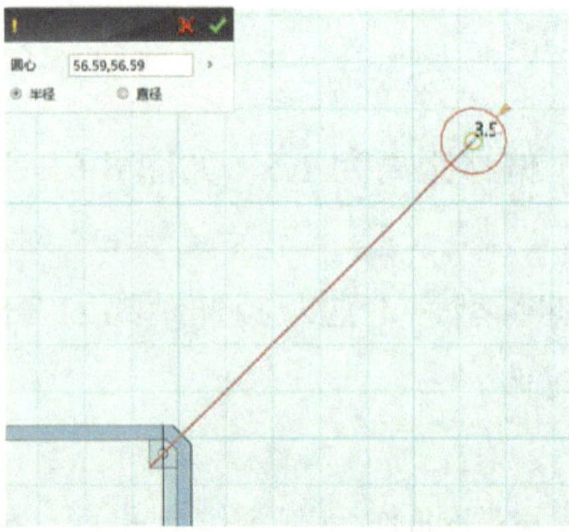

图 8-65 确定圆心及圆

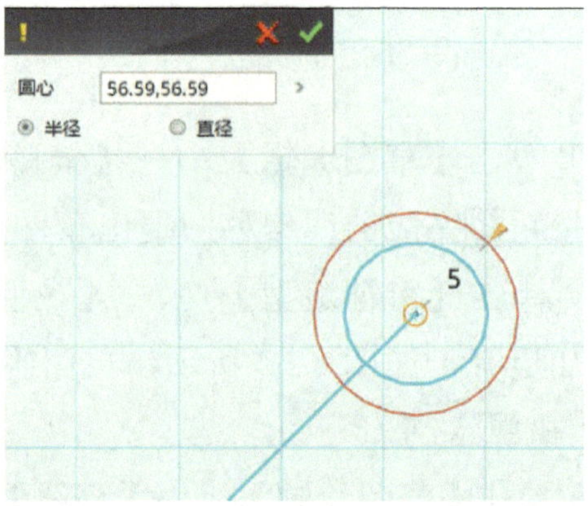

图 8-66 绘制同心圆

（4）单击【草图编辑】→【偏移曲线】命令，偏移距离为 4.5，如图 8-67 所示，单击确定按钮完成曲线偏移。

（5）单击【草图绘制】→【圆弧】命令，半径设为 130，如图 8-68 所示，单击确定按钮完成圆形绘制。

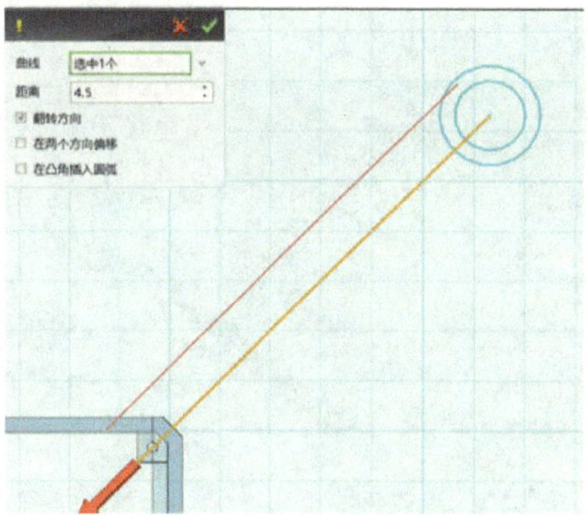

图 8-67　曲线偏移

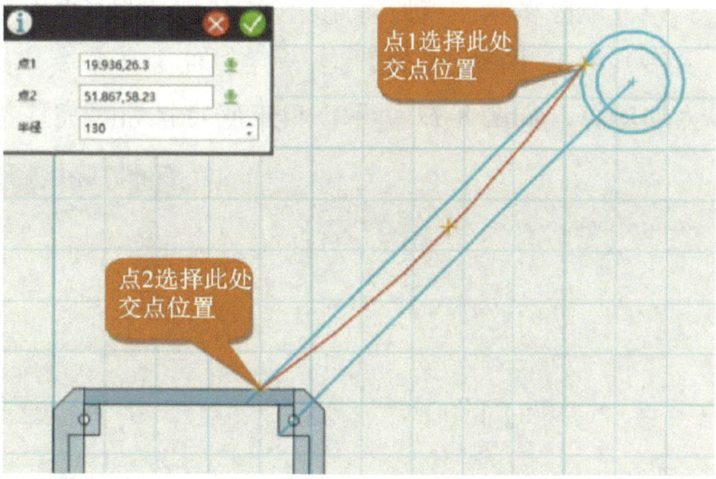

图 8-68　圆弧绘制

（6）单击【草图绘制】→【多线段】命令，按图 8-69 所示位置绘制线段。单击确定按钮完成线段绘制。

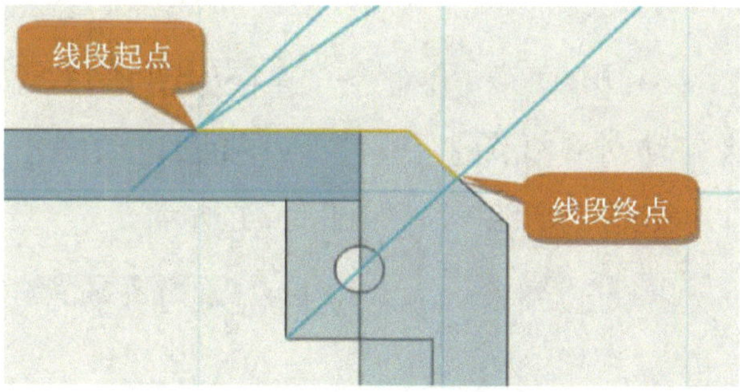

图 8-69　机翼尾部线段

（7）单击【基本编辑】→【镜像】命令，镜像实体为刚绘制的两条线段及圆弧，镜像线为第（1）步中所绘制的直线，如图 8-70 所示。单击确定按钮完成镜像。

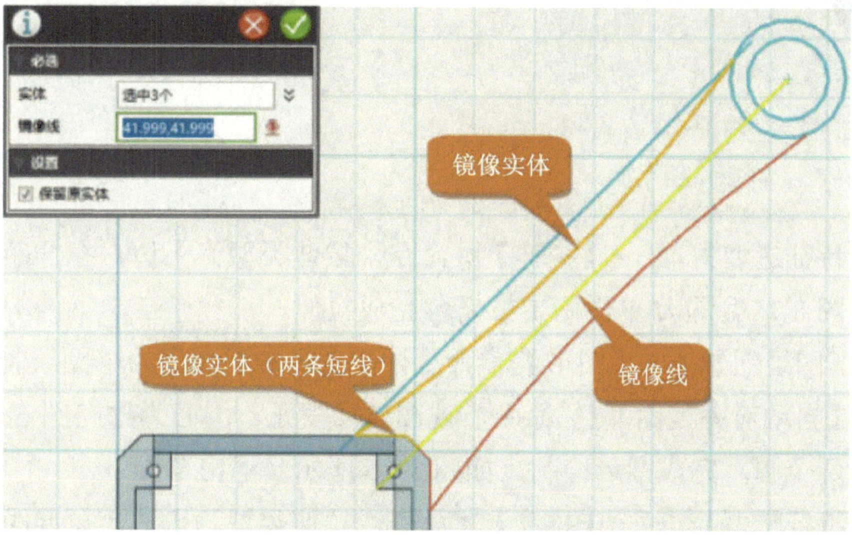

图 8-70　镜像形成完成轮廓

（8）删除多余的线段，删除完成后如图 8-71 所示，退出草图。

（9）单击【特征造型】→【拉伸】命令，拉伸类型为 1 边，拉伸距离为 5，布尔运算为加运算，如图 8-72 所示，单击确定按钮完成拉伸。

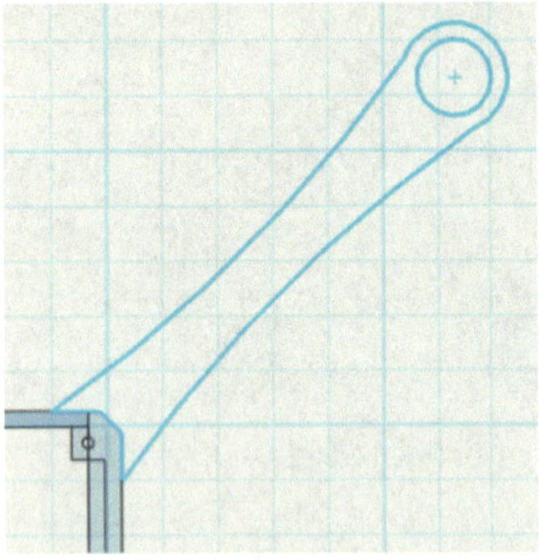

图 8–71　轮廓草图完成

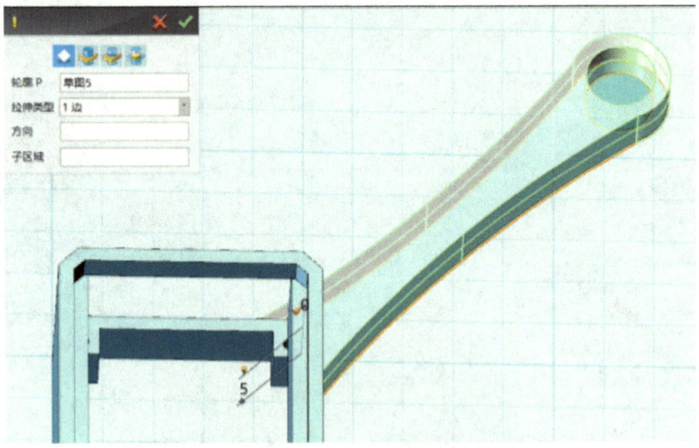

图 8–72　机翼轮廓拉伸

5）电机座绘制

（1）单击【草图绘制】→【圆形】命令，选择如图 8-73 所示平面为草图绘制平面。单击【查看视图】→【自动对齐视图】命令，视图自动摆正。圆心为圆孔中心，半径设为 3.5 和 5，绘制两个圆，完成圆形绘制，如图 8-74 所示。

图 8–73　选择草图平面

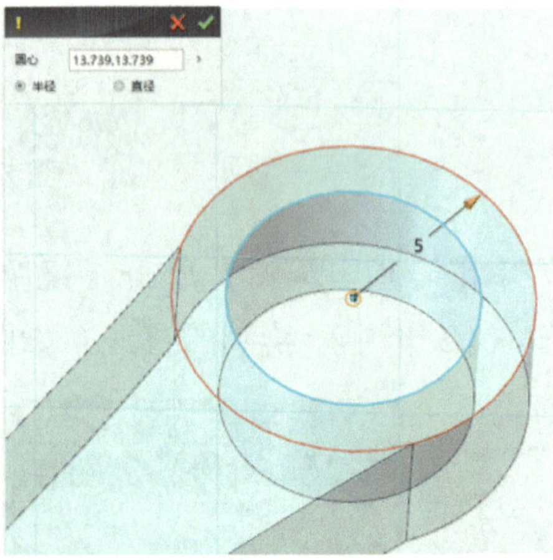

图 8–74　绘制同心圆

（2）单击【特征造型】→【拉伸】命令，拉伸类型为 1 边，拉伸距离为 8，布尔运算为加运算，如图 8-75 所示，单击确定按钮完成拉伸。

（3）单击【草图绘制】→【圆形】命令，单击网格平面作为草图绘制平面。单击【查看视图】→【自动对齐视图】命令，视图自动摆正。圆心为原有圆心位置，半径设为 2.5 和 3.5，绘制两个圆，完成圆形绘制，如图 8-76 所示。退出草图。

（4）单击【特征造型】→【拉伸】命令，拉伸类型为 1 边，拉伸距离为 1，布尔运算为加运算，如图 8-77 所示，单击确定按钮完成拉伸。

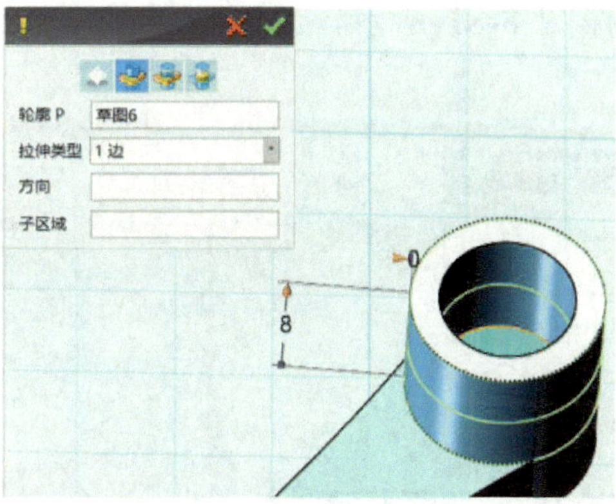

图 8–75　上部圆造型拉伸

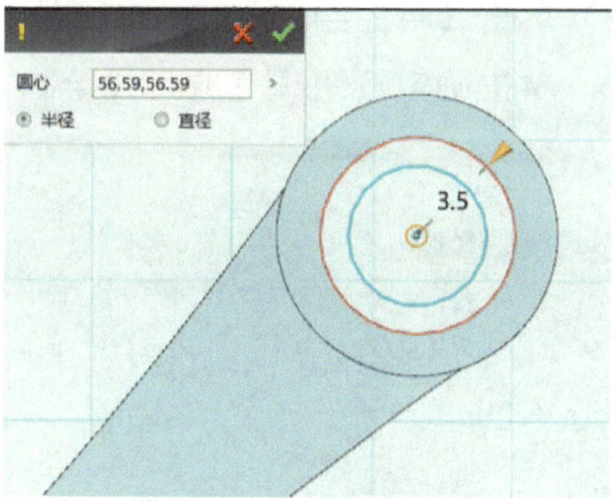

图 8–76　机翼内部圆绘制

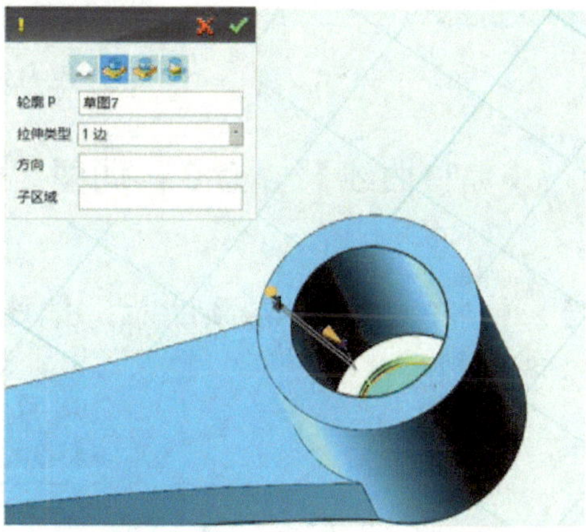

图 8–77　机翼内孔造型

6）电线槽绘制

（1）单击【草图绘制】→【直线】命令，选择如图 8-78 所示平面为草图绘制平面。单击【查看视图】→【自动对齐视图】命令，视图自动摆正，按图 8-79 所示绘制直线。

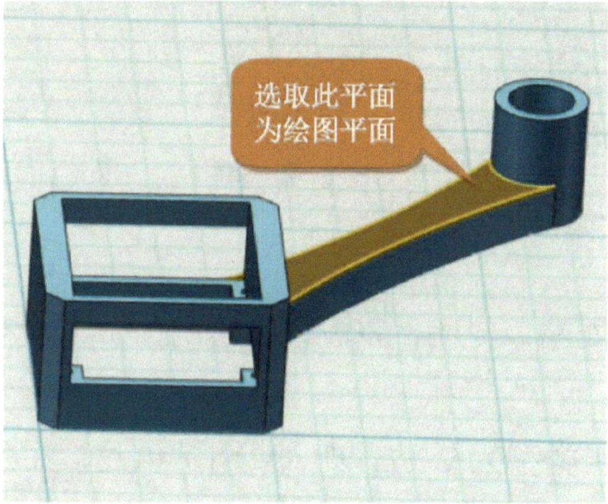

图 8–78　选择草图绘制平面

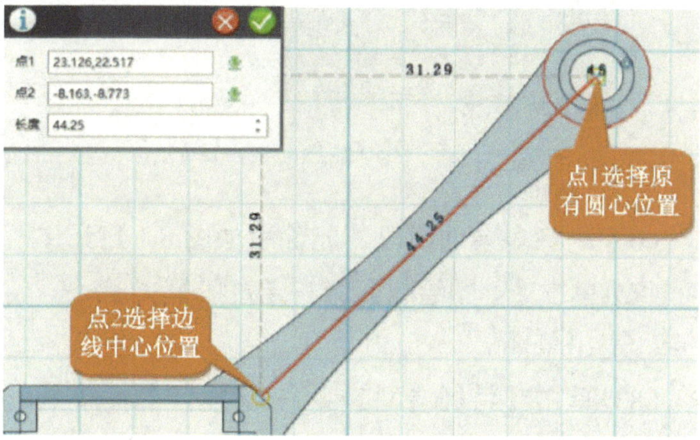

图 8–79　绘制辅助直线

（2）单击【草图编辑】→【偏移曲线】命令，在两个方向偏移，偏移距离为 0.8，如图 8-80 所示，单击确定按钮完成曲线偏移。

（3）单击【草图绘制】→【直线】命令，按图 8-81 所示，绘制一条长度为 20 的竖直线。单击确定按钮完成直线绘制。

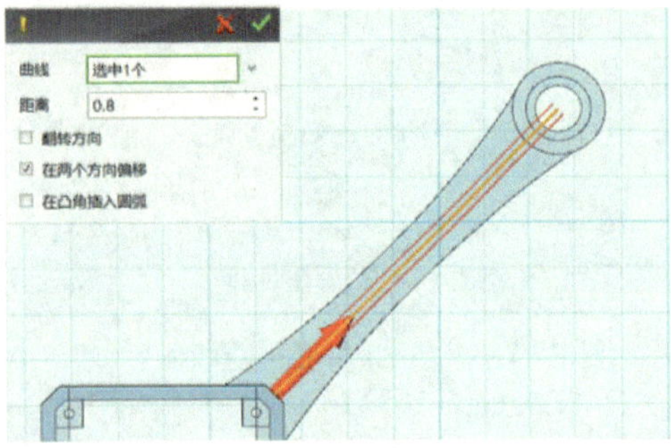

图 8–80　偏移曲线

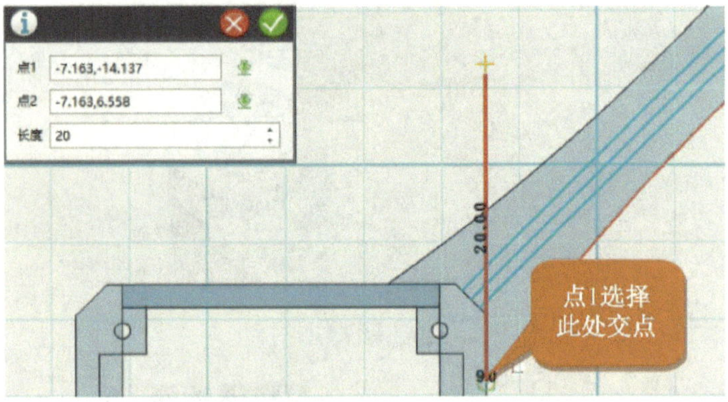

图 8–81　绘制线槽轮廓

（4）单击【草图编辑】→【偏移曲线】命令，如图 8-82 所示，偏移距离为 2，单击确定按钮完成曲线偏移。

（5）继续选择【偏移曲线】命令，如图 8-83 所示，偏移距离为 5，单击确定按钮完成曲线偏移。

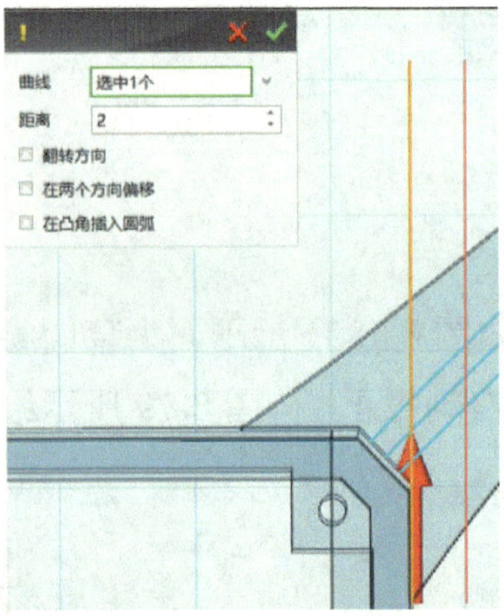

图 8–82　向左侧偏移

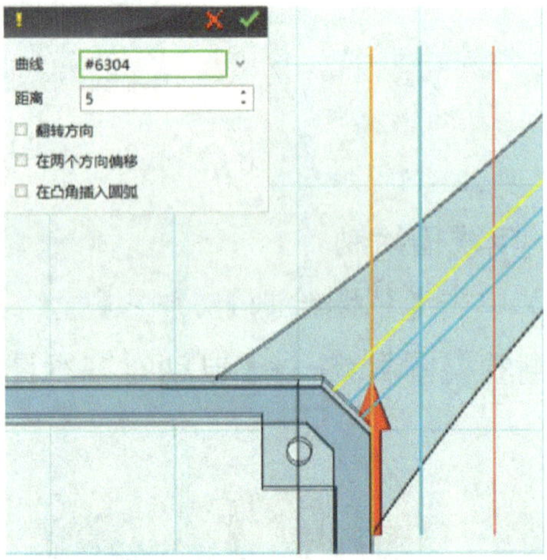

图 8–83　向右侧偏移

（6）删除多余的线段，删除后如图 8-84 所示。

（7）单击【草图绘制】→【直线】命令，将两处端口封闭，完成直线绘制，如图 8-85 所示。退出草图。

（8）单击【特征造型】→【拉伸】命令，拉伸类型为 2 边，距离为 10 和−2，布尔运算为减运算，如图 8-86 所示，单击确定按钮完成拉伸。

7）机翼复制

（1）单击【草图绘制】→【圆形】命令，然后单击网格平面作为草图绘制平面。单击【查看视图】→【自动对齐视图】命令，视图自动摆正。选取如图 8-87 所示的圆心位置，单击鼠标右键，在弹出的对话框中选择“两者之间”，然后选取如图 8-87 所示的上下两个边线中点，单击确定按钮完成中点选择。

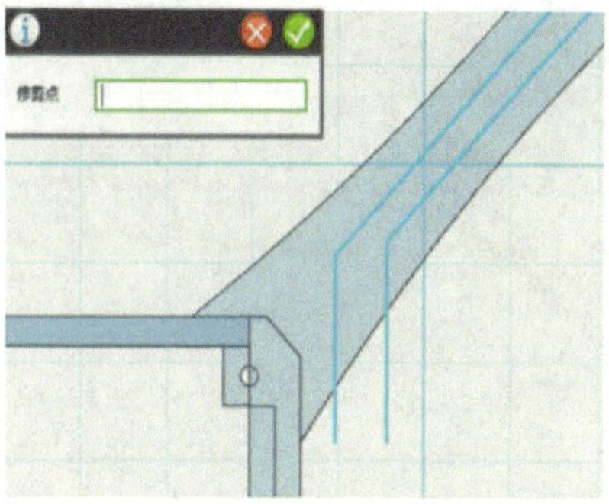

图 8-84 修剪轮廓

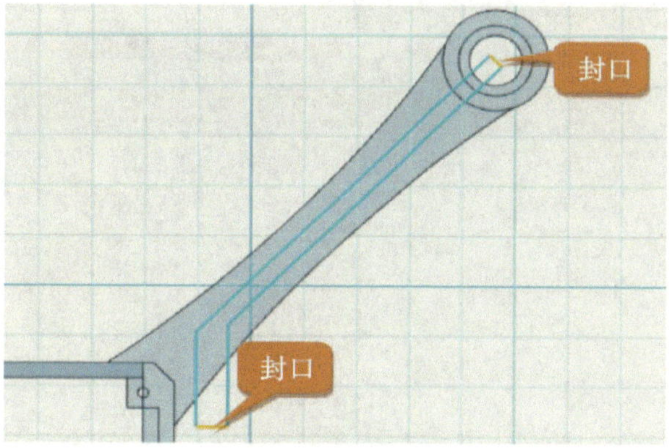

图 8-85 轮廓封口

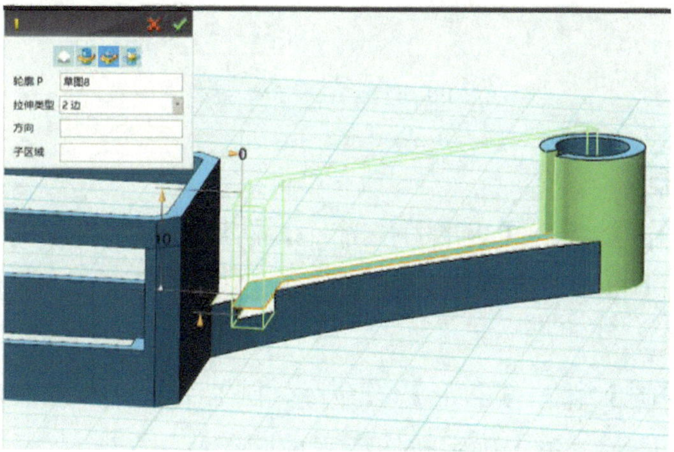

图 8-86 线槽拉伸

确定圆心后，绘制半径为 6 的圆，如图 8-88 所示，单击确定按钮完成阵列圆绘制。退出草图。

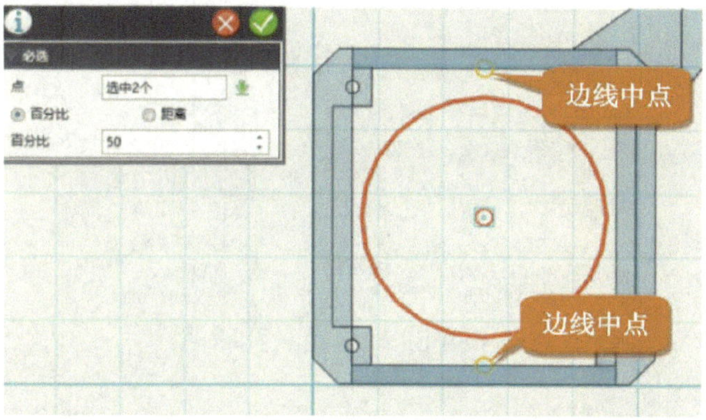

图 8-87 拾取圆心

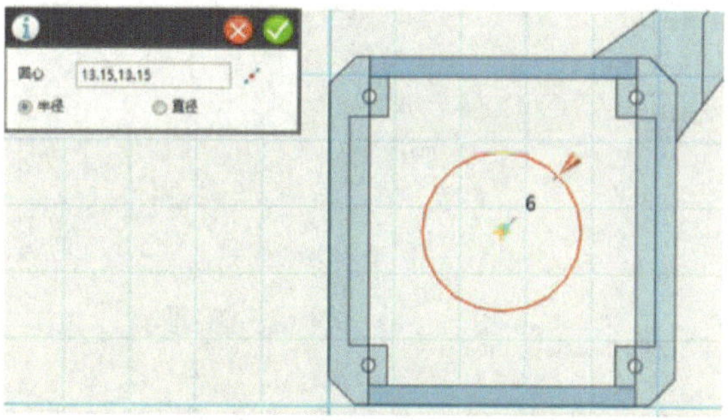

图 8-88 完成阵列圆绘制

（2）单击【基本编辑】→【阵列】命令，阵列类型调整为圆形阵列，方向选择上步绘制的圆，阵列数目为 4，布尔运算为加运算，如图 8-89 所示，单击确定按钮✓完成机翼圆形阵列。

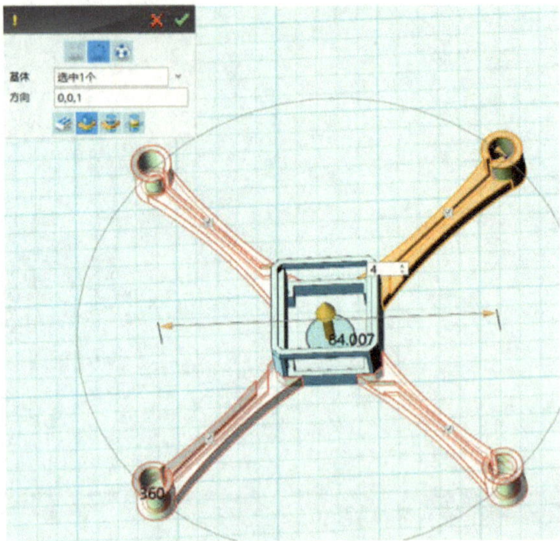

图 8–89　机翼阵列

8）防护罩插孔绘制

（1）单击【草图绘制】→【矩形】命令，然后单击网格平面作为草图绘制平面。单击【查看视图】→【自动对齐视图】命令，视图自动摆正。按图 8-90 所示绘制矩形，确定孔中心。

（2）单击【草图绘制】→【圆形】命令，圆心为上一步绘制的矩形的右上角点，半径设为 1.5，如图 8-91 所示，单击确定按钮✓完成圆绘制。

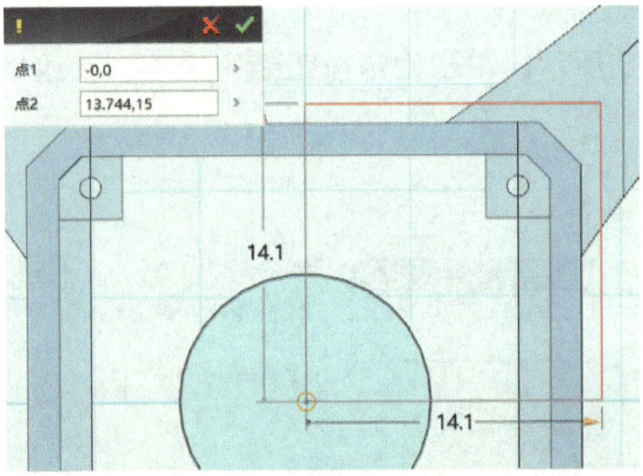

图 8–90　确定孔中心

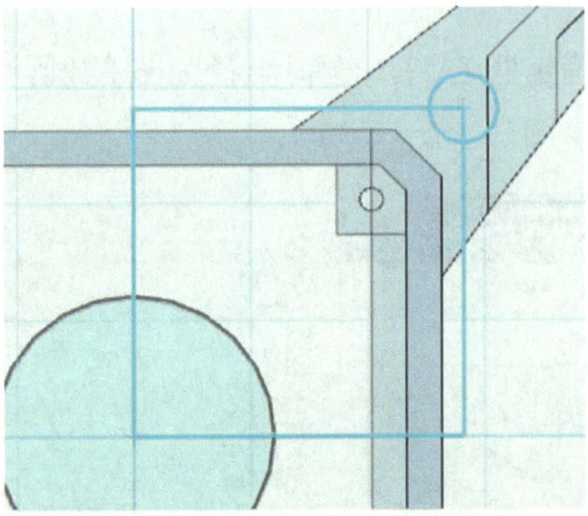

图 8–91　绘制孔草图

（3）删除多余的线段，如图 8-92 所示。

（4）单击【基本编辑】→【阵列】命令，阵列类型调整为圆形阵列，圆心位置选择大圆圆心，阵列数目为 4，间距角度设为 90°，如图 8-93 所示，单击确定按钮✓完成孔的圆形阵列。退出草图。

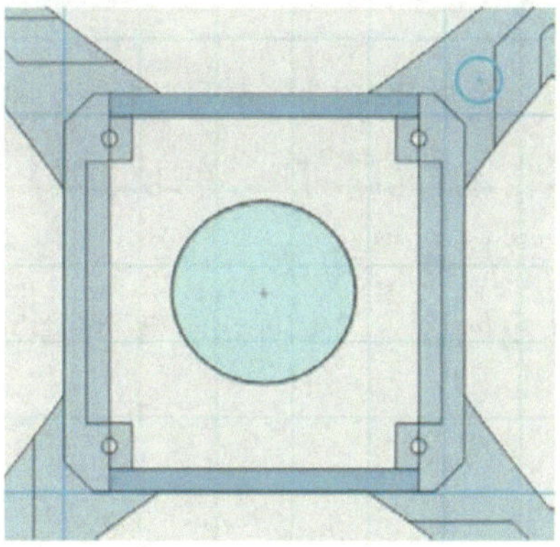

图 8–92　删除多余线

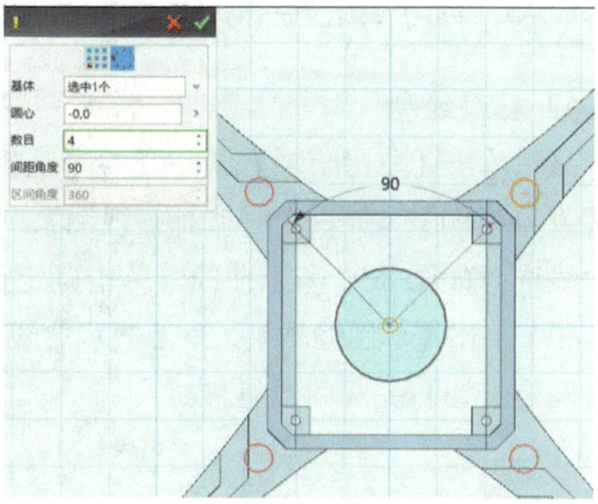

图 8–93　阵列孔

（5）单击【特征造型】→【拉伸】命令，拉伸类型为 1 边，拉伸距离为 10，布尔运算为减运算，如图 8-94 所示，单击确定按钮完成拉伸。

（6）单击【特征造型】→【倒角】命令，倒角距离设为 1.5，选择图 8-95 所示的两条边，单击确定按钮完成倒角。

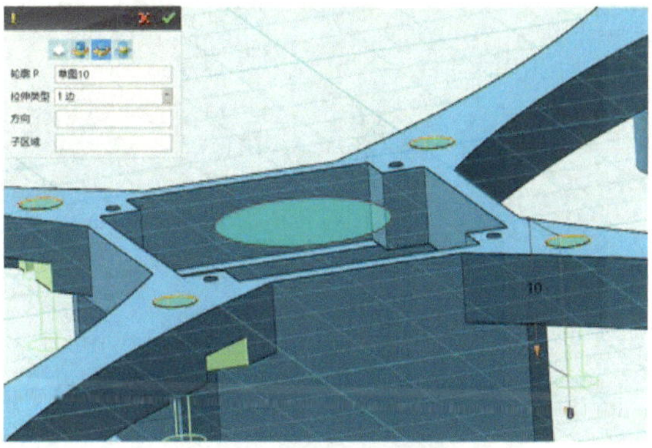

图 8–94　拉伸孔

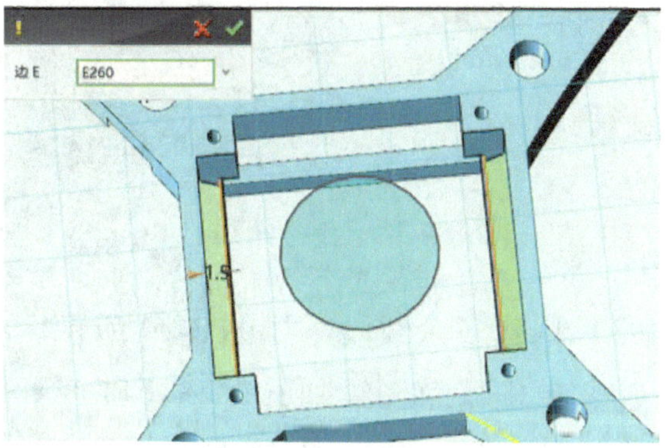

图 8–95　轮廓倒角

四旋翼飞行器机身绘制完成，如图 8-96 所示。

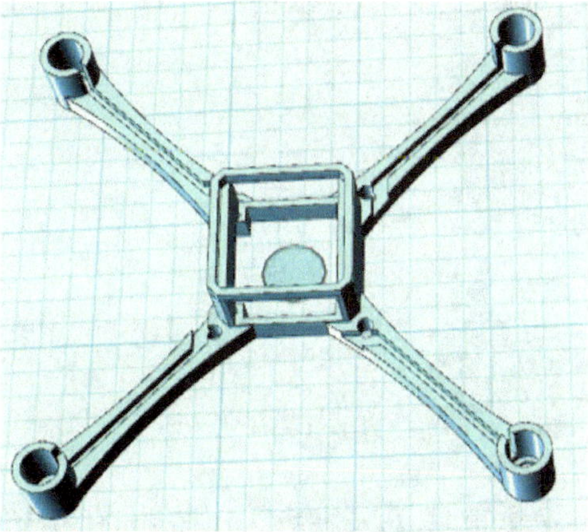

图 8–96　完整机身

3. 防护罩的绘制

1）基座绘制

（1）单击【草图绘制】→【参考几何体】命令，选择网格平面为草图绘制平面。单击【查看视图】→【自动对齐视图】命令，视图自动摆正。【参考几何体】对话框中的曲线选择如图 8-97 所示曲线，单击确定按钮完成曲线参考。

（2）单击【草图编辑】→【偏移曲线】命令，曲线如图 8-98 所示，偏移距离为 1.5，单击确定按钮完成曲线偏移。

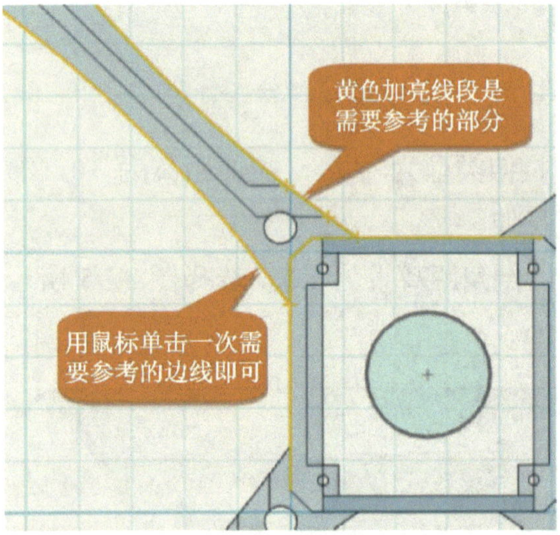

图 8-97　参考曲线

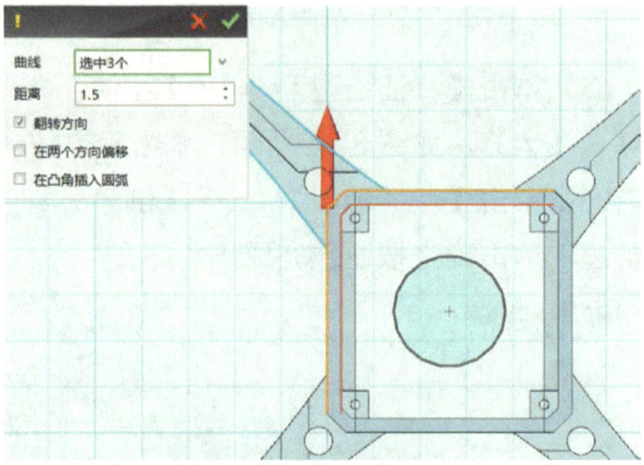

图 8-98　曲线偏移

（3）删除多余线段，如图 8-99 所示。

（4）单击【草图绘制】→【圆形】命令，圆心位置如图 8-100 所示，半径设为 24，单击确定按钮完成圆形绘制。

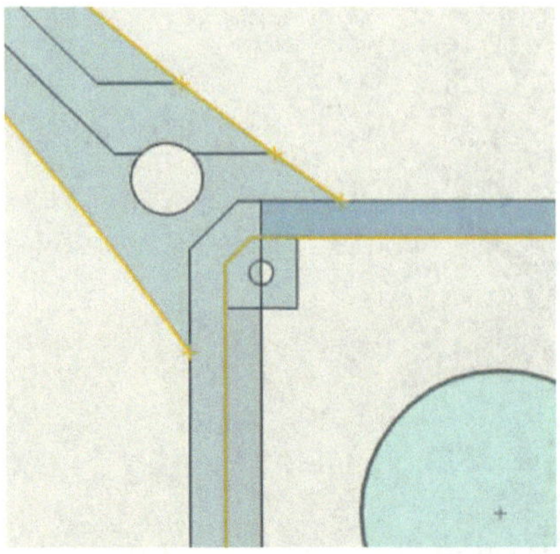

图 8-99　删除多余线段

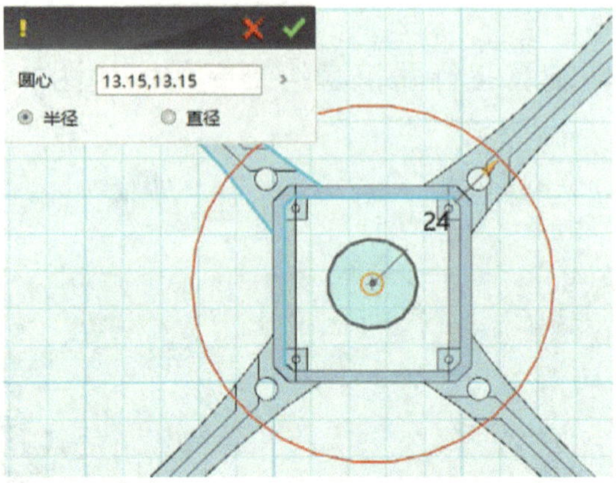

图 8-100　绘制圆弧轮廓

（5）单击【草图绘制】→【直线】命令，按照图 8-101 所示位置绘制两根直线，单击确定按钮完成直线绘制。

（6）单击【草图编辑】→【修剪】命令，如图 8-102 所示，将多余的边线修剪掉。

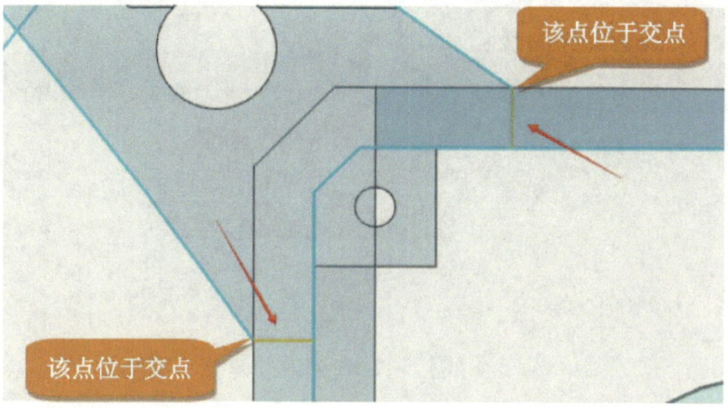

图 8-101　完成轮廓

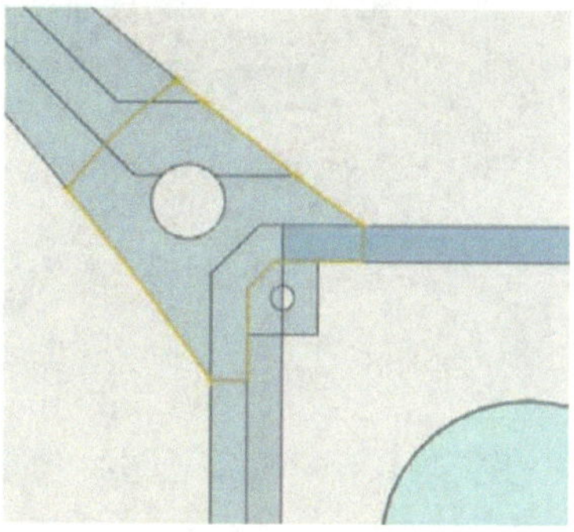

图 8-102　修剪多余线段

（7）单击【基本编辑】→【阵列】命令，阵列类型调整为圆形阵列，圆心位置选择矩形中心点，如图 8-103 所示，阵列数目为 4，间距角度设为 90°，单击确定按钮完成阵列。退出草图。

（8）单击【特征造型】→【拉伸】命令，拉伸类型为 1 边，厚度为-1.5，如图 8-104 所示，单击确定按钮完成拉伸。

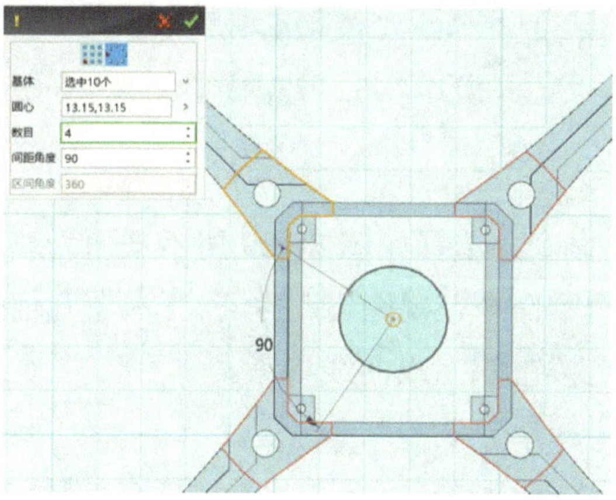

图 8-103　完成轮廓草图

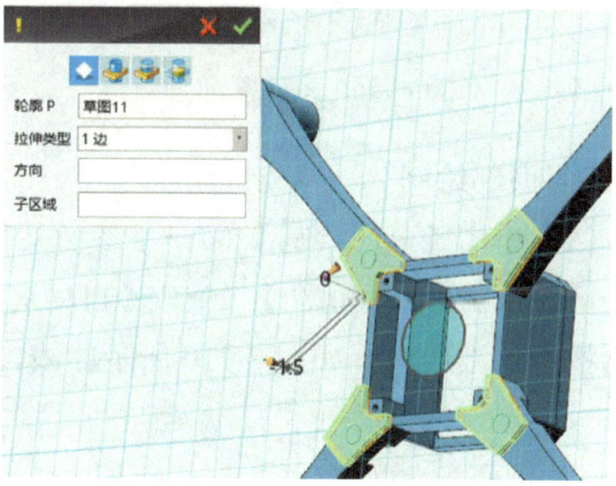

图 8-104　轮廓拉伸

2）支架绘制

（1）单击【草图绘制】→【参考几何体】命令，选择如图 8-105 所示平面为草图绘制平面。单击【查看视图】→【自动对齐视图】命令，视图自动摆正。【参考几何体】对话框中的曲线选择如图 8-106 所示曲线，单击确定按钮完成曲线参考。

（2）单击【基本编辑】→【阵列】命令，阵列类型调整为圆形阵列，圆心位置选择矩形中心点，如图 8-107 所示，阵列数目为 4，间距角度设为 90°，单击确定按钮完成阵列。退出草图。

（3）单击【特征造型】→【拉伸】命令，拉伸类型为 1 边，拉伸厚度为 7，布尔运算为加运算，如图 8-108 所示，单击确定按钮✓完成拉伸。

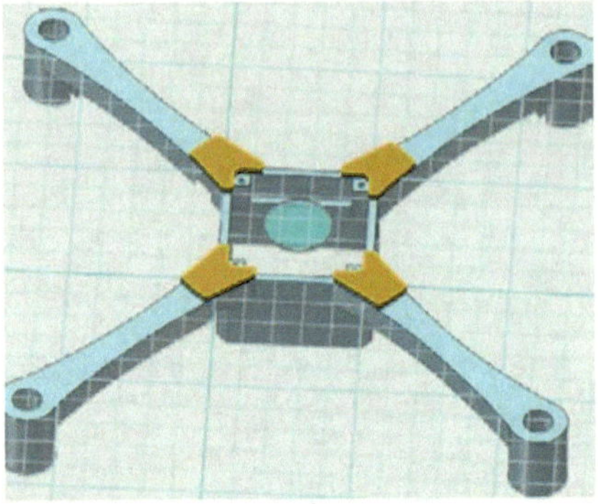

图 8-105　选择草图绘制平面

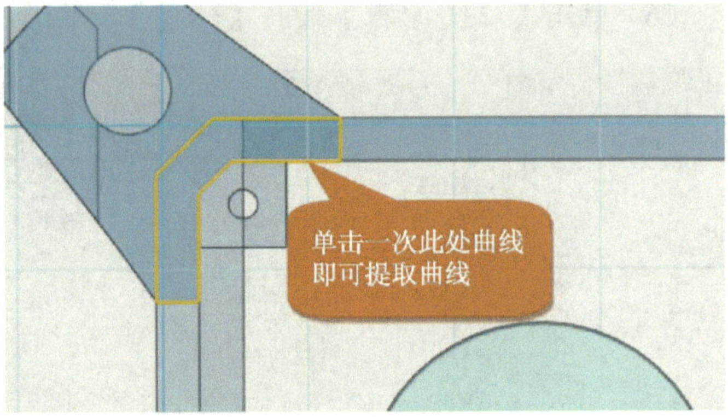

图 8-106　参考曲线

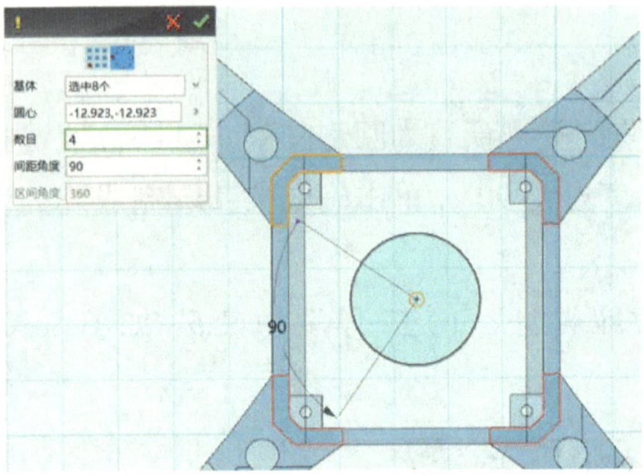

图 8-107　支架阵列

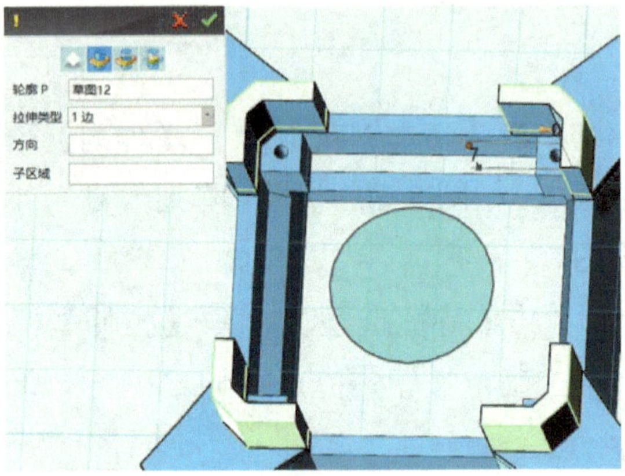

图 8-108　支架拉伸

3）顶部绘制

（1）单击【草图绘制】→【参考几何体】命令，选择如图 8-109 所示平面为草图绘制平面。单击【查看视图】→【自动对齐视图】命令，视图自动摆正。【参考几何体】对话框中的曲线选择如图 8-110 所示曲线，单击确定按钮✓完成曲线参考。

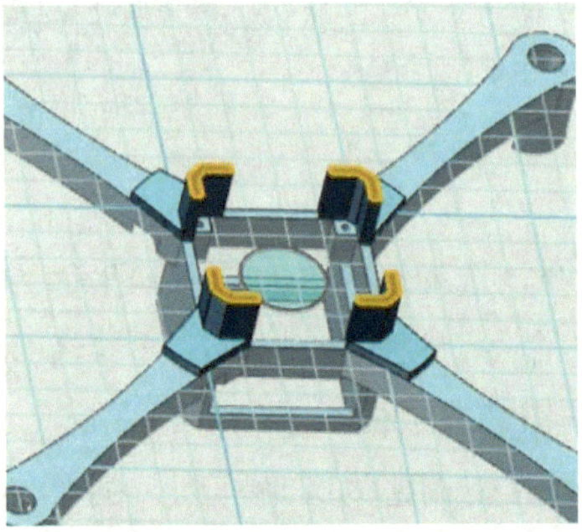

图 8-109　选择草图绘制平面

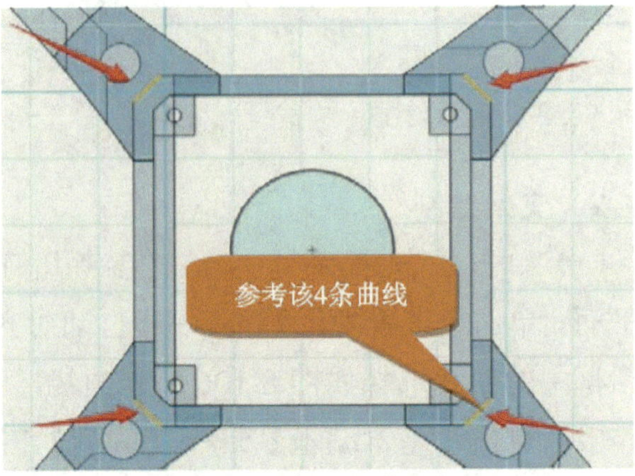

图 8-110　参考曲线

（2）单击【草图绘制】→【直线】命令，按图 8-111 所示连接各线段，单击确定按钮完成直线绘制。

（3）单击【草图编辑】→【偏移曲线】命令，偏移距离为 1.5，如图 8-112 所示，单击确定按钮完成曲线偏移。

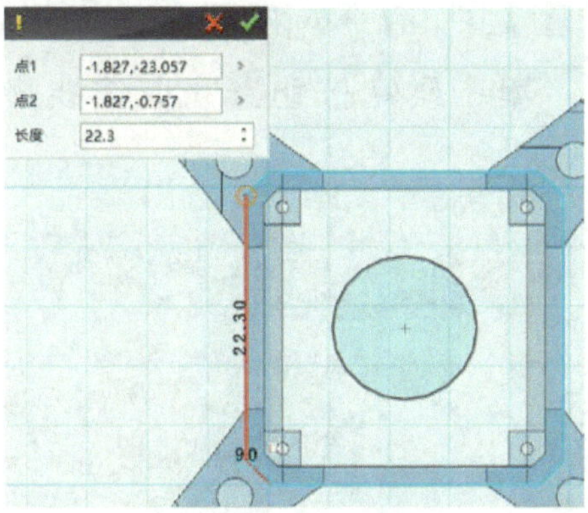

图 8–111　连接曲线

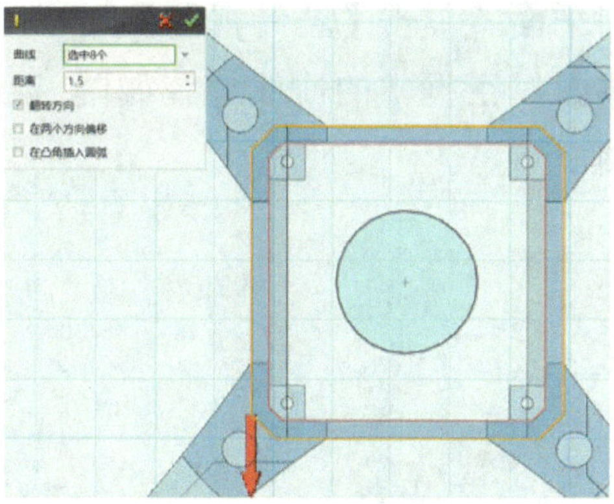

图 8–112　偏移轮廓

（4）单击【草图绘制】→【直线】命令，按图 8-113 所示连接各线段，单击确定按钮完成直线绘制。

（5）单击【草图编辑】→【修剪】命令，将多余的边线修剪掉，如图 8-114 所示，退出草图。

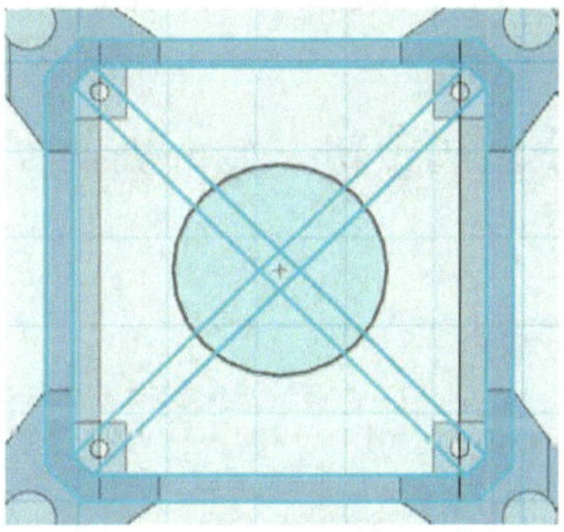

图 8–113　连接直线

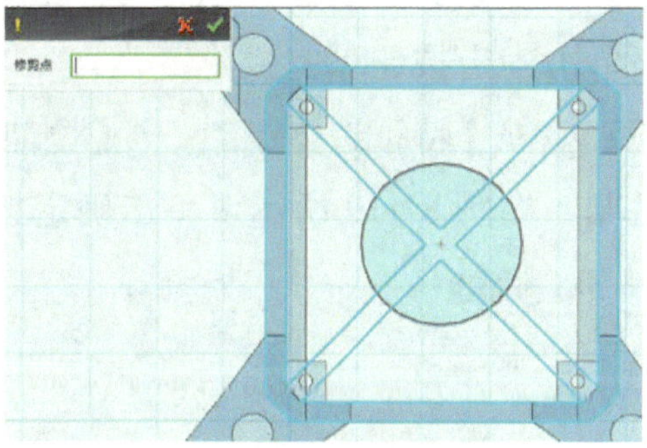

图 8–114　修剪多余线段

（6）单击【特征造型】→【拉伸】命令，拉伸类型为 1 边，厚度为 1.5，布尔运算为加运算，如图 8-115 所示，单击确定按钮完成拉伸。

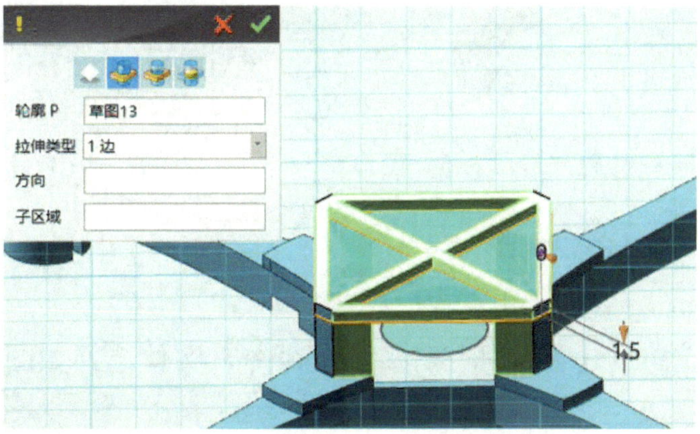

图 8-115 拉伸造型

4）插销绘制

（1）单击【草图绘制】→【参考几何体】命令，选择如图 8-116 所示平面为草图绘制平面。单击【查看视图】→【自动对齐视图】命令，视图自动摆正。【参考几何体】对话框中的曲线选择如图 8-117 所示曲线。单击确定按钮完成曲线参考。退出草图。

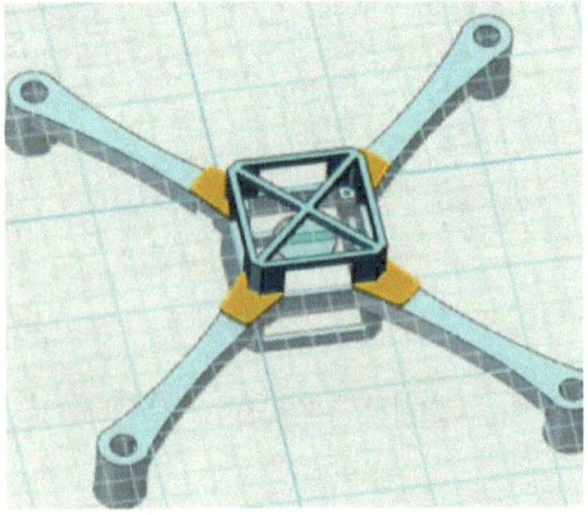

图 8-116 选择草图绘制平面

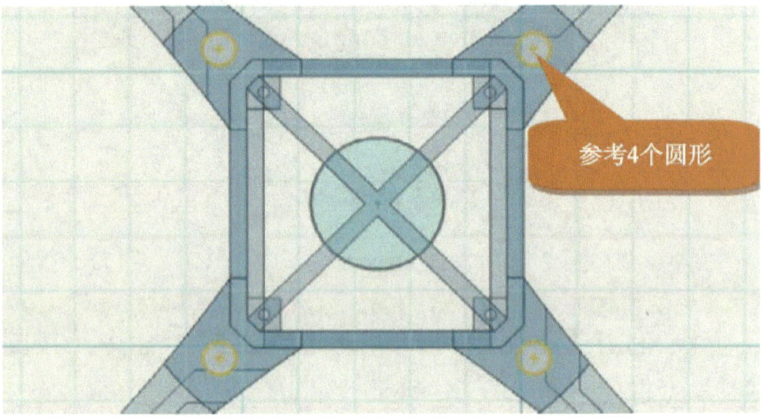

图 8-117 参考曲线

（2）单击【显示/隐藏】→【隐藏几何体】命令，将“四旋翼机身”隐藏，如图 8-118 所示，单击确定按钮完成隐藏。

（3）单击【特征造型】→【拉伸】命令，拉伸类型为 1 边，厚度为-4.5，布尔运算为加运算，如图 8-119 所示，单击确定按钮完成拉伸。

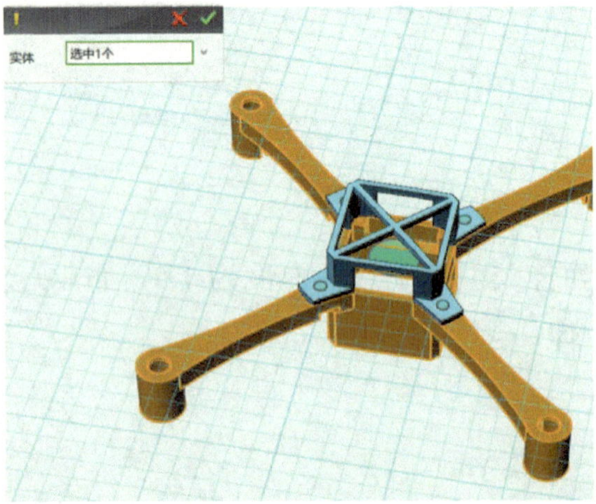

图 8-118 隐藏机身

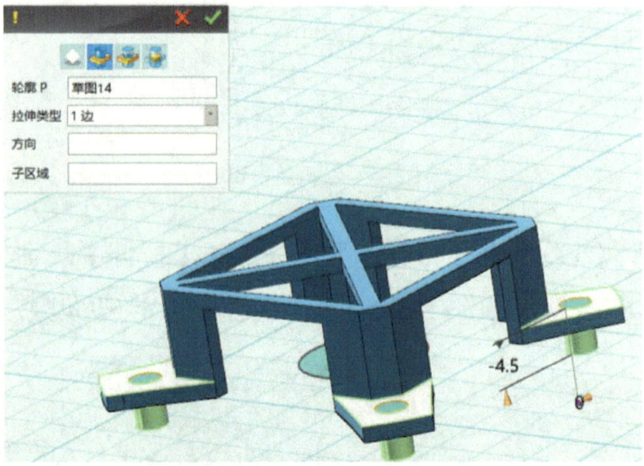

图 8-119 拉伸插销

防护罩绘制完成，如图 8-120 所示。

5）显示机身

单击【显示/隐藏】→【显示几何体】命令，实体选择如图 8-121 所示机身，单击确定按钮完成显示。

图 8-120　绘制完成的防护罩

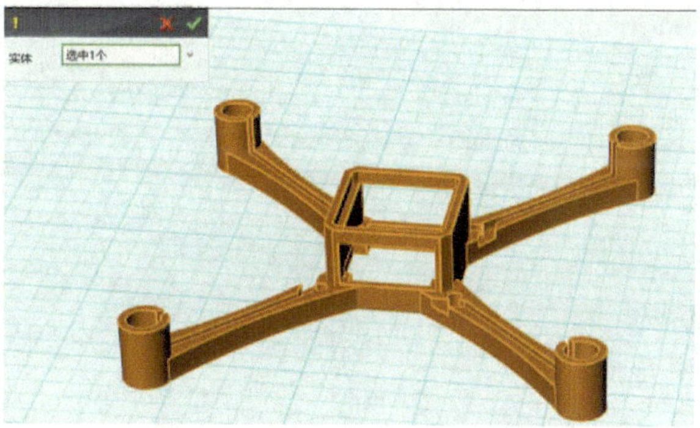

图 8-121　飞行器机身

四旋翼飞行器全部绘制完成，如图 8-122 所示。

图 8-122　完整四旋翼飞行器造型

【课后练习】

古代建筑是历史的见证，有重要的文化价值。虽然古代建筑离现在很遥远，但其中的文化依然值得学习借鉴。建筑文化也是中国传统文化的一部分，作为炎黄子孙，不仅要发展现代建筑，更要吸收古代建筑中的营养，走中国特色建筑之路，让中国古建文化得以传承和延续。

1. 利用所学知识，设计一个古代四合院，并打印上色。
2. 设计、制作十二生肖兽首的底座，并与已制作好的兽首合套装配。

项目九

3D打印作品上色及场景制作

不需要上色的 3D 打印作品，可以选用任意色号的材料打印，如果需要上色，建议用白色或浅灰色材料打印。

FDM 打印件在去掉支撑后，把残留的支撑痕迹和飞丝的部分打磨掉。有些打印缺陷可以参照原模型，用雕塑用的硬油泥修补一下，然后火焰抛光。

喷笔是一种精密着色工具，在计算机技术大规模应用于艺术设计之前，就已经广泛应用于摄影暗房精修底片及精细商业插画的艺术创作。即便是在计算机写真喷绘非常流行的今天，喷笔依然在化妆、美甲、纹身、皮雕、车身彩绘、墙绘、模型彩绘等应用美术行业大展身手。

喷笔与喷涂油漆涂料的喷枪结构类似，是利用气泵输出的高压气流将颜料雾化，均匀附着于目标物体表面。它可以制作细腻均匀的大面积色调渐变，也可以通过一些使用技巧画出连续变化的线条；还可以在凹凸表面做出均匀一致的大面积色彩平涂，是我们给模型上色最常用的工具。

除喷笔外，模型上色的常用工具还有各种常见规格的画笔，如平头及尖头笔刷；调色盘一般宜选用白色平底搪瓷托盘，方便用钢丝球清洗残余颜料；油漆工常用的纸胶带及绘画用的可塑橡皮一般可用来做喷涂时的遮挡，且可反复使用；其他如砂纸、打磨棒、小刻刀、剪子、镊子、转盘或转台、油漆笔、海绵、水桶等常见材料工具皆有需求。

常规可用于上色的颜料有水粉、丙烯、油漆三大类。水粉颜料因附着力不够，易干裂掉皮，强光下易掉色等问题，不建议使用；油漆类颜料在各种材质上附着力良好，耐晒耐黄变，但因有机溶剂挥发后对人体有毒有害，且易引起火灾等问题，也不建议使用；丙烯颜料可用水做稀释剂与清洗剂，且干后与油漆性质类似，非常适合上色教学使用。

在使用喷笔喷涂丙烯颜料时，建议佩戴工业防尘口罩，手工涂刷上色时不需要佩戴。

任务一 喷笔的常规使用

1. 喷笔的结构

常见的喷笔按结构可分为单动型和双动型，一般双动型比较好用；按颜料壶位置不同，有上壶、下壶、侧壶的区别，使用方法都差不多，我们以市场上最常见的上壶双动 HD-130 型喷笔为例，介绍喷笔的常规结构，如图 9-1 所示。

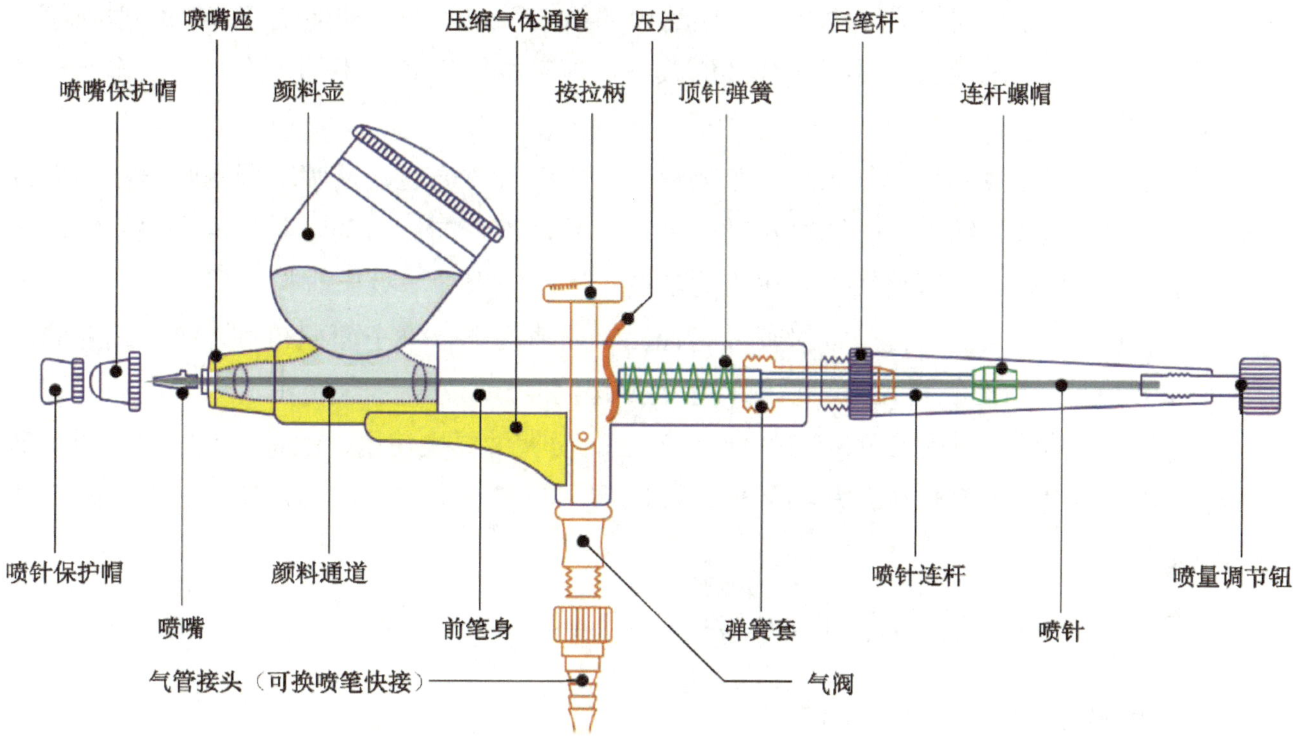

图 9-1　HD-130 型喷笔结构示意图

喷笔各个零件的作用如下。

（1）喷针保护帽，保护喷针超出喷嘴的部分。

（2）喷嘴保护帽，保护喷笔的核心零件——喷嘴。

（3）喷嘴座，固定喷嘴，集颜料通道、压缩气体通道为一体的重要部件。

（4）喷嘴，喷笔的核心部件，大概有一个火柴头的三分之一左右，非常重要。

（5）前笔身，整个集成了颜料通道、压缩气体通道和颜料壶。

（6）颜料壶，盛放颜料。

（7）颜料壶盖，保护颜料在各种动作下不会洒出来。

（8）按拉柄，集成控制喷气和喷色动作的零件。

（9）压片，协助按拉柄压缩弹簧。

（10）喷针，是除喷嘴外，第二重要的零件，控制颜料喷量及喷出方向。

（11）喷针连杆，是按拉柄带动喷针的重要零件，控制喷针的运动方向。

（12）顶针弹簧，使按拉柄在无外力作用下自动复位。

（13）弹簧套，是按拉柄带动喷针的重要零件，限制弹簧位置、控制喷针连杆运动方向。

（14）连杆螺帽，将喷针固定在喷针连杆上，限制喷针与喷嘴的相对位置。

（15）后笔杆，保护以上（10）～（14）项零件，方便握持。

（16）喷量调节钮，通过限定喷针前后运动幅度，限定颜料的精细喷出量。

（17）气阀，控制压缩气体通道的打开、关闭。

（18）气管接头，连接气管，因不方便使用，一般换为喷笔快接。

因喷笔生产厂家不同的设计思想，喷笔的内部结构千差万别，即便是 HD-130 型喷笔，各个厂家也因生产时间较长而进行了很多的改进，内部结构也略有不同，但基本工作原理及操作都是一样的。

使用时在按下按拉柄后，气阀打开，颜料通过压缩气体通道，从喷嘴周围喷出；向后拉动按拉柄，带动压片压缩弹簧，同时拨动喷针连杆带动喷针向后移动，与喷嘴产生间隙，颜料可以流出；喷嘴附近的压缩气体高速流动，在大气压作用下，吸出颜料并雾化。

影响喷笔使用效果的关键是选对喷嘴口径。一般情况下，喷小面积较多，喷料细腻的，选用 0.3mm 口径；喷面积较大的，喷料较粗的，选用 0.5mm 口径。

市面上有的喷笔同时配有 0.3/0.5/0.8mm 口径的喷嘴供更换使用，注意：不同规格的喷嘴要与对应规格的喷针配套使用，从实际使用情况看，其实并不方便，还是建议分别配置不同口径的喷笔。

2. 喷笔的日常使用

1）使用喷笔上色前的准备工作

（1）小型无油气泵一台，出气口先加装油水分离器，再加装气管三通，可以接三支喷笔。

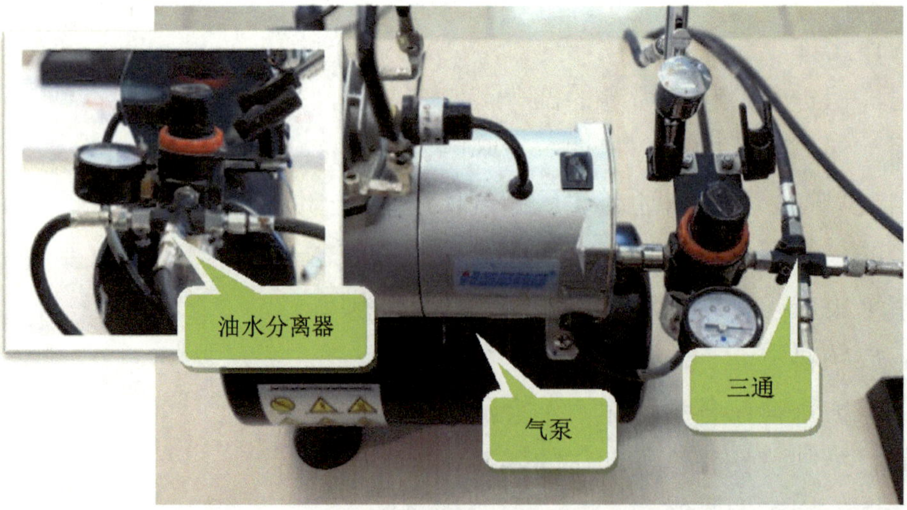

图 9-2　气泵，三通，油水分离器

（2）喷笔架一个，可以用大孔铁皮票据夹子代替，比市场上的专用笔架、笔搁好用。

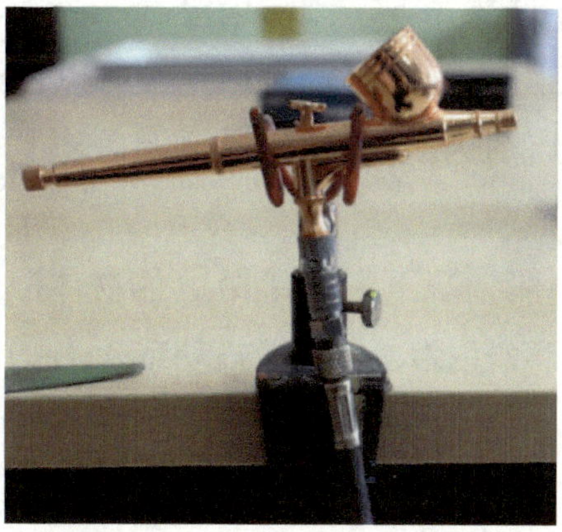

图 9-3　票据夹子和喷笔架支撑喷笔

（3）调整气管位置，调整笔架位置，打开气泵。

（4）检查确定喷针保护帽、喷嘴保护帽、弹簧套、连杆螺帽拧紧至轻拧不动的程度，力度太大会损伤各结构之间的橡胶密封圈。

（5）喷量调节钮向后调整，不影响喷针向后移动的最大位置，可空拉按拉柄测试一下。

（6）颜料壶装多半壶清水，扣好盖。

（7）试喷时，慢慢拉动按拉柄，从喷笔正上、正侧两个方向观察喷焰两侧轮廓是否对称，喷焰的圆锥体形态是否与喷笔轴心在一条线上，如图 9-4 所示。

（8）试喷正常，可以开始上色使用。

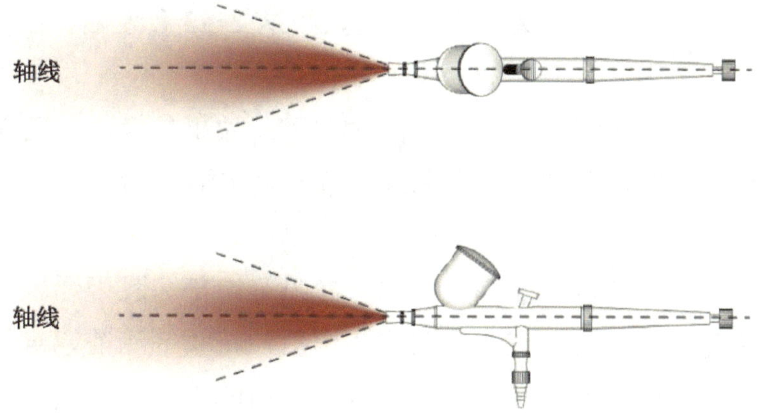

图 9-4　喷焰的正确方向

2）使用喷笔上色时的注意事项

（1）用较大号方头画笔挑适量丙烯颜料到调色盘或调色杯，用注射器少量多次注入清水（每次滴 2～3 毫升），注意每次加水后把颜料充分化开，再继续加水。

（2）颜料不能太稀，以搅拌均匀后，饱蘸颜料提起画笔，向下滴 5～6 滴后基本不再滴为比较合适。不同品牌的丙烯颜料，加水量可能不一样；金属颜料需要加更多的水，如金色、银色、紫铜、青铜。

（3）向颜料壶加注颜料，可用干净画笔饱蘸颜料刮入壶内，建议经过 200 目及以上的一次性纸漏斗过滤一下，预防堵笔。

（4）使用中若发现轻微堵笔，可以快速前后拉动按拉柄尝试解决，若效果不大，可用手指堵住喷针保护帽，迫使气流倒灌入颜料壶，同时需要慢慢拉动按拉柄，防止颜料快速喷溅出来。

（5）一般情况下，喷笔距上色物体应至少保持一拳以上距离，上色时注意同时转动物体及控制手腕轻轻摆动，上下扫动或左右扫动，不可长时间对着一个地方直喷，容易让颜色厚积流下。

（6）一般喷色需要两遍才能完全均匀覆盖物体本色，浅色盖深色需要更多遍数，黑色及近似黑色的深色颜料基本喷一遍即可。重复上色必须等打印件上的颜料干透，方可继续覆盖，必要时可用热风枪辅助加速干燥。

（7）大面积连续喷相同颜色，可以选用大口径喷笔，颜料调水少一些，一次遮盖性会好较多。

3. 喷笔的日常清洗

1）快速清洗

正常工作中，我们给打印件上色时可能需要喷很多种颜色。如果是清洗完还要继续喷色，或者是堵笔了，可使用快速清洗来解决问题。

首先将颜料壶内的颜料倒掉，笔内残余颜料对准污水桶喷完；其次加半壶清水，不加盖，壶口侧对污水桶，用手指堵住喷针保护帽，拉动按拉柄 2～3 秒左右，倒掉污水，加少量清水对准污水桶喷完。

如果是处理堵笔问题，重复以上操作一两次即可；如果是换色，还需用干净画笔清理颜料壶内外及喷嘴保护帽内侧，多重复操作几次，直至喷出清水为止。

2）彻底清洗

日常工作完毕，因快速清洗不能完全清洗干净喷笔内部，且丙烯颜料干后会像油漆一样结块，不能再用水化开，所以需要在快速清洗完毕后，将喷笔除前笔身及气阀、气管接头、后笔杆及喷量调节钮以外的零件全部分解，重点检查清洗喷针保护帽、喷嘴、喷针等可能与颜料直接接触的零件。

注意，在拆解喷笔前，准备一个干净的搪瓷托盘，拆下的零件全部放入盘内，以防丢失，待零件全部晾干以后再组装保存。另外，安装喷嘴时一定注意，只需用手拧紧即可，不要用专用扳手拧，否则很容易把喷嘴拧断在喷嘴座丝扣内。喷嘴的专用扳手仅限拆喷嘴的时候使用。

清洗喷笔不当，最容易造成的问题是各部件间的橡胶密封圈丢失、损坏，一定千万注意。

4. 喷笔的使用练习

为了快速掌握喷笔的性能，能得心应手地画出满意的作品，每个人应该在正式上色前使用喷笔做以下练习若干次，直到能随心所欲的控制喷笔达成目的为止。

练习一：正确的执笔姿势。

用拇指控制喷笔的姿势，指向性更好，如图 9-5 所示。

图 9-5 正确握笔和喷色

练习二：点、线作业练习（如图 9-6 所示为喷笔点、线练习模板）。

点练习作业目标：能随心所欲地精确控制颜料喷量及效果。注意体会出气量与出漆量的关系，关键在“按”和“拉”两个动作的配合。

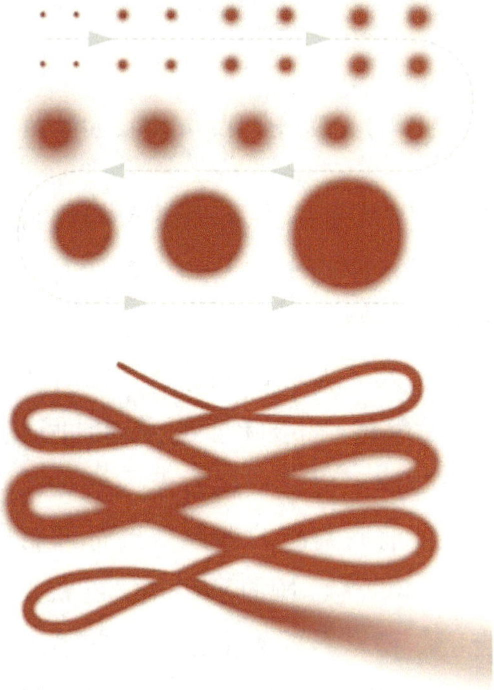

图 9-6 喷笔点、线练习模板（等大）

在精细上色时，控制出气量还可以靠外接一个风调辅助；控制出漆量可以靠喷量调节钮辅助。（低端喷笔自带的风调基本都是个摆设，很难达到自己想要的效果，所以建议另配风调，接在气阀下面。）

线练习作业目标：能持续地精确控制颜料喷量及效果，并随时按需求变化。注意体会出气量与出漆量的关系，关键在“按”和“拉”两个动作的保持与变化时机。

持续画同样粗细的线条可以借助喷量调节钮，画线用风调的作用是可以让喷出来的虚边范围缩小。

（做练习要求与教材附图等大。）

练习三：喷色基本动作（见图 9-7）。

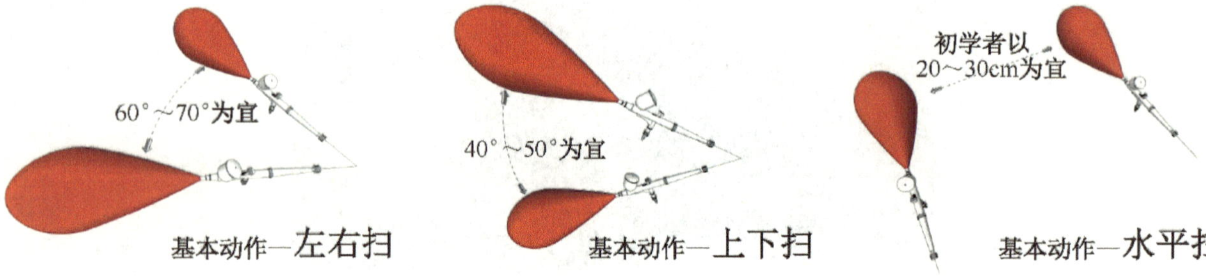

图 9-7　喷色的基本动作

以上所讲内容，请对照教学视频学习，比较直观，方便理解。

任务二　初级上色工艺

1. 仿金属（金银铜铁铝）

金色、银色因其从属于贵金属的品性，象征着尊贵与财富。它们有别于黄色和浅灰色的地方在于随着光线角度的变化，可以变幻出诱人的光芒。而其他普通的颜色，在光照度不变的情况下是不会有任何视觉上的改变的。

丙烯颜料里的金色和银色是加入了电解铜或电解铝颗粒才能达到类似金或银的效果。因此，我们准备给打印件上这类金属色时，需要更多的搅拌时间和更大量的水。同时还要注意，当此类颜料使用过又静置了一段时间后再次使用时，因为金属颗粒都沉淀了，所以还需要更充分的搅拌才能使用。不然的话，前后两次的上色效果有可能是不一样的。

规划正确的上色工艺，如图 9-8 所示。喷打印件时，需要先观察一下打印件的整体结构，做好上色计划。哪里可以不上色，哪里需要先上色。正常情况下，我们的原则应该是全部都上色，即便是一般情况下看不到的地方，也应该上一遍均匀的底色。

一般来说，打印件都不太大，如果是 FDM 打印的话，层纹会比较明显。针对这种情况，适当增加喷色遍数，让颜料结膜变厚，可以在一定程度上减弱层纹的视觉感受。但是，结膜太厚，会损失很多打印件的造型细节。更忌打印件上色时，色膜厚薄非常不均匀，整体形象会大打折扣。

图 9-8　规划正确的上色工艺

综合上述各点，在上色时，应该先喷整体造型的凹陷处，高频、多次、少量，可以结合点练习的技巧体会；然后由内向外慢慢扩大每次的上色面积，无论能否一次遮盖打印件的本色，都应该尽量让颜色均匀覆盖；最后，待所喷颜料全部干透以后，视情况补喷第二遍颜料。一般情况下，两遍颜色就能达到目的，浅色覆盖深色需要更多遍上色。同时注意颜料调水不能过多，又不能堵笔。

2. 仿自然材质（木石）

1）仿木材质上色方法

首先，喷木纹整体的底色，一般会选两种有代表性的底色，能充分体现木纹的自然特性，建议先选一张木纹贴图来参考。

其次，用丙烯颜料或油性马克笔、记号笔等细笔模仿木纹的自然纹理施画。

因为木纹也不是所有地方都是一样深浅的颜色，为了增强木纹的自然性，可以再轻轻的覆盖一下画好的木纹。同时，观察哪里的木纹没画好，可以覆盖的不明显一些，反而显得更自然。

仿木效果如图 9-9 所示。

2）仿花岗岩材质上色方法

首先，喷石纹整体的底色，一般选一种有代表性的底色就可以了，建议先选一张石纹贴图来参考。

其次，选石纹里有代表性的两至三种颜色调色，比喷笔喷色要稠许多。

硬毛牙刷、鞋刷或尼龙画笔蘸上颜料，对准物体，用另一只笔杆尾端使劲拨动硬毛，颜料会弹到物体上。

弹石纹的时候，一般是先弹较浅的颜色，最后弹深色。注意弹深色的时候不要弹多了，颜料稠稀程度与效果是有直接关系的，多注意总结体会。

建筑外墙常用的仿石漆工艺与我们的上色工艺一模一样，可以参考借鉴颜色的调配。

图 9-9 仿木效果

以上所述的是花岗岩的做法，大理石的做法与木纹的做法相同，光面的砂岩做法与花岗岩的做法相同，涩面的砂岩做法需要先弹颜料点做肌理，再喷底色。

仿石效果如图 9-10 所示。

图 9-10 仿石效果

3. 仿旧（仿古）

很多工艺品的制作，为了显示文化性，会特意做旧。做旧的手法其实思路很简单，仿古银效果、仿古铜效果、仿青铜效果等只是底色与面色在颜色上的区别。关键在于对擦色这种上色手法的理解与实践。

擦色，是一种特殊的“画”色，更多的是用画笔以外的其他任意材料做工具，追求自然的痕迹。

擦色常用两种手法，一种是“擦上法”，一种是“擦下法”。限于上色颜料限制和技巧复杂程度，这里讲一下“擦上法”。

“擦上法”，顾名思义就是把颜料擦上去。那么，怎么擦？用什么工具擦？擦什么地方？擦到什么程度呢？我们先分析一下一个老铜器的样图。

在图 9-11 所示图片中，标示 1～4 处为铜器本色，标示 5～6 处为本色上有轻微污脏，标示 7 处为铜器本色全部被污垢覆盖了。这些污垢多半是氧化铜，有少量灰尘。它的颜色不是氧化铜的纯黑色，而是一种近似于黑的棕色。通过观察老铜器，我们知道了造型凹陷部分为污垢色，造型凸出部分为本色，中间有过渡。这与我们日常保洁擦拭器物时的经验相吻合。

图 9-11　仿旧效果

所以，擦色做旧，应该先喷污垢色为底色，因为这些地方是擦不到的；然后由凸起较大的地方开始向凸起逐渐平缓的地方擦金属色，逐渐覆盖掉污垢色。

擦色时，一般很少选用画笔，因为很容易留下人为施画的痕迹。海绵、纸团、布团、毛巾皆可，推荐用海绵，比较容易掌握。

海绵要手工撕成不规则的小块，直接挑出来的丙烯颜料不加水，先用海绵不规则的断面轻蘸颜料，然后在调色盘空白处轻按几下，让颜料在海绵上匀开，然后轻轻触碰打印件擦色部位，循序渐进做好过渡色部分的衔接，直到打印件表面本色至少覆盖 70%以上。

最后，一些造型凸出的又很显美观的地方，可以多擦一些本色，以强化造型美。例如老铜器的荷叶边、荷花花瓣的边缘擦亮一条线，花瓣的尖部要擦亮一个点。

仿古银效果、仿古铜效果、仿青铜效果的做法都基本一致，特殊做旧还可能需要做出划痕、铁锈、漆面卷边等效果，有兴趣的读者可以自己探索与尝试。

任务三　中级上色工艺

1. 手办玩偶——愤怒的小鸟

1）模型基本上色的基本原则

（1）面积大的颜色尽量喷，面积小的颜色尽量画，先喷后画。

（2）画笔不容易画到的地方只能喷，而且要最先喷。

（3）先上浅色，后上深色，越深的颜色最后画（判断颜色的深浅可用手机开黑白模式，观察比较一下颜色）。

（4）决定喷色顺序时，一定要考虑好每一步如何做遮挡。

（5）起伏平缓区域的遮挡，可用不同规格的纸胶带；起伏变化大或面积狭小的区域，用绘画用的可塑橡皮或超轻黏土遮挡。不可使用各种橡皮泥或油泥。

2）“愤怒的小鸟”模型的上色步骤

以一个“愤怒的小鸟”（见图 9-12）模型为例，我们分析一下具体的上色步骤。

图 9-12 愤怒的小鸟

（1）所需颜色按面积由大到小排序：身体大红、腹部浅黄、嘴部中黄或柠檬黄均可、眉毛尾巴黑色、眼白，这基本也可以作为上色顺序，虽然有小面积的浅色覆盖深色情况，但面积小，容易控制。

（2）具体操作时，可以按上述顺序上色，但结合遮挡是否方便的情况，一般建议先不做任何遮挡喷了腹部；其次把腹部全部遮挡，再喷嘴部；再次嘴部全部遮挡喷身体的大红；然后取掉嘴部遮挡，眼睛全部画白，需要每次干透，多画几遍，直至全部均匀覆盖；最后画黑色。

（3）不同的画材可以同时使用，以求达到最佳效果。例如，黑色瞳孔，它的大小需要用000#软毛勾线笔蘸黑丙烯颜色才能勾画。但是绝大多数初学者没有相应的使用经验，很容易画成一大一小，然后不停地补画。所以，这个地方用黑色记号笔粗头反而很方便，大多数初学者都应该没问题。另外，眼白用白丙烯覆盖喷过红色丙烯的地方，因为溶剂相同，容易引起返底，所以用白色油漆笔反而可能一次就成功。

2. 手办玩偶——机动战士高达

给“机动战士高达”（见图 9-13）模型上色时，还要注意以下几点，会获得更好的上色

体验。

（1）上色复杂的模型，能做分解的尽量分解，以每个部分不超过三色、没有画笔不能画的死角为宜。

图 9–13　机动战士高达

（2）宝剑的剑身，可以参照本项目任务二的仿金属工艺上色，银色里少加点黑色，模拟使用时间较长的暗银色；宝剑的刃部，参照仿旧工艺，直接擦亮银色，会获得很逼真的视觉效果。

（3）高达的眼睛是发光的，可以用荧光颜料或直接用夜光粉点色。

（4）背上的深灰色装备，可以参照碳纤维色或电高压锅内胆涂层来施画，强化科技感，以取得与众不同的酷炫效果。

（5）制作动态模型要注意上完色后的拼装过程，及陈列摆放的固定。比如这个机动战士高达，单脚尖点地飞踹的这个动作，重心很难把握，根本不可能自己站稳。建议在脚下打孔，用云石胶或结构胶固定一根铁丝或铜丝，然后摆好动态角度，插入一块底座，保证重心基本落在站立的腿部附近。

3. 军事模型场景拓展案例介绍

军事模型场景的制作属于模型组合上色的一种延伸，3D 打印技术在这里有很强的发挥空间。

图 9-14～图 9-15 所示的这组军事模型场景大部分是 3D 打印件上色处理的效果。

图 9-14　军事模拟场景制作一

图 9-15　军事模拟场景制作二

图 9-16　军事模拟场景制作三

任务四 打印前与打印后的工序衔接

1. 建模与上色

通过前面的上色练习，我们感觉到给打印件成品上色时，不同颜色的分区遮盖是很考验耐心的。在绝大多数初学者没有一定美术基础的情况下，大块部位喷色，小块部位手绘，怎么把颜色涂匀都是比较困难的事。相对来说，用喷笔喷同一颜色，通过短时间的练习，还是比较容易做到的。而且，在批量制造成品的工业设计中，不同颜色的部件用不同的模具做成单独部件，是一个通用的方法。

因此，建议在打印前，按照上色设计思路，把不同颜色的上色部位在模型里就分解开，方便打印完后上色，可以在一定程度上减小遮盖的工作量，提升上色品质。

某些部位无法按结构、颜色分解的，如愤怒的小鸟的腹部与身体是一个完整曲面，建议把腹部的分色区域画一条浅凹槽辅助，能够迅速找准轮廓，做好遮挡胶带。

2. 打印与上色

FDM 打印件的层纹一般是不需要处理的。如果是大部件切块打印或者是根据上色需求分块打印，建议按照最后的拼装效果，在切片打印时就将坐标统一好，保证拼装后的层纹大方向一致，上色后的视觉效果会非常好。

遇到类似“机动战士高达”的动态模型时，在切片前要找好重心，上部身体内的填充可以在保证强度的情况下尽量减少，从腰腹部开始逐渐增加填充比例，直至要固定打眼的脚部要基本做满填充，才能保证模型展品长时间陈列不出任何问题。

任务五 其他上色手段拓展

（1）小批量上色小型部件时，最快速的上色手段是浸泡。就像传统手工艺里，水缸、瓮的上釉方法，比喷色还快，效果还好。

（2）上色工具颜料不局限于丙烯颜料、普通画笔，油性记号笔、彩色油性马克笔、油漆笔、碳素笔、铅笔都可考虑使用，在特定条件下，它们比尖头画笔+丙烯颜料的组合要好用得多。

（3）给手办画一双逼真的眼睛、给汽车模型画拉花、给军事模型画编号喷字等，按照比例，非常细小，用一根毛的画笔都嫌粗的图案怎么画呢？可以买水贴打印纸，Photoshop 等图像软件处理好相应图案，用彩色激光打印机或彩色喷墨打印机打印出来，水贴转印就显得非常简单了。

（4）油漆上色表面是亮光效果，丙烯上色表面是半亚光效果，想要全亚光效果怎么办？调好颜色加适量滑石粉，儿童爽身粉也可以，但喷笔最好用 0.5mm 及以上口径的，不然容易堵笔。

（5）逼真模仿各种颜色的泥土可以用丙烯颜料拌滑石粉、石膏粉；也可以直接买各色氧化铁水泥色粉代替，这是做油漆的主要原料；家具修补时，调配油漆颜色也是用这种材料配合 502 胶来使用的。

案例欣赏如图 9-17、图 9-18 所示。

图 9-17　动漫场景制作

图 9-18　仿铜十二生肖制作